国家流域水污染控制与治理中长期发展战略研究

孙启宏　杨占红　高如泰　王　深等　著

科学出版社
北京

内 容 简 介

水专项按照“控源减排”、“减负修复”和“综合调控”三步走战略实施，支撑了国家“水十条”的编制和实施，以及国家和地方的污染减排、水质改善和水环境修复。本书是水专项总集成课题研究成果之一，基于水专项实施以来在主要领域的技术和政策研究成果，深入剖析重点流域水环境质量和污染物排放变化趋势与特征，面向国家中长期水生态环境保护形势和需求，梳理未来流域水污染控制与治理、水生态环境保护的关键问题，开展中长期发展战略研究，提出水生态环境管理和治理的分阶段目标、任务和政策措施。研究成果服务于我国水生态环境保护规划编制、流域水污染控制与治理能力的持续提升，以及水生态文明建设。

本书可供从事环境管理、规划、工程设计、水生态保护及环境科研等工作的人员参考，也可作为大专院校相关专业的教师和学生的参考用书。

图书在版编目（CIP）数据

国家流域水污染控制与治理中长期发展战略研究 / 孙启宏等著. —北京：科学出版社，2022.12

ISBN 978-7-03-070700-0

Ⅰ.①国… Ⅱ.①孙… Ⅲ.①流域－水污染－污染控制－研究－中国 Ⅳ.① X522

中国版本图书馆 CIP 数据核字（2021）第 245844 号

责任编辑：刘 冉 / 责任校对：何艳萍

责任印制：吴兆东 / 封面设计：北京图阅盛世

科 学 出 版 社 出版

北京东黄城根北街 16 号

邮政编码：100717

http://www.sciencep.com

北京建宏印刷有限公司 印刷

科学出版社发行 各地新华书店经销

*

2022 年 12 月第 一 版 开本：720 × 1000 1/16

2022 年 12 月第一次印刷 印张：14 1/2

字数：290 000

定价：150.00 元

（如有印装质量问题，我社负责调换）

著者名单

孙启宏　杨占红　高如泰　王　深

刘泉利　苏　婧　周俊丽　李　丹

阳平坚　武琛昊　宋晓聪　廖凤娟

前　言

重大科技创新成果是国之重器、国之利器。水体污染控制与治理科技重大专项（简称水专项）是根据《国家中长期科学和技术发展规划纲要（2006—2020年）》设立的十六个重大科技专项之一，过去15年间，按照“控源减排”、“减负修复”和“综合调控”三步走战略实施，攻克了一大批水污染治理、水环境管理和饮用水安全保障技术，支撑了国家“水十条”的编制和实施，提升了国家环境应急监测能力和水平，有力支撑了国家和地方的污染减排、水质改善和水环境修复，为深入打好污染防治攻坚战和美丽中国建设奠定了技术基础。

我国流域水污染防治取得了长足进展，水环境质量发生了转折性的变化，但与美丽中国建设目标仍有差距，水生态环境保护形势依然严峻。当前，我国生态文明建设进入了减污降碳协同增效、促进经济社会发展全面绿色转型、实现生态环境质量改善由量变到质变的新时期，从“十四五”及中长期发展来看，水质改善仍然是水生态环境保护的当务之急。要加快推进水生态环境保护由水污染防治为主，向水资源、水生态、水环境“三水统筹”转变，加大水生态系统的保护和修复力度，补齐短板、提高质效，为美丽中国建设奠定坚实的基础。要深入打好碧水保卫战，更加突出精准、科学、依法治污，充分吸纳现有的重大科技成果，科学制定、高效实施水污染控制与治理战略和政策措施，夯实水污染治理和水生态保护的科学基础。

本书是水专项“国家水体污染控制与治理技术体系与发展战略”集成课题研究的成果之一，主要在总结水专项实施以来主要领域技术和政策研究成果基础上，围绕国家中长期水环境保护需求，分析重点流域污染物排放特征和水环境质量变化趋势，研判我国水污染控制与治理面临的新形势和新要求，明确我国流域水污染控制与治理的关键问题，开展国家水环境管理和治理中长期发展战略研究，提出水环境管理和治理中的分阶段目标、任务和政策措施，形成国家水环境管理和治理中长期发展重大建议，为“十四五”生态环境保护规划编制和实施，以及未来更长时间我国流域水污染控制与治理能力的持续提升和生态文明建设提供借鉴。

本书编写过程中，得到了水专项办公室、集成课题组、水专项相关研究项目（课题）的大力支持，获得了总体专家组不少院士、专家的悉心指导，在此表示深深的感谢。作为集成课题研究，参考了水专项研究报告、政策建议、论文论著等大量研究成果，其中多数已经在正文及参考文献中标出，但由于数量较多，难免存在疏漏之处，未能一一列出，在此一并表示感谢。书中存在的不当和错误之处，亦请读者不吝指正。

著　者

2022年10月

目　录

摘　要

水专项按照“控源减排”、“减负修复”和“综合调控”三步走战略实施，支撑了国家“水十条”的编制和实施，提升了国家环境应急监测能力和水平，有力支撑了国家和地方的污染减排、水质改善和水环境修复。我国流域水污染防治取得长足进展，但形势仍然严峻，从“十四五”期间及中长期发展来看，水质改善仍然是水生态环境保护的当务之急。本研究围绕国家中长期水环境保护需求，针对我国流域水污染控制与治理的关键问题，结合“十一五”以来重点流域水环境质量和污染物排放特征分析，在梳理总结水专项技术体系、管理体系等方面研究成果基础上，进一步分析我国水污染控制与治理面临的新形势和新需求，开展国家水环境管理和治理中长期发展战略研究，提出水环境管理和治理中的分阶段目标、任务和政策措施，形成国家水环境管理和治理中长期发展重大建议，为“十四五”生态环境保护规划编制，以及未来更长时间我国流域水污染控制与治理能力的持续提升和生态文明建设提供科技支持。

研判我国水生态环境变化趋势及特征。“十一五”至“十三五”期间，国家不断加大力度，推进生态环境保护工作，我国水污染防治形势总体向好，COD、氨氮和总磷等主要污染物排放强度整体呈下降趋势，但排放总量仍居于高位，超过环境承载能力。其中，工业污水减少，农业面源、生活源污染负荷仍占主导，常规污染物得到一定控制，重点行业地区排放污染特征突出。到2020年年底，全国地级及以上城市黑臭水体消除率在98.2%；与城镇供水相比，农村饮用水水源保护工作严重滞后。流域水资源过度开发、水生态严重失衡，水质性缺水和水量性缺水问题并存，制约流域经济的可持续发展。生态安全受到威胁，突发性水污染事故频发，一些化工、石化等重污染行业的不合理布局，水污染引起的健康问题日益受到广泛关注。

分析我国水生态环境保护面临的新形势与新需求。进入新发展阶段，生态文明建设面临“三期叠加”形势，经济下行与生态环境保护矛盾突出，需坚持减污降碳协同治理，促进绿色低碳发展和美丽中国建设目标的实现；快速城镇化、工业化对生态环境压力持续加大，需不断协调经济发展与生态环保之间的关系，实现城镇化、工业化与生态环境良性互动；人民对生态环境保护的需求与生态环境保护不平衡不协调的矛盾突出，与建设美丽中国的要求相比差距依然较大，水污染防治工作仍然十分艰巨、形势依然严峻；统筹山水林田湖草系统治理的整体系统观需进一步贯彻落实，要确保流域水生态环境的流域统筹、系统治理。水生态环境保护急需加强水生态保护，逐步实现“三水统筹”，急需构建完善水生态环境保护技术体系，促进科技成果转化应用，完善绿色发展机制和政策，促进水生态环境高质量发展。

确定总体战略思路和目标。从“十四五”期间及中长期发展来看，水质改善仍然是水生态环境保护的当务之急。战略思路是，以流域水生态环境质量改善为核心，推进“三水统筹”，综合考虑水质的改善、水生态的保护和水环境风险的防控，按照“节水优先、空间均衡、系统治理、两手发力”原则，贯彻“安全、清洁、健康”方针，坚持山水林田湖草是一个生命共同体的理念，统筹水资源利用、水生态保护和水环境治理，强化源头控制、综合施策，着力构建现代化的水生态环境治理体系，突出解决重点流域和区域问题，逐步推进美丽中国水环境保护目标的实现。战略目标是，面向2035年“美丽中国目标基本实现”的愿景目标，以水生态保护为核心，积极推进美丽河湖保护与建设，实现我国水生态环境质量全面改善。入水污染物排放总量大幅减少，农村黑臭水体基本消除，有毒有害及部分新污染物浓度显著下降，环境风险得到有效控制，城镇集中式饮用水水源地安全得到保障，水生态流量基本保证，生物多样性得到有效恢复，生态系统实现良性循环。

制定我国水生态环境保护战略任务。新时代水生态环境保护工作要以习近平生态文明思想为指导，突出精准治污、科学治污、依法治污，突出流域特色，实现流域水生态环境质量不断改善和根本好转。按照“一点两线”思路，以水生态环境质量改善为核心，坚持污染减排和生态扩容两手抓，统筹推进水资源、水环境、水生态保护治理。主要任务包括：①实施河流、湖泊、城市水体、饮用水源分类保护；②实行水资源、水环境、水生态、水风险统筹治理；加强重点流域水生态环境综合治理，本研究针对典型湖泊、河流特点，依托水专项研究成果，通过对不同流域的水生态环境问题和特征研判，提出了长江、黄河、珠江、松花江、淮河、海河、辽河等重点流域的“十四五”和中长期水生态环境保护战略；③强化工业源、城镇源和农业面源全过程管控；④推进水生态环境与温室气体协同治理；⑤开展水生态环境治理市场化政策创新。

提出我国水生态环境保护科技发展战略。到2035年，围绕生态环境根本好转，美丽中国基本实现的目标，针对水生态环境治理与保护领域的科学、工程技术和管理瓶颈问题，加强理念创新、共性技术、颠覆性技术和工程技术创新，构建我国水环境协同治理与水生态系统保护现代化理论技术体系，并在重点地区建立样板标杆工程和先行示范区，从而提升我国山水林田湖草协同治理、水陆统筹生态环境整体修复、监测预警管理、饮用水质风险控制的科技水平。

凝练重大政策建议。主要政策建议包括：坚持绿色发展，推动经济结构全面绿色转型；坚持系统观念，构建统筹协调的综合治理体系；加强源头管控，强化各类污染源的污染物减排；加强制度创新，推进水环境治理体系现代化；加强科学治理，打造绿色流域科技支撑体系；聚焦双碳战略，推进水生态环境与温室气体协同治理；加强综合施策，推进重点流域水生态环境保护。

第1章 总　论

随着“十四五”深入打好污染防治攻坚战的展开，我国生态文明建设进入了减污降碳协同增效、促进经济社会发展全面绿色转型、实现生态环境质量改善由量变到质变的新时期。过去15年间，水专项攻克了一大批水污染治理、水环境管理和饮用水安全保障技术，为深入打好污染防治攻坚战和美丽中国建设奠定了技术基础，也构成了我国水生态环境保护战略研究的重要依据。本章介绍水专项集成研究战略研究任务的目标、研究内容和技术路线，有助于全面了解本书相关章节的关联性。

1.1 研究目标

围绕国家中长期水环境保护需求，针对我国流域水污染控制与治理的关键问题，结合“十一五”以来重点流域水环境质量和污染物排放特征分析，在水专项技术体系、管理体系等方面研究成果的梳理总结基础上，进一步分析我国水污染控制与治理面临的形势，补充调研流域水环境管理和治理需求，开展国家水环境管理和治理中长期发展战略研究，提出水环境管理和治理中的分阶段目标、任务和政策措施，形成国家水环境管理和治理中长期发展重大建议，为“十四五”生态环境保护规划编制、我国流域水污染控制与治理能力的持续提升和生态文明建设提供科技支持。

1.2 研究内容

1. 我国水环境及其控制与治理的趋势及特征分析

以十大流域为重点，以水专项研究成果与集成为基础，系统梳理“十一五”以来我国水环境质量演变趋势，包括各时期存在的主要问题、主要污染因子、污染空间分布等，总结水环境质量演变特征及存在的问题；系统梳理污染物排放情况演变趋势，包括污染行业空间分布、不同区域不同时期的主要污染因子等，总结污染源及主要污染物排放演变特征及存在的问题。以本集成课题水环境管理体系、治理体系研究成果为主要基础，整理美国、欧洲、日本等国家和地区水污染治理保护方面主要法律法规、规划计划、政策文件等，归纳发达国家水污染控制与治理的思路和发展趋势，为我国合理制定水污染管理和治理提供借鉴；梳理和总结我国水环境管理及治理技术发展历程与发展趋势，分析不同阶段管理与治理技术存在的问题和特征。

2. 流域水环境保护面临的新形势与新需求

对接我国美丽中国建设目标，“一带一路”、长江经济带等区域发展战略，以及污染防治攻坚战、“水十条”等各项战役和行动计划，结合工业化、城镇化进程以及产业结构、消费水平、消费结构等经济社会发展状况及预测，在水环境及控制与治理趋势特征分析的基础上，开展我国水环境管理和治理战略的调研和需求分析，重点研判“十四五”及后期我国水污染控制与治理面临的新形势、新要求，特别是分析水环境质量目标管理逐步实施对流域水环境保护产生的影响及需要的配套措施等，进而深入剖析我国“十四五”及更长期水环境保护的战略需求。

3. 国家水污染控制和治理中长期发展战略研究

立足我国水环境管理现状和生态文明制度改革要求，结合未来我国经济社会发展形势和趋势，深入剖析“十四五”及更长时期美丽中国建设和水环境质量总体目标和要求，特别是针对未来我国水环境质量标准及水环境目标管理的重大变革，研究提出流域水污染控制与治理的中长期战略目标和阶段目标，根据流域水污染控制与治理技术趋势和需求分析，研究提出未来的发展方向、重点任务、政策措施等，绘制发展路线图，形成科技发展战略。同时，就国家水环境保护的重大政策和战略问题，提出有针对性的重大政策建议。相关成果为“十四五”生态环境保护规划编制、《水污染防治行动计划》制定和实施，以及国家水环境管理决策提供依据。

1.3 技术路线

根据研究内容和研究目标，本研究任务分设四个研究专题：专题一为我国水环境变化趋势及特征，主要开展我国水污染物排放趋势、水环境质量变化趋势、问题及原因研究。专题二为水环境保护技术及管理发展趋势，包括国外、国内的水环境保护技术及管理发展趋势研究。依托水专项相关集成成果，通过调研和专家咨询，重点论证相关技术发展前景，明确各项水环境技术的战略定位，最终形成我国的水环境保护技术以及管理发展趋势分析[1]。专题三为流域水环境保护面临的新形势与新需求，包括经济社会发展情景分析、水环境污染物排放预测、流域水环境形势预判、水环境保护需求分析等。专题四为水污染控制和治理中长期发展战略研究，包括水污染控制和治理中长期发展战略目标、发展策略、重大行动研究，在此基础上给出重大政策建议。具体技术路线见图1.1。

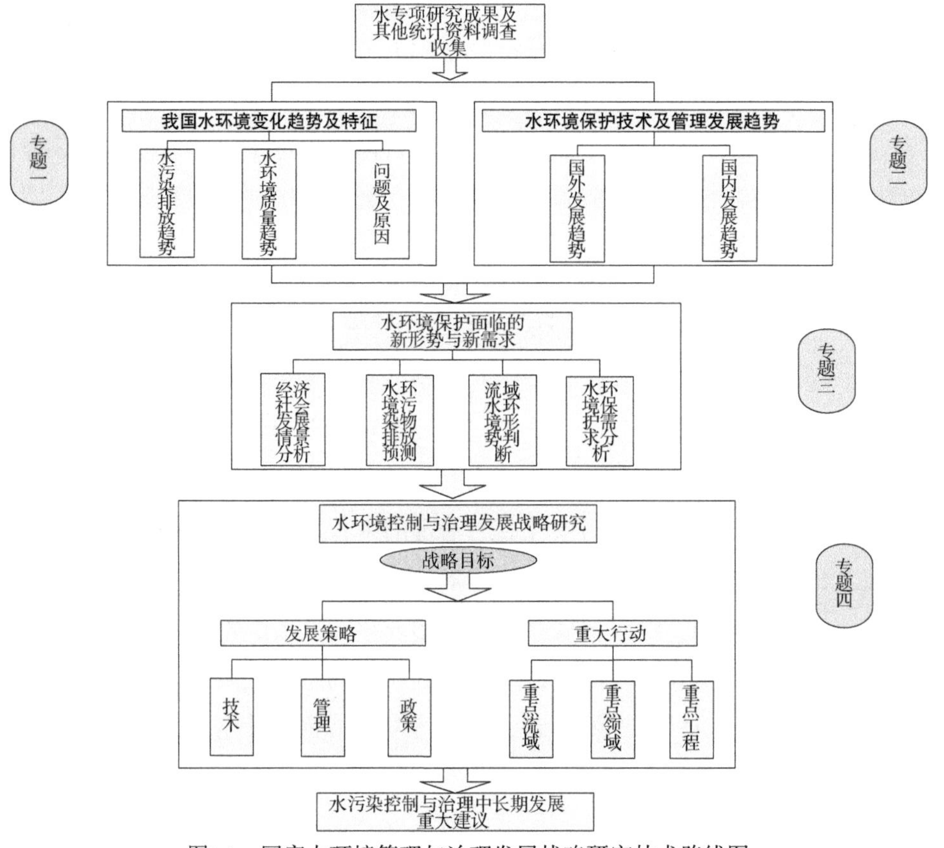

图1.1 国家水环境管理与治理发展战略研究技术路线图

第 2 章　我国水生态环境变化趋势及特征

经过多年的水环境治理，我国的水环境改善已经初见成果。但当前我国的水污染形势依然严峻，主要水污染物排放总量仍居于高位，超过环境承载能力。本章主要分析“十一五”以来，特别是近年来我国水污染物排放变化及水环境质量演变趋势，分析水环境污染物排放分区域、分流域和分行业的特征，明晰流域水环境质量演变特征，从而更好地把握水生态环境保护存在的主要问题和努力方向。

2.1　水污染物排放变化趋势及特征

2.1.1　全国水污染物排放趋势

“十一五”至“十三五”期间，我国水污染防治总体向好，主要污染物排放量整体呈下降趋势（图2.1）。由于2011年起环境统计中增加农业源的污染排放统计，2011年化学需氧量（COD）和氨氮排放量相较于2010年有较大提升，但2011年之后仍呈现下降趋势。随着经济的快速发展和污染控制力度的加强，各污染物的排放强度呈显著下降趋势（图2.2）。

全国废水排放量“十一五”至“十二五”期间仍呈现递增趋势，由2005年的524.51亿t增加到2015年的735.32亿t，年均增长率3.4%。2015年废水排放总量中，工业废水排放量199.5亿t，占比27.1%；城镇生活污水排放量535.2亿t，占比72.8%。“十三五”期间，废水排放量出现转折，2016年起缓慢下降，2018年排放量为636.9亿t。随着经济的快速发展和污染防治工作的加强，全国废水排放强度呈现快速下降，2005年的废水排放强度为28.0 t/万元，2018年下降为6.93 t/万元，年均下降率10.2%。

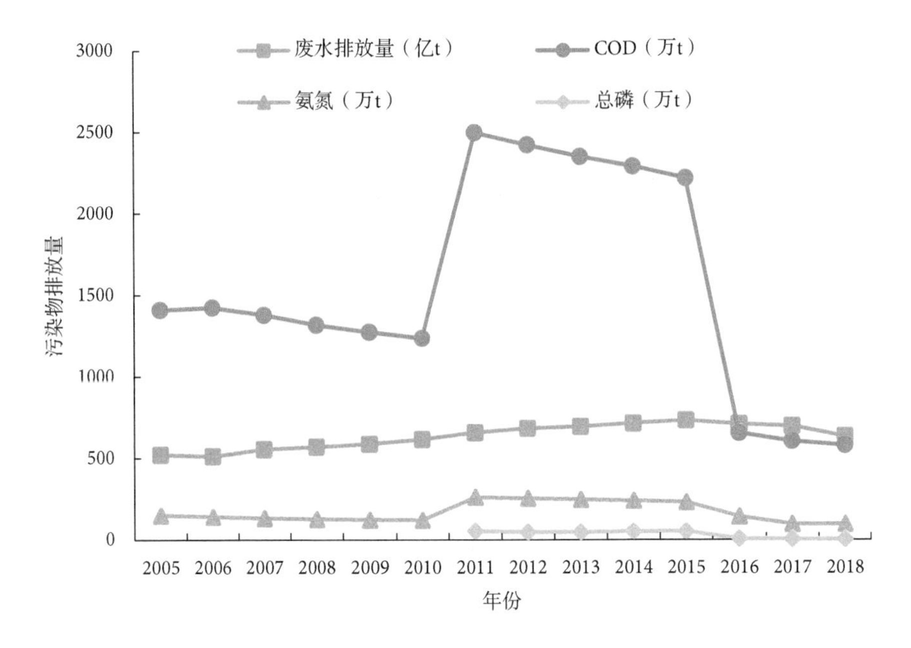

图2.1 “十一五”以来主要污染物排放量变化趋势

数据来源：《中国统计年鉴》；自2011年起环境统计中增加农业源的污染排放统计，COD和氨氮排放量均有提升

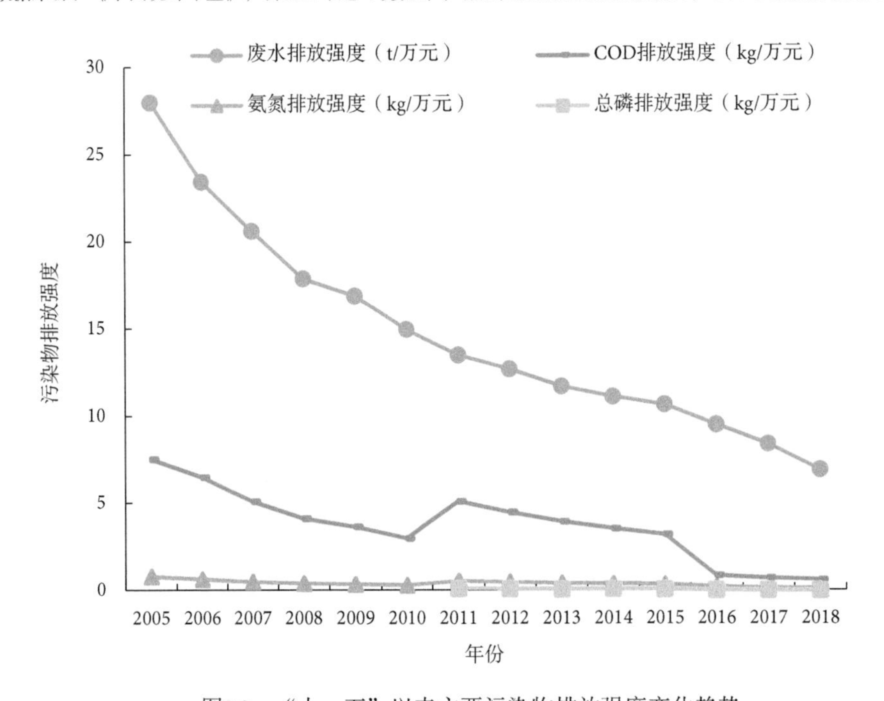

图2.2 “十一五”以来主要污染物排放强度变化趋势

COD排放方面，自“十一五”以来，整体呈现下降趋势。“十一五”期间，全国COD排放总量控制良好，并超额完成“十一五”规划中的减排目标，2010年COD排放总量为1238.1万t，比2005年（1414.2万t）削减12.45%，年均下降率为2.6%。“十二五”期间，由于统计口径的变化，2011年起增加了农业源的污染排放统计，包括种植业、水产养殖业和畜禽养殖业排放的污染物，使2011年COD排放量相较于2010年大幅增长，达到2499.86万t；但在同一统计口径的情况下，由于总量控制的进一步落实，自2011年起，COD排放量整体呈下降趋势，2011年和2015年排放量分别为2499.86万t和2223.5万t，“十二五”期间年均下降率为2.89%。“十三五”期间，由于农业源数据仅为大型畜禽养殖场，因此2016年起排放量大幅下降，2016~2018年COD排放总量分别为658.1万t、608.9万t和584.2万t，“十三五”期间，COD排放量仍保持下降趋势。对于COD排放来源，工业源占比不断下降，由2005年的39.2%下降至2015年的13.2%，由于统计口径差异，2016年工业源占比18.7%，2018年为13.9%；生活源呈现先降后升趋势，由2005年的60.8%下降至2015年38.1%，2018年又上升到81.6%；农业源自2011年开始统计，占比47.4%，之后逐年上升，2015年达到48.1%，由于统计口径变化，2016年占比8.7%，2018年为4.2%。对于COD排放强度，由于统计口径的差异，使2011年、2016年出现两次波动，但2005年至2018年COD排放强度呈下降趋势，分别为7.55 kg万元和0.64kg/万元，年均下降率17.3%。

氨氮自“十二五”开始作为污染物约束性指标实施总量控制，自2011年统计口径变化之后，年排放量呈现逐年下降，由2011年的260.44万t下降至2015年的229.91万t，由于统计口径的变化，2016年排放量为56.77万t，2018年为49.44万t，年均下降率6.7%。对于氨氮排放来源，工业源占比呈下降趋势，由2005年的35%下降至2015年的9.4%，2018年达到8.1%；生活源呈现波动状态，2005年占比65%，2010年升高到77.3%，由于2011年增加了农业源，生活源占比下降到56.7%，2015年达到58.3%，而2018年又上升到90.5%；农业源自2011年的31.8%保持基本稳定，2015年为31.6%，由于统计口径变化，2016年占比2.2%，2018年为1.0%。对于氨氮排放强度，整体呈现下降趋势，但由于统计口径的差异，2011年出现波动，2005年为0.80 kg/万元，2010年下降为0.29 kg/万元，之后由2011年的0.53 kg/万元下降到2015年的0.33 kg/万元，由于统计口径变化，2016年为0.19 kg/万元，2018年下降至0.11 kg/万元。

全国总磷排放量自2011年开始统计，整体呈波动中缓慢下降趋势，由2011年的55.37万t下降至2015年的54.68万t。由于统计口径的变化，2016年排放量为9万t，2018年下降至6.42万t。对于总磷排放来源，“十三五”有了具体统计，生活源占比最大，2016年为74.1%，2018年提高到84.7%；其次为工业源，2016年占比18.8%，2018年下降至11.6%；农业源占比由2016年的7.0%下降至2018年的3.6%。总磷排放强度整体呈下降趋势，由2011年的0.11 kg/万元下降至2015年的0.08 kg/万元，由于统计口径变化，2016年为0.012 kg/万元，2018年下降至0.007 kg/万元。

2.1.2 分地区水污染物排放情况

全国各省区水污染物排放量差异较大，2018年，全国废水排放量636.9亿t，共有7个省份废水排放量超过30亿t，依次为广东、江苏、山东、浙江、河南、四川、湖南，占全国废水排放量的一半左右。工业废水排放量前3位的是江苏、山东和广东，分别占全国工业废水排放量的12.6%、8.2%和7.2%。城镇生活污水排放量前3位依次是广东、江苏和山东，排放量占比分别为14.0%、7.7%和7.0%。

各省（自治区、直辖市）COD排放量整体呈现下降趋势，排放量较大的10个省（自治区、直辖市）为广东、江苏、安徽、四川、广西、江西、湖南、山东、湖北、河南（表2.1），其中，广东、江苏、安徽、四川、广西、江西、湖南2018年排放量均超过了30万t。10个省份2018年COD排放量占全国总排放量的61.7%。

表2.1 全国各省（自治区、直辖市）COD排放情况（万t）

序号	地区	2005年	2010年	2016年	2018年
1	北京	11.6	9.9	6.29	4.58
2	天津	14.6	13.2	4.80	4.17
3	河北	66.1	56.1	25.24	23.81
4	山西	38.7	33.6	13.22	11.28
5	内蒙古	29.7	27.7	10.28	6.59
6	辽宁	64.4	56.1	16.67	13.46
7	吉林	40.7	36.5	8.03	8.06
8	黑龙江	50.4	45.2	19.79	15.53
9	上海	30.4	25.9	7.88	6.21
10	江苏	96.6	82	57.85	48.80
11	浙江	59.5	50.5	27.76	21.75
12	安徽	44.4	41.5	33.84	34.61
13	福建	39.4	37.5	28.88	26.52
14	江西	45.7	43.4	37.84	31.68
15	山东	77	65.5	33.80	29.20
16	河南	72.1	64.3	31.38	27.00

续表

序号	地区	2005年	2010年	2016年	2018年
17	湖北	61.6	58.5	31.69	29.04
18	湖南	89.5	80.5	35.18	30.70
19	广东	105.8	89.9	65.03	64.43
20	广西	107	94	30.55	32.17
21	海南	9.5	9.5	4.90	4.95
22	重庆	26.9	23.9	6.49	5.36
23	四川	78.3	74.4	33.89	32.63
24	贵州	22.6	21	12.09	12.21
25	云南	28.5	27.1	15.35	10.77
26	西藏	1.4	1.4	2.08	1.76
27	陕西	35	31.5	11.67	10.32
28	甘肃	18.2	16.8	8.21	6.73
29	青海	7.2	7.2	2.91	2.20
30	宁夏	14.3	12.2	10.14	9.18
31	新疆	25.67	25.67	24.37	18.53

资料来源：《中国统计年鉴》（2011年、2017年、2019年）

氨氮排放各地区分布情况与COD相似，排放量较大的主要有广东、江苏、四川、湖南、江西、山东、湖北、广西、河南、新疆等（表2.2），其中广东2018年氨氮排放量近5万t，江苏、四川、湖南超过了3万t。2018年氨氮排放量较大的10个省份占全国总排放量的59.8%。

表2.2　全国各省（自治区、直辖市）氨氮排放量（万t）

序号	地区	2016年	2018年	序号	地区	2016年	2018年
1	北京	0.38	0.30	17	湖北	2.74	2.46
2	天津	0.18	0.18	18	湖南	3.64	3.10
3	河北	2.21	2.09	19	广东	5.24	4.94
4	山西	1.38	1.15	20	广西	2.26	2.44
5	内蒙古	0.73	0.40	21	海南	0.57	0.50
6	辽宁	1.38	1.36	22	重庆	0.78	0.53
7	吉林	0.71	0.67	23	四川	3.40	3.37
8	黑龙江	1.87	1.48	24	贵州	1.32	1.43
9	上海	1.74	0.81	25	云南	1.45	1.25
10	江苏	4.50	3.59	26	西藏	0.24	0.21
11	浙江	2.01	1.45	27	陕西	1.05	1.00
12	安徽	2.04	2.06	28	甘肃	0.66	0.55
13	福建	1.95	1.74	29	青海	0.40	0.34
14	江西	3.06	2.68	30	宁夏	0.60	0.38
15	山东	2.88	2.48	31	新疆	2.67	2.21
16	河南	2.71	2.30				

资料来源：《中国统计年鉴》（2017年、2019年）

总氮排放量较大的省份主要有广东、江苏、山东、四川、河南、湖南、湖北、浙江、河北、安徽等（表2.3），广东2018年总氮排放量超过了10万t，江苏、山东、四川、河南、湖南、湖北、浙江、河北等均超过了5万t。2018年总氮排放量较大的10个省份占全国总排放量的57.6%。

表2.3 全国各省（自治区、直辖市）总氮排放量（万t）

序号	地区	2016年	2018年	序号	地区	2016年	2018年
1	北京	1.77	1.35	17	湖北	5.31	5.38
2	天津	1.00	1.26	18	湖南	6.28	5.46
3	河北	4.69	5.08	19	广东	12.47	13.16
4	山西	2.80	2.79	20	广西	4.24	4.70
5	内蒙古	1.86	1.65	21	海南	1.05	0.93
6	辽宁	4.06	4.41	22	重庆	2.18	2.05
7	吉林	1.51	1.76	23	四川	6.69	6.91
8	黑龙江	3.44	3.27	24	贵州	2.27	2.48
9	上海	3.17	2.71	25	云南	2.59	2.39
10	江苏	9.56	9.32	26	西藏	0.30	0.29
11	浙江	6.40	5.32	27	陕西	2.86	2.75
12	安徽	4.66	4.95	28	甘肃	1.59	1.37
13	福建	4.00	4.15	29	青海	0.98	0.81
14	江西	5.15	4.81	30	宁夏	1.63	1.33
15	山东	7.50	7.33	31	新疆	4.65	3.71
16	河南	6.91	6.35				

资料来源：《中国统计年鉴》（2017年、2019年）

总磷排放量较大的省（自治区、直辖市）主要有广东、江苏、湖南、广西、四川、江西、安徽、湖北、山东、河北等（表2.4），其中，广东2018年总磷

表2.4 全国各省（自治区、直辖市）总磷排放量（万t）

序号	地区	2016年	2018年	序号	地区	2016年	2018年
1	北京	0.08	0.06	17	湖北	0.39	0.29
2	天津	0.05	0.04	18	湖南	0.68	0.46
3	河北	0.38	0.27	19	广东	1.18	0.74
4	山西	0.20	0.15	20	广西	0.38	0.37
5	内蒙古	0.13	0.06	21	海南	0.08	0.06
6	辽宁	0.29	0.22	22	重庆	0.11	0.08
7	吉林	0.16	0.09	23	四川	0.45	0.37
8	黑龙江	0.26	0.16	24	贵州	0.17	0.17
9	上海	0.15	0.08	25	云南	0.15	0.14
10	江苏	0.73	0.48	26	西藏	0.02	0.02
11	浙江	0.35	0.16	27	陕西	0.19	0.11
12	安徽	0.36	0.33	28	甘肃	0.08	0.06
13	福建	0.38	0.25	29	青海	0.03	0.03
14	江西	0.45	0.36	30	宁夏	0.12	0.07
15	山东	0.43	0.28	31	新疆	0.24	0.21
16	河南	0.35	0.25				

资料来源：《中国统计年鉴》（2017年、2019年）

排放量超过了0.7万t，江苏、湖南超过了0.4万t。2018年总磷排放量较大的10个省份占全国总排放量的61.5%。

2.1.3　分流域水污染物排放情况

各重点流域废水排放总量仍呈现逐年增长的趋势，COD和氨氮排放总量逐步减少。2018年，长江、黄河、珠江、松花江、淮河、海河、辽河七大流域废水排放总量为636.9亿t，比2017年上升了2.6%，废水排放量分别占重点流域排放总量的38.7%、8.0%、19.0%、4.1%、15.1%、10.6%、4.4%，详见表2.5。

表2.5　2018年重点流域工业源主要污染物排放状况

流域	废水排放量（亿t）	COD（万t）	氨氮（万t）	总磷（万t）
长江	246.6	20.50	1.62	0.17
松花江	26.4	2.97	0.24	0.01
海河	67.2	6.23	0.40	0.04
黄河	51.2	4.83	0.45	0.02
珠江	121.3	9.92	0.80	0.07
辽河	28.2	2.17	0.20	0.01
淮河	96.0	9.65	0.76	0.07

2018年，重点流域的工业COD排放总量为56.26万t。其中，长江、黄河、珠江、松花江、淮河、海河、辽河流域的排放量分别为20.50万t、4.83万t、9.92万t、2.97万t、9.65万t、6.23万t、2.17万t，分别占重点流域排放总量的36.4%、8.6%、17.6%、5.3%、17.2%、11.1%、3.9%。

2018年，重点流域的工业氨氮排放总量为4.47万t。其中，长江、黄河、珠江、松花江、淮河、海河、辽河流域的排放量分别为1.62万t、0.45万t、0.80万t、0.24万t、0.76万t、0.40万t、0.20万t，分别占重点流域排放总量的36.2%、10.1%、17.8%、5.4%、17.1%、9.0%、4.4%。

2.1.4　水污染物排放特征分析

1. 废水排放上，全国废水排放量仍呈现递增趋势，生活污水为主要贡献源

近40年中，全国废水排放量逐年增加，从1981年的291.8亿t增加到2009年的589.7亿t，再到2015年的735.3亿t，废水排放量呈逐年上升的趋势，但2016年起呈

下降态势，2016年排放量为711亿t，2018年下降为636.9亿t。随着国家对环境保护的重视，环保执法力度的加强以及污水处理技术的不断成熟，我国工业废水排放量逐年减少，生活废水比例逐年上升，1999年生活废水排放量首次高于工业废水排放量。生活污水已成为废水总量的主力军。

2. 污染排放结构上，常规污染物得到一定控制，农业、生活源污染负荷仍占主导

根据2018年流域环境统计数据，COD、氨氮和总磷等常规污染因子，在统计的大型畜禽养殖场、工业源和生活源中，七大流域生活源占主体，其次为工业源。生活源各常规因子排放量占比在82%~96%之间（图2.3），黄河流域COD生活源占比最低，为82.85%，辽河流域氨氮生活源占比最高，为96.4%；工业源

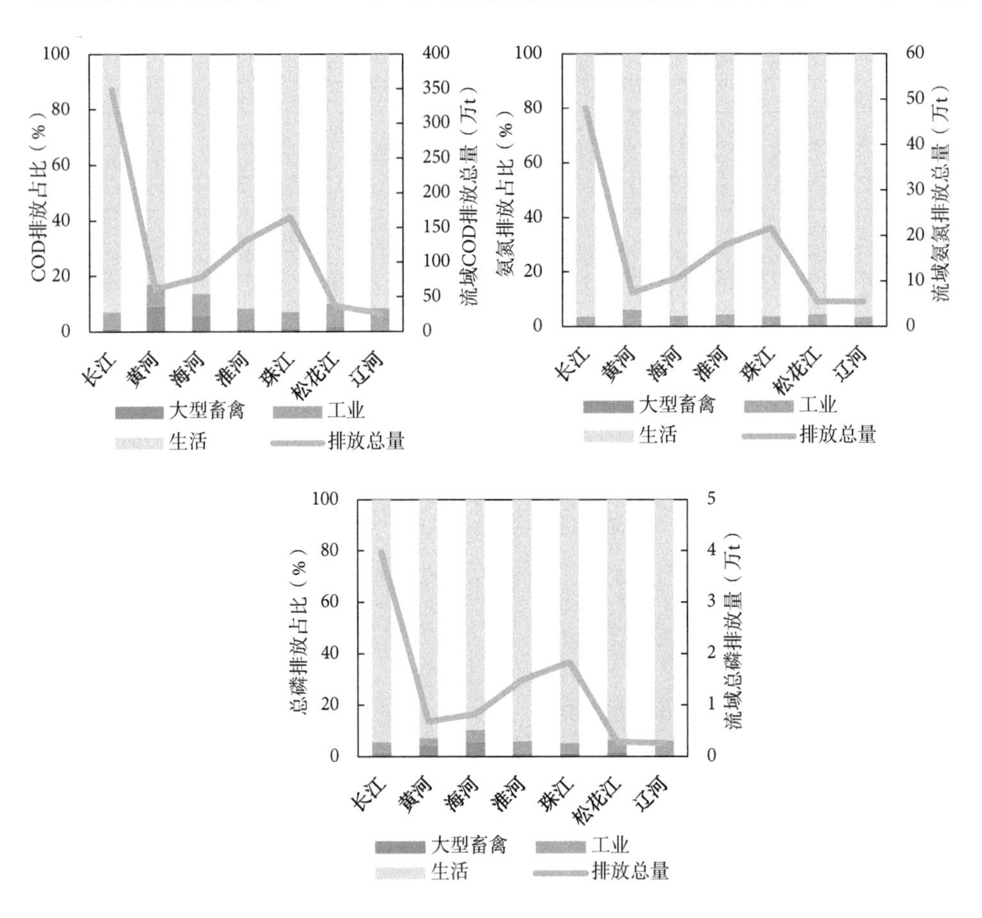

图2.3 2018年七大流域主要污染排放结构图

各因子排放占比均在10%以内；大型畜禽养殖排放占比最低。但对比“十二五”和“十三五”统计范围和数据趋势（图2.4），结合已有研究，农业农村污染物排放远大于大型畜禽养殖排放，甚至超过生活源而占据污染排放量的最大占比。《第二次全国污染源普查公报》显示，2017年，农业污染源COD、总氮（TN）和总磷（TP）排放分别占地表水体污染总负荷的49.8%、46.5%和67.2%。

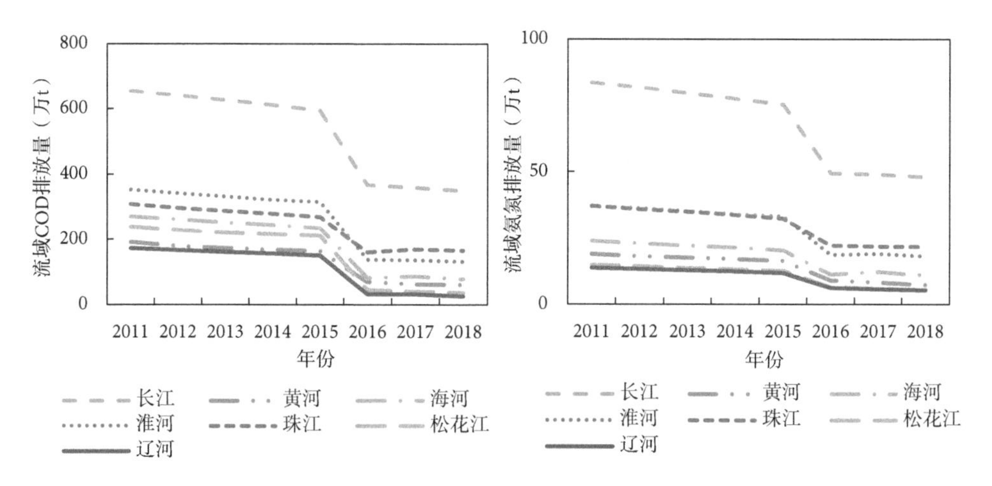

图2.4　七大流域主要污染物排放趋势图

3. 污染排放趋势上，COD下降速度较快，氮磷污染统计不完善

从排放趋势上，“十二五”以来，受总量控制等政策实施的影响，COD、氨氮排放量均呈现下降趋势，但2016年相较于2015年呈断崖式下降，主要受农业源统计范围的影响，“十二五”农业源统计了养殖和水产，而“十三五”农业源仅统计了大型畜禽。COD、氨氮和总磷排放中，各流域COD平均下降速率最快，氨氮次之。“十二五”期间由于总磷统计不完善和未约束减排，排放总量呈波动状态，2016年之后逐年下降。但由于农业源污染来源分散、多样，没有明确的排污口，统计监测不完善，氮、磷的实际排放量应比统计数据高很多。

4. 污染分布上，重点行业地区排放结构性特征突出

区域上，广东、江苏、浙江、山东、四川、湖南、湖北等省份的水污染物排放量始终位居全国工业废水排放量的前十位，这10个省废水排放量的累计贡献率基本保持在65%左右。行业上，在调查统计的工业行业中，排放量位于前4位

的行业依次为化学原料和化学制品制造业、造纸和纸制品业、纺织业、煤炭开采和洗选业。4个行业的废水排放量占重点调查工业企业废水排放总量的近一半。

各重点行业污水排放的区域特点十分突出。化学原料和化学制品制造业废水排放量前5位的省份依次是江苏、山东、湖北、河南和浙江，5个省份化学原料和化学制品制造业水污染物排放量占该行业重点调查工业企业废水排放量的45%。造纸和纸制品业废水排放量前5位的省份依次是广东、浙江、山东、湖南和江苏，5个省份造纸和纸制品业水污染物排放量占该行业重点调查工业企业废水排放量的46%。纺织业废水排放量前5位的省份依次是浙江、江苏、广东、山东和福建，5个省份纺织业水污染物排放占该行业重点调查工业企业废水排放量的84%。煤炭开采和洗选业废水排放量前5位的省份依次是河南、山东、贵州、山西和重庆。5 个省份煤炭开采和洗选业水污染物排放量占该行业重点调查工业企业废水排放量的55%。

5. 污水处理能力上，村镇污水处理有较大提升空间

城镇生活污水是城镇污水的主要组成部分，城镇人口增加和居民消费水平提高导致我国城镇生活污水排放量大幅增加。我国高度重视城市污水处理，城市污水处理市场已接近饱和，城市污水日处理能力从2011年的11303万m^3增加到2018年的18145万m^3。污水处理厂座数也相应地从1588座增加到4332座，污水处理率已超过94%。县城污水处理市场有一定提升空间，但十分有限，县城污水日处理能力也从2011年的2409万m^3增加到2018年的3367万m^3，污水处理率从70.41%增加至91.16%，污水处理厂座数也从1303座增加到1598座。乡镇受制于经济发展水平与财政资金实力，以及分布分散、规模小，污水处理设施建设相对落后，污水处理率远低于城市和县城，提升空间较大，且发展极为不均衡，江苏、福建、重庆等地区处理率已超过90%，但青海、河北、黑龙江、内蒙古、西藏、海南等地区低于20%，平均水平不足一半，大量农村生活污水直接排放至当地河流或者地下河当中。乡镇、农村污水处理设施后期需重点加强，目前处理能力还远远滞后。

2.2　水生态环境质量变化趋势及特征

20世纪80年代以来，我国经济高速发展，城市化、工业化进程加快，发达国家近百年的环境问题在我国近30年内集中爆发。在各级政府开展的大量水环境污染控制治理和管理措施作用下，我国水环境质量持续改善。但高速的经济发展和高强度的流域开发，导致了水环境污染负荷高居不下，并且仍然超过流域水环境容量。虽然已经基本扼制住水环境恶化的趋势，但形势仍旧严峻，并持续威胁饮用水安全、公众健康、社会经济可持续发展乃至国家安全，同时偶然引发不必要的跨界流域水环境问题纠纷，影响国家形象。水污染治理速度与力度需要得到进一步加强。

当前，我国流域整体水质改善，近岸海域水质总体稳中向好，河流水污染得到了有效控制，但湖泊富营养化仍然存在，饮用水安全问题依然突出，地下水过度超采且污染较为严重。与过去相比，水环境从单一污染发展到多元化污染，形成点源与面源污染共存、生活污染和工业污染叠加、各种新旧污染与二次污染相互复合，以及常规污染物、有毒有机物、重金属、藻毒素等水污染衍生物相互作用的复杂的流域性污染态势，水环境问题表现出显著的复合性、流域性、复杂性特征，重大突发性水环境污染问题时有发生，对国家水环境安全和流域经济社会可持续发展形成威胁。

2.2.1　水生态环境质量变化趋势

1. 河流水污染形势向好，七大流域水质提升

主要流域污染得到了有效的遏制，污染治理成效逐渐明显，水污染加剧的态势也得到有效遏制，全国地表水中的优良水质断面比例不断增加，劣Ⅴ类水质断面比例持续减少，如图2.5。

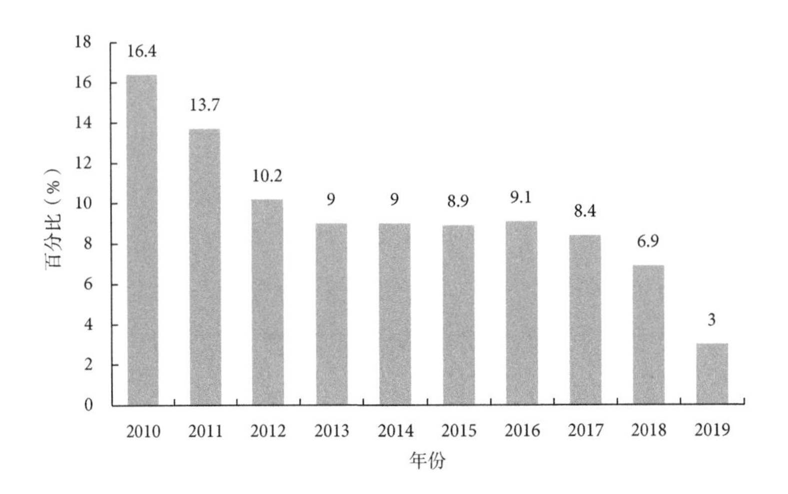

图2.5　2010~2019年流域整体劣Ⅴ类水质比例

我国七大流域和浙闽片河流、西北诸河、西南诸河的700个国控断面水质由2009年的Ⅰ~Ⅲ类占57.3%、Ⅳ~Ⅴ类占24.3%以及劣Ⅴ类占18.4%转变为2015年的Ⅰ~Ⅲ类占72.1%、Ⅳ~Ⅴ类占19%以及劣Ⅴ类占8.9%，到2018年进一步改善为Ⅰ~Ⅲ类占74.3%、Ⅰ~Ⅲ类占18.9以及劣Ⅴ类占6.9%。2019年，长江、黄河、珠江、松花江、淮河、海河、辽河七大流域和浙闽片河流、西北诸河、西南诸河监测的1610个水质断面中，Ⅰ~Ⅲ类水质断面占79.1%，比2018年上升4.8个百分点；劣Ⅴ类占3.0%，比2018年下降3.9个百分点，如图2.6。其中，“十三五”以来，常规污染物控制效果明显，但总磷、总氮等污染问题开始突出。2019年，通过分析七大流域1360个国控断面，长江流域首要污染物改变为总磷与氨氮，超标率均超过60%；黄河与珠江流域氨氮分别超标54%与39%；辽河与松花江的耗氧型指标虽然超标严重，但总磷与氨氮超标倍数远高于其耗氧型指标；淮河与海河流域的耗氧型指标超标占比较高，但氨氮和总磷超标倍数已经接近耗氧型指标。

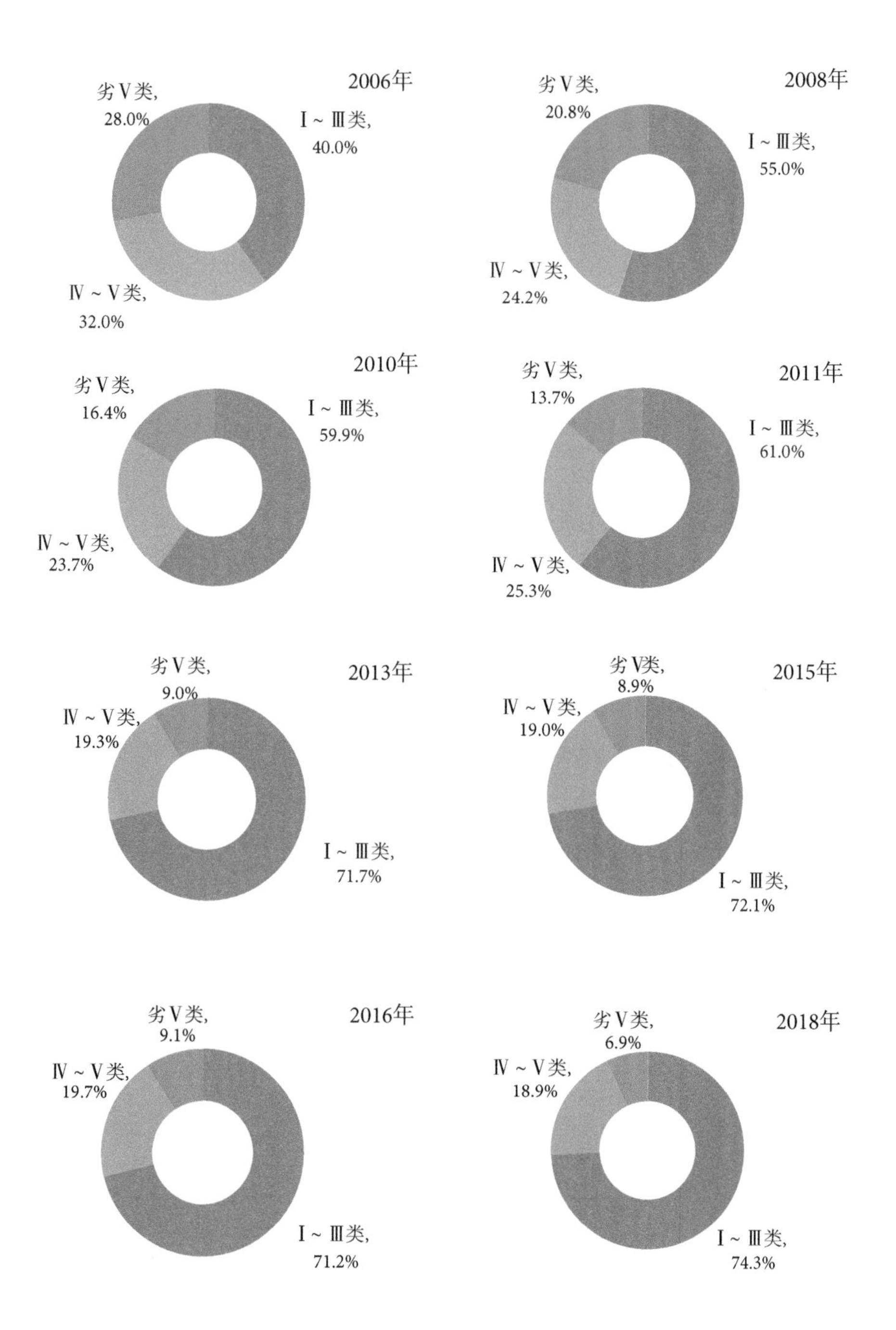
2006年
劣V类,
28.0%
Ⅰ～Ⅲ类,
40.0%
Ⅳ～V类,
32.0%
2008年
劣V类,
20.8%
Ⅰ～Ⅲ类,
55.0%
Ⅳ～V类,
24.2%
2010年
劣V类,
16.4%
Ⅰ～Ⅲ类,
59.9%
Ⅳ～V类,
23.7%
2011年
劣V类,
13.7%
Ⅰ～Ⅲ类,
61.0%
Ⅳ～V类,
25.3%
2013年
劣V类,
9.0%
Ⅳ～V类,
19.3%
Ⅰ～Ⅲ类,
71.7%
2015年
劣V类,
8.9%
Ⅳ～V类,
19.0%
Ⅰ～Ⅲ类,
72.1%
2016年
劣V类,
9.1%
Ⅳ～V类,
19.7%
Ⅰ～Ⅲ类,
71.2%
2018年
劣V类,
6.9%
Ⅳ～V类,
18.9%
Ⅰ～Ⅲ类,
74.3%

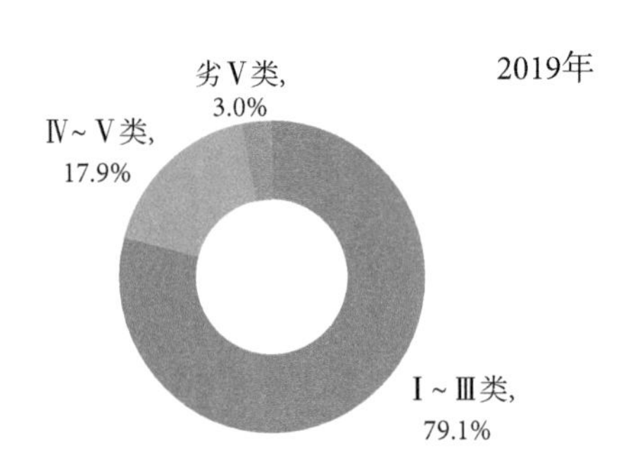

图2.6 2006~2019年中代表年流域整体水质断面比例

2019年，全国地表水监测的1931个水质断面（点位）中，Ⅰ~Ⅲ类比例为74.9%，比2017年上升3.9个百分点；劣Ⅴ类比例为3.4%，比2017年下降3.3个百分点，见表2.6。长江流域水质优，干流和主要支流水质均为优。黄河流域轻度污染，干流水质为优，主要支流则为轻度污染。珠江流域水质为优，干流水质为优，支流水质良好，海南岛内入海河流水质为优或良好，省界断面水质良好。松花江流域轻度污染，干流、图们江水系和绥芬河水质良好，主要支流、黑龙江水系和乌苏里江水系为轻度污染。淮河流域轻度污染，干流水质为优，沂沭泗水系水质良好，主要支流和山东半岛独流入海河流为轻度污染。海河流域轻度污染，干流2个断面，三岔口为Ⅱ类水质，海河大闸为Ⅴ类水质；滦河水系水质为优，主要支流、徒骇马颊河水系和冀东沿海诸河水系为轻度污染。辽河流域轻度污染，鸭绿江水系水质为优，干流、大辽河水系和大凌河水系为轻度污染，主

表2.6 2019年七大流域和浙闽片河流、西北诸河、西南诸河水质类别比例

水系名称	Ⅰ~Ⅲ类（%）	Ⅳ~Ⅴ类（%）	劣Ⅴ类（%）
长江	91.7	7.7	0.6
黄河	73.0	18.2	8.8
珠江	86.1	10.9	3.0
松花江	66.4	30.8	2.8
淮河	63.7	35.7	0.6
海河	51.9	40.6	7.5
辽河	56.3	35	8.7
浙闽片河流	95.2	4.0	0.8
西北诸河	96.8	3.2	0
西南诸河	93.7	3.1	3.2
总体	79.1	17	3.0

资料来源：《中国环境状况公报2019》

要支流为中度污染。浙闽片河流、西北诸河以及西南诸河水质均为优。2020年，长江流域河流国控断面全部消除劣Ⅴ类，长江干流历史性实现全优水体；全国地表水优良水质断面比例提高到83.4%，劣Ⅴ类水质断面比例下降到0.6%。

2. 湖泊富营养化和水生态系统退化缓解，形势依然严峻

湖库富营养化状况得到改善，但仍有反弹。20世纪70年代调查的34个湖泊中，富营养化的湖泊仅占5%，1984年富营养化比率为26.5%；20世纪90年代末、21世纪初，我国湖泊富营养化形势已十分严峻，富营养化湖泊个数占被调查湖泊的比例上升到77%[2]。随着蓝藻水华的暴发，各地开始注重湖库污染防治防控工作，富营养化的趋势初步得到遏制。2014年，开展营养状态监测的61个湖泊（水库）中，贫营养的10个，中营养的36个，轻度富营养的13个，中度富营养的2个；全国62个重点湖泊（水库）中，7个湖泊（水库）水质为Ⅰ类，11个为Ⅱ类，20个为Ⅲ类，15个为Ⅳ类，4个为Ⅴ类，5个为劣Ⅴ类。太湖湖体和巢湖湖体平均为轻度富营养状态，滇池湖体平均为中度富营养状态，其中滇池的草海为重度富营养状态。到2019年，监测水质的110个重要湖泊（水库）中，Ⅰ~Ⅲ类湖泊（水库）占69.1%，比2018年上升2.4个百分点；劣Ⅴ类占7.3%，比2018年下降0.8个百分点。主要污染指标为总磷、COD和高锰酸盐指数。监测营养状态的107个湖泊（水库）中，贫营养状态的10个，占9.3%；中营养状态的占62.6%；轻度富营养状态的占22.4%；中度富营养状态的占5.6%，见图2.7。到2020年，监测水质的112个重要湖泊（水库）中，Ⅰ~Ⅲ类湖泊（水库）占76.8%，劣Ⅴ类占5.4%，水质总体进一步改善。

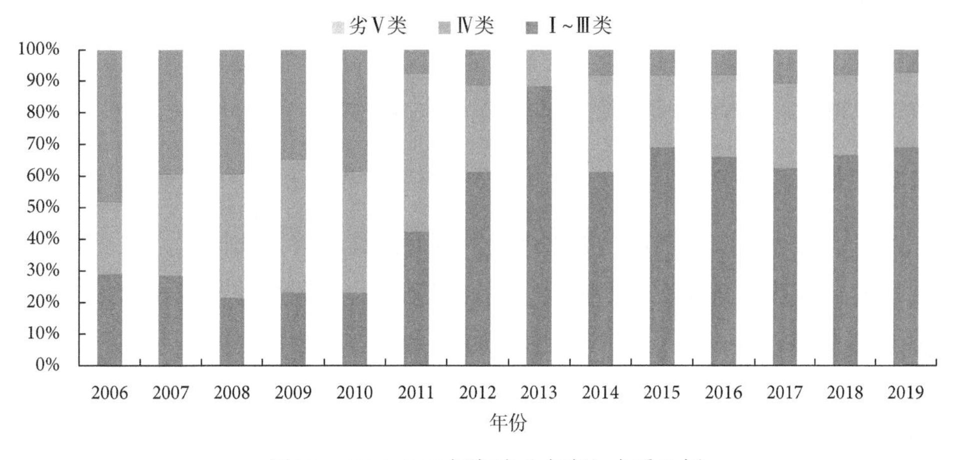

图2.7 2006~2019年湖泊（水库）水质比例

《长江流域及西南诸河水资源公报》（2008~2018年）显示，近10年来，长江流域湖库富营养化趋势没有得到好转，富营养化湖库数量增加，贫营养湖库消失，轻度富营养化湖库成为主体。长江流域湖库主要分布于我国云贵高原湖区、中东部平原湖区，普遍属于磷限制或氮磷联合限制型湖库，伴随人类活动干扰（如围垦、水产养殖、污染物排放等），入湖氮磷营养盐负荷超过其环境承载力，是引起湖库富营养化的根本原因；同时，河湖连通性变差、水库群调节导致水体流速变缓，水体交换慢，营养盐易蓄积，加剧了湖泊富营养化和水华风险[3]。2007年以来，列入国家治理的重点湖泊太湖、巢湖和滇池（即“三湖”）营养状态指数持续下降，但湖泊水华问题依然严峻。以太湖为例，2007年太湖营养状态指数为62.4，为中度富营养化；2019年已经降至54.2，达到轻度富营养化，降幅明显。然而，与营养状态指数表现不同，太湖湖体叶绿素a（Chl a）浓度、蓝藻密度以及水华暴发面积则表现为波动上升态势[4]。

3. 河口水环境质量稳定，近岸海域水质总体稳中向好

因为来自陆域污染源的氮、磷污染负荷，河口地区水质稳定。2019年，全国近岸海域国控监测点中，优良（一、二类）水质海域面积比例为76.6%，比2018年上升5.3个百分点；劣四类为11.7%，比2018年下降1.8个百分点。沿海省份中河北、广西和海南近岸海域水质为优，辽宁、山东、江苏和广东近岸海域水质良好，天津和福建近岸海域水质一般，上海和浙江近岸海域水质极差。2019年，监测的190个入海河流水质断面中，无Ⅰ类水质断面，Ⅱ类占19.5%，Ⅲ类占34.7%，Ⅳ类占32.6%，Ⅴ类占8.9%，劣Ⅴ类占4.2%。主要超标指标为COD、高锰酸盐指数、总磷、氨氮和五日生化需氧量（BOD_5）。渤海综合治理攻坚战取得成效，2020年渤海入海河流国控断面全部消除劣Ⅴ类。

4. 黑臭水体治理初见成效，饮用水安全问题依然突出

饮用水水源地保护以及黑臭水体整治等有效地改善了我国饮用水现状。但饮用水安全仍然受到威胁，水源污染问题仍是一个全国性的普遍问题。饮用水源不仅受常规的污染物污染，而且还受新兴有毒有害物质污染，严重危及人体健康。同时饮用水的深度处理、输配送技术相对落后，已经威胁到城乡居民的饮用水安全。

根据《2018年中国水资源公报》，31个省（自治区、直辖市）共评价1045个集中式饮用水水源地，全年水质合格率80%及以上的水源地比例为83.5%。2018年，按照监测断面（点位）数量统计，监测的337个地级及以上城市的906个在用集中式生活饮用水水源监测断面（点位）中，814个全年均达标，占89.8%。其中地表水水源监测断面（点位）577个，534个全年均达标，占92.5%，主要超标指标为硫酸盐、总磷和锰；地下水水源监测断面（点位）329个，280个全年均达标，占85.1%，主要超标指标为锰、铁和氨氮。

城市黑臭水体治理攻坚战实施以来，住房和城乡建设部、生态环境部联合组织开展2018年和2019年“黑臭水体整治环境保护专项行动”。各地普遍加大工作力度，加快补齐城市环境基础设施短板，有效提升了城市水污染防治水平，但黑臭水体治理不平衡、不协调的情况依然突出。2019年，全国295个地级及以上城市2899个黑臭水体中，总的消除率为86.7%，其中36个重点城市（直辖市、省会城市、计划单列市）消除率较高（96.2%），但其他259个城市的总消除率为81.2%。到2020年年底，全国地级及以上城市黑臭水体消除率在98.2%。距离到2030年，我国城市建成区黑臭水体总体得到消除的目标还有不少差距。

与城镇供水相比，农村饮用水水源保护工作严重滞后，数十万处中小型集中供水工程没有开展水源保护区或保护范围划定工作；部分联村供水工程虽然划定了水源保护区，但41%的水源保护区仅有简易防护措施或没有防护措施，处于敞开式或半敞开式的状况；饮用水水源受农业面源污染、生活污染、垃圾污染等影响，存在突发性安全隐患，并且普遍缺乏备用水源。要实现到2035年，基本消除中国农村黑臭水体的目标，需要做出艰苦努力。

5. 流域水资源过度开发、水生态严重失衡，水质性缺水和水量性缺水问题并存，制约流域经济的可持续发展

不合理的经济社会活动、水资源的过度开发以及全球气候变化，生态用水被大量挤占，河流干枯、湿地退化、城市河流普遍发黑发臭，水质性缺水量达7200 km^3。一些北方河流水资源开发利用率超过国际生态警戒线（30%~40%），流域生态功能严重失调。

江河断流、地面沉降不断发生，黑河下游持续断流，海河下游基本断流，黄河在20世纪90年代严重断流。湖泊萎缩，滩涂消失，天然湿地干涸，水源涵养

和调节能力大幅度下降，全国大旱之后接大涝，大涝之后又接大旱的现象更加频繁，有些地区甚至出现“无雨则旱，有雨则涝”的现象，如50年代初长江中下游有通江大湖22个，面积17000 km^2，20世纪80年代仅剩6605 km^2，湖面减少近2/3，湖泊容积减少6000~7000 km^3。我国湿地面积3838万 hm^2，据不完全统计，沿海地区丧失湿地面积219万hm^2，相当于沿海湿地总面积的50%。全国围垦湖泊面积达130万hm^{2}以上，失去调蓄容量3500 km^{3}以上，因围垦而消失的天然湖泊近1000个。水资源时空分布不均，供需矛盾突出；地下水超采严重，地下水超采引发地面沉降；部分地区地面沉降、海水入侵；从1921年至今，上海沉降面积已达1000 km^2，沉降中心最大累积沉降量达2.63 m。地下水下降还导致海水回灌、生物多样性减少和土壤干旱化等现象。

我国江河湖海水污染现象的普遍性和严重性，加剧了水资源的短缺，危及饮用水安全，严重影响了农业、渔业和工业发展，损害了湖泊、海洋生态环境，直接威胁到人民身体健康，制约了社会经济的可持续性发展。

6. 水生态安全受到威胁，突发性水污染事故频发，造成巨大经济损失

我国不少化工、石化等重污染行业布局在江河沿岸，有的甚至建在饮用水水源地附近和人口密集区，很多企业建厂早、设备陈旧、管理落后，水污染事故安全隐患大；同时，跨界流域水污染事件引起的国际水纠纷，给我国的环境外交也带来巨大压力和挑战。水环境污染造成了巨大的经济损失，据统计2004年因水污染造成的损失为2862.8亿元，占当年国内生产总值（GDP）的1.71%。

2.2.2 水生态环境质量变化特征

1. “水十条”成效明显，流域污染程度下降，水质不断提升

“十三五”以来，污染防治攻坚战和“水十条”实施的成效明显，主要流域污染得到了有效的遏制，污染物排放增长率呈逐年递减趋势。全国地表水优良水质断面比例不断提升，劣Ⅴ类水质比例下降。七大流域以及浙闽片河流、西北诸河、西南诸河整体劣Ⅴ类水质的断面比例下降，从2018年的6.9%下降为2020年的0.2%。重要湖泊（库）整体水质下降，劣Ⅴ类水质的断面比例下降，从2018年的8.1%下降为2020年的5.4%。全国10168个国家级地下水水质监测点中，

Ⅰ~Ⅲ类水质监测点数量上升，从2018年的13.8%上升到2020年的22.7%。

2. 污水来源结构不断变化，水体污染物成分复杂化

我国的水环境污染范围从全范围扩大，改变为流域海域缓解以及湖泊地下水加重的复杂趋势。工业废水排放量逐年降低，城镇生活污水排放量升高，进一步形成以城镇生活污水排放为主的污水排放结构。影响水质的主要污染物指标发生了一定变化，根据《中国生态环境状况公报》，2006年全国主要污染指标为高锰酸钾指数、氨氮以及石油类，2010年转变为高锰酸钾指数、BOD_5和氨氮，2015年转变为COD、BOD_5和总磷。到2019年，全国总磷指标定类因子占比最大，为40.0%。新旧污染与二次污染相互作用的复合污染态势仍然存在，生活污染增加且成分进一步复杂化，结构型污染在不同空间尺度呈现出的梯度转移依旧明显。虽然常规水质监测指标正在逐渐改善，但新型非常规水质监测指标可能会趋于恶化，如不能将当前未检测或未管理的非常规性污染物指标纳入到水质的评估考核体系中，加强管控，则我国水环境质量在未来一段时间内还有可能恶化。

3. 传统水体污染物尚未得到全面控制，黑臭水体治理成效待巩固

随着水污染治理力度的不断加大和城市黑臭水体治理的开展，大量传统水体污染物得到有效控制，但尚未彻底解决；同时，持久性有机污染物、内分泌干扰素、抗生素、微塑料等新污染物的增加，以及个别地下水区域出现的重金属污染得不到有效治理，仍将进一步引起水环境和水生态健康风险。

“水十条”明确提出了城市黑臭水体治理的目标，要求2020年年底前，地级以上城市建成区黑臭水体均控制在10%以内；到2030年，全国城市建成区黑臭水体总体得到消除。城市黑臭水体治理成果显著，但城市黑臭水体成因复杂，污染类型多，巩固现有的治理成效存在难点。城市水污染防治水平得到了有效提升，但黑臭水体中不平衡、不协调的情况仍然突出，部分黑臭水体治理后甚至出现反弹，治理任务依然繁重。同时，我国农村黑臭水体底数不清，分布面广，要实现到2035年基本消除中国农村黑臭水体的目标需要艰苦努力。

4. 水污染导致水质性缺水，水污染引起的健康问题日益受到广泛关注

水污染导致水质性缺水，造成水资源形势严峻。我国有600个城市存在供水不足问题，每年缺水量约60亿m^3。而由于大量废水排放以及超采，导致了区域大量水资源水质变坏，淡水资源短缺加重。特别是沿海城市，还面临着地下水超采导致的水层疏干、地面沉降以及海水入侵，从而使得水质进一步恶化。长江等流域水质虽有改善，但海河、黄河以及辽河的污染状况仍然严峻，而地下水水质的恶化无疑将会导致更大范围的水质性缺水。2014年，我国有2.8亿居民使用不安全饮用水。我国农村地区，以人群消化系统肿瘤，如肝癌、胃癌等为代表的恶性肿瘤发病率、死亡率连年呈上升趋势、各种肠道传染病居高不下等健康问题都与水环境污染有着密切的关系。

5. 水环境和水资源无法满足现有经济发展模式

水环境问题无论在类型、规模、结构还是性质上都发生了深刻的变化。经济社会发展与水环境质量、水资源保障的矛盾仍然突出，水资源的短缺、氮磷污染的凸显、湖泊富营养化的长期存在、黑臭水体的未根本消除等，都影响着社会经济的发展，影响着社会福利。为此，需要认真分析和正确认识我国面临的重大水环境问题及其发展趋势，提出科学有效的控制策略，遏制水环境恶化的态势，以保障我国的水质安全、水生态系统健康、饮用水安全，实现社会经济和水环境保护的双赢。

第3章　国内外水生态环境保护战略对比分析

为保证水环境保护战略的针对性、创新性和延续性的“平衡”，体现继承与发展相结合的原则，针对前面分析的具体环境问题及主要驱动要素，总结国内外水环境治理的经验和教训，以便“对症下药”。本章首先系统梳理美欧、日本等国家和地区水生态环境保护的经验和做法，提出可供我国借鉴的主要方面。接着从体制机制、制度政策、法规标准等方面，回顾和梳理我国水环境保护方面已采取和正在采取的管理措施，分析水环境保护和管理中存在的主要问题。在此基础上，提出我国流域水环境管理的战略趋势。

3.1　国外水生态环境保护经验与启示

从整体性和系统性考虑的流域环境综合管理是水环境管理的发展趋势。美国在20世纪70年代根据《清洁水法》的要求，提出了控制流域污染的综合地表水管理方法（最大日负荷限值TMDL），建立了比较完备的流域水环境监测体系、水质标准体系以及排污许可证等管理制度，有力地帮助受损水体逐步恢复。欧盟水环境管理也从水环境质量标准、排放标准管理，逐步进入了以水生态系统为核心的流域管理阶段。日本面对发展、环境与资源压力，于1970年确立了环境优先的原则，强调区域污染的综合防治，建立了基于水生态系统保护的污染物容量总量控制制度。发达国家在水环境管理方面的共同点是实现了从污染物控制向流域水生态管理的战略转型。

3.1.1　美国水生态环境保护政策和战略目标的变迁

美国水生态环境管理的最终目标是恢复和保持国家水体化学、物理和生物方面的完整性，其中，水质标准是水环境管理的红线，排放限值是保证水质达标的核心政策，国家污染物排放消除制度是落实排放限值的基础制度。

1. 美国水污染防治的立法进程[5]

美国水环境保护的历史可追溯到1899年的《垃圾管理法》。出于防止向航运河道倾倒企业排放的大量废物，如淤渣、纤维和造纸厂、锯木厂产生的木屑而使航道阻塞的目的，法律规定把任何种类的垃圾扔进、排放或积存在美国任何可通航的水域都是不合法的。1948年，美国国会制定了《联邦水污染控制法》（Federal Water Pollution Control Act），1965年，美国国会通过一项名为《水质法》的《联邦水污染控制法》修正案，首次采用直接以水质标准为依据进行水污染管理的方法，是美国水环境标准的制定与实施的最初法律渊源。

1972年美国国会再次对《联邦水污染控制法》进行了修订，确立了现代的水污染控制体系和制度框架，具有里程碑意义。1972年立法有两个主要目标：一是到1985年实行污染物“零排放”，二是到1983年水质实现“可钓鱼”（fish-able）和“可游泳”（swimmable）。为了实现零排放的目标，法律修正案制定了基于技术的标准；为了实现可钓鱼、可游泳的目标，则制定了与水质有关的标准，规定了污染物的排放限值。排放限值实现的途径主要包括两点：第一点是国家污染物排放削减制度（NPDES），第二点是最大日负荷总量（TMDL）。这就为水生态系统的保护提供了前提条件。在此基础上再配合河流生态流量，可更好地保护水生态系统。

1977年美国国会再次对1972年《联邦水污染控制法》进行修订，并正式称为《清洁水法》（Clean Water Act），成为控制美国污水排放的基本法规。《清洁水法》授予联邦环保局建立工业污水排放的标准，并继续建立针对地表水中所有污染物的水质标准的权力；通过国家污染物排放削减制度中的许可规定，并据此建立了非常严格的许可证管理制度，具体由联邦政府制定基本政策和排放限值，由州政府实施的管理体制，加强了联邦政府在控制水污染方面的权力和作用。

1972年《联邦水污染控制法》重点控制的是工业污染源或点源，而对非点源和有毒物质的污染控制重视不够。有鉴于此，1977年的《清洁水法》修正案加强了对有毒污染物质的管理，在传统污染物和有毒物质之间进行了更为清楚的区分。1987年的《清洁水法》修正案要求联邦环保局对下水道污泥中的有毒物质进行鉴别并制定新的控制标准，对于非点源污染，法案要求各州严格执行非点源污染控制项目。这也是美国国会对《清洁水法》的最后一次重大修改，此后法令条款的修正、补充与执行授权给美国环保局、各州政府和其他相关工作部门。

2.《清洁水法》明确了主要法律制度和策略

1）国家污染物排放削减制度

NPDES是美国河流、湖泊和近海水体保护与恢复的主要手段，规定了对直接向水体排放污染物的工厂排放各种污染物的浓度限制。排放许可的限制包括美国环保局颁布的对特种类工业污染物的排放标准，以及对国家水体的水质标准。

NPDES实施范围包括任何向国家水体排放污染物的点源设施。NPDES许可证包括两种基本类型：个体许可证（individual permits）和综合许可证（general permits）。个体许可证只适用于单一企业，企业递交必要的申请，许可证负责机构根据许可证申请中的信息为企业制定许可证。综合许可证适用于多个企业，但须有明确的分类。排污许可证包括两方面的限制：技术控制和水质控制。技术控制包括最佳使用控制技术（BPT）、最佳常规污染物控制技术（BCT）、最佳经济可行技术（BAT）和新污染源的执行标准（NSPS）。

2）排污权交易制度

排污权交易最早由美国经济学家戴尔斯于20世纪70年代提出，并首先被美国环保局用于大气污染及河流污染管理。排污权交易（marketable pollution permits）是指在一定区域内，在污染物排放总量不超过允许排放量的前提下，内部各污染源之间通过货币交换的方式相互调剂排污量，从而达到减少排放量和保护环境的目的。它通过赋予环境容量资源价值、确定产权、允许产权自由转让交易的方式，有效配置污染削减责任，从而降低污染控制的社会成本，因而成为有效实施总量控制的方法。

排污权交易的基本内容是：在满足环境要求的条件下，建立合法的污染物排放权利即排污权，并允许这种权利像商品那样被买入和卖出，以此来进行污染物的排放控制。实践中，通常是政府向厂商发放排污许可证。排污许可证及其所代表的排污权是可以买卖的，厂商可以根据自己的需要，在市场上买进或卖出排污权。

3）TMDL计划

《清洁水法》要求，对无法达到相关水质标准的水体制定并执行TMDL（total maximum daily loads，最大日负荷总量）计划，根据水体所能容纳的最大污染负荷严格控制进入水体的污染总量。通过TMDL计划，可将污染源的排放行为与环境质量挂钩，建立污染排放与环境质量之间的响应关系，从而确定允许污染源排放的浓度与总量限值。

TMDL计划以流域为实施对象，要求明确水体的用途（如饮用水供应、水生生物保护、公共娱乐等），根据指定用途确定水质标准，根据水质标准评估水体受损状况并确定水质恢复目标。TMDL计划在恢复美国地表水体功能、改善水体水质方面起到了重要的作用，一些重点治理的水域通过实施TMDL计划，水环境状况已经得到根本好转。如今，TMDL计划已经作为确保美国地表水达到水质目标的关键计划。

4）知情权法律制度

《联邦水污染控制法》规定企业必须定期向政府主管部门报告许可证的执行情况，呈报污染物排放清单，环保局有权依法进入工厂检查排污设施、进行记录和要求企业提供所需要的信息，公众可以依据《信息自由法》的规定获取这些环境信息。

5）公民诉讼制度

美国的环境公民诉讼制度产生于20世纪70年代，是一种允许与案件无直接利害关系的原告出于公益目的向法院起诉的新型诉讼制度。《清洁水法》为阻止违法行为，诉讼条款授权公民可以在联邦法院提起诉讼，在水污染防治中确立了公民讼诉制度。

《清洁水法》专款规定，任何公民可以基于自身利益提起诉讼。该法规定原告可以获得返还的诉讼费用，以此推动形成鼓励公民团体参与追究违法者责任的机制。公民诉讼是公民的自发行为，如果适用过多过滥，也会适得其反，不能达到预期的效果。为了对公民诉讼进行控制，国会在立法中规定了对公民诉讼的程序上的限制措施。常见的公民诉讼救济手段有禁令和民事处罚。《清洁水法》允许公民诉讼原告请求法院发布禁令，由法院判罚被告一定数量的金钱。《清洁水法》的公民诉讼条款明文授权法院科处民事处罚。民事处罚的罚款缴归国库，而非由原告获得。

3. 重视流域层面的水生态环境保护[6]

美国强调按流域进行水质管理以及提高流域生态系统的整体功能。《清洁水法》的主要目的是保护水体的化学、物理和生物的总体功能。但20世纪80年代以前，美国水质管理政策只强调水体化学质量，忽略了水体的整体生态功能，虽然花费大量资金和人力来降低水体中的化学物质含量，但却不能恢复某些需要的生态功能。因此，联邦水质监测委员会提出：清洁水计划应在流域基础上实施，流域管理的重点是加强水生生态系统的正常循环功能和保护生物多样性及整体性，而不仅仅局限于减少化学污染物，污染问题的评价范围，不仅包括评价水体的化学污染物是否超标，还应评价流域的生态系统功能是否正常。美国流域水生态环境保护政策的特点：

1）注重流域规划和必要的技术规范的制订

美国在对五大湖保护与修复中，制定了一系列水生态系统保护与修复的计划，如美国环境保护局通过了面源污染管理计划、国家口岸计划、近海岸水域计划、杀虫剂计划、湿地保护计划和水源评价与保护计划；农业部制定了乡村清洁水计划、国家灌溉水质计划、农业水土保持计划和水土保护区计划；地质调查局制定了国家水质评价和井源保护计划等。通过上述计划的实施，五大湖的保护与修复得以顺利开展。

2）在关注地表水污染的同时，加强地下水资源保护

地下水不但可以提供大量的饮用水，还具有重要的生态功能，而用于治理地下水污染的费用相当昂贵，并且耗时长，所以，美国将地表水与地下水视为一体进行综合的水质管理。

3）由重治理转为重预防

无论是地下水还是地表水，一旦被污染，需要花费巨大的人力、物力和财力来治理，且效果很不稳定，美国政府在汲取经验教训后，意识到预防污染的重要性和迫切性，强调控制污染的关键首先在于不产生污染物，重视污染的源头管理、保护水源是保证安全持续供水的一种有效战略。政府向企业提供经济刺激和技术指导，促进环保新技术、新产品的开发和推广。

4）重视与湿地等自然资源保护相结合

自然资源（森林、农田、湿地、草原和沿江区域）是大多数流域的重要组成要素。流域的生态状况和水体水质揭示了这些自然资源的保护程度。自然资源的管理是水清洁计划和水污染控制最重要的步骤。以湿地保护与修复为例，20世纪50~70年代，美联邦政府为了发展农业及防止蚊虫传染疾病，一直鼓励开发湿地，从而导致每年有69万英亩的湿地消失。80年代后，人们意识到湿地具有防洪、改善水质、保护生物多样性、发展渔业及为大众提供观赏等重要功能，联邦政府及州政府相继立法保护湿地。1988年布什总统提出“零湿地净损失”的口号，1982~1992年间，美国每年湿地消失已减少到156英亩。2000年，克林顿政府提出新的湿地保护提案，以堵塞清洁水法中存在的漏洞。

5）建立环境资源数据库，实现水环境信息共享

美国政府从20世纪70年代起逐步建立了一系列环境资源数据库，其中包括联邦政府和州政府投资收集全国范围内的流域边界、水流、水质、土壤、土地利用等数据信息。并将数据全部储存在计算机内，在网上公开发布，用户只需交纳少许数据加工费或免费即可进行查询和使用，这样大大促进了科学数据在水质管理决策上的应用。

6）趋向于各种政策手段的综合运用

20世纪70年代以前，以政府制定的国家级水质管理政策法规为主，强调联邦政府的主导作用，忽略了地方政府、企业界和公众的参与。80年代后，联邦政府鼓励并资助地方政府在国家法规基础上，制定适合当地具体情况的水质管理规则，水资源保护办法具有灵活性，可适当运用某些经济手段，如排污收费、排污交易、成本分摊、补贴等，或教育公众积极参与。EPA越来越重视地方政府和社会团体的意见，加快与之进行更高效、更成功的合作。

4. 美国水环境保护战略目标的演变

为了创造一个更清洁、更安全、更健康的环境，保护美国公民的生命健康，美国环境保护局自1995年起开始定期发布环境保护战略规划。目前，美国EPA已制定发布八轮的战略规划，包括1995~1999年、1997~2002年、2000~2005年、2003~2008年、2006~2011年、2011~2015年、2014~2018年、2018~2022年。

EPA通过发布环境保护战略规划，指出未来几年内的环境保护任务的重点，

明确环境保护目标，确定实施方案和推进措施，为美国未来财年内的环境保护工作指明了方向。同时，规划还明确了国家、州、地方及部落之间各层级的环境保护责任，强调加强与合作伙伴的沟通与协作，以实现环境保护工作高效率、高质量、高标准完成。水作为生活生产的必需品，在人类健康和国家社会发展中扮演着重要角色，EPA在战略规划中将水资源保护作为重点任务，明确指出水资源保护的宏观及具体目标[7]。

保护人体健康这一战略目标贯穿EPA水环境保护战略规划的始终，将人体健康放在水环境保护战略规划的重要位置，通过加强对饮用水、食用水产品以及娱乐用水的保护和规划保障国民的身体健康。各州通过制订科学、合理的标准，增强对鱼类的监测、危害评估以及建立鱼类、贝类和野生生物消费指南，保护其居民免于遭受非商业用途的受污染的鱼、野生生物和娱乐水体对人体健康的损害，包括对敏感人群，诸如儿童、渔夫和垂钓者的危害。

在持续强调人体健康安全的同时，也注重保护及恢复流域和水生生态系统。每个阶段的战略规划也有不同的侧重点。例如：

1997~2002财年和2000~2005财年：两个阶段的战略规划中加强对污染物排放的规划和管理，其中包括点源以及非点源污染物的控制及预防，此外还强调保护国家水域和水生生态系统，包括对地表水、地下水、湿地和达标水域的保护规划。

2003~2008财年和2006~2011财年：这两个阶段的战略规划中加强对保护水质的规划，包括提升水质和改善沿海和海洋水环境质量，同时在这两个阶段的规划中强调加强水领域的科学研究，包括加强对前沿领域的科学研究和采用先进的科学技术来保障人体健康。

2011~2015财年和2014~2018财年：这两个阶段的战略规划中加强了对保护及恢复流域和水生生态系统的规划，具体包含改善流域水质、改善沿海和海洋水域水质、增加湿地面积和对“五大湖”、切萨皮克湾、墨西哥湾、长岛湾及普吉特海湾的保护规划。

2018~2022财年：规划中新增了对水资源基础设施的规划，具体方案为增加400亿美元的EPA水基础设施融资计划（清洁水州周转基金、饮用水州循环基金和水利基础设施投资与创新法案）利用的非联邦资金来投资水资源基础设施建设。

具体内容如表3.1。

表3.1　美国水生态环境保护战略规划

规划年度	战略目标	具体目标
1997~2002	1. 保护人体健康	**饮用水**：到2005年，从社区供水系统获取满足现行健康标准饮用水的人口数将由1994年的81%提高至95%；EPA将出台新的标准，以满足保护另外十类高危风险人群公共健康的需要；各州将加强对饮用水水源地水质评估与保护，60%的人将从评估水质或采取保护措施后的水源地取水。 可食用鱼类和娱乐用水：到2005年，降低受污染鱼类贝类的消费数量；减少在受微生物和其他污染物污染的水体中娱乐的时间
	2. 保护国家水域和水生生态系统	**地表水和地下水**：到2005年，EPA及其合作伙伴将采取措施保护和修复水域生态，75%的水域中将存在健康的水生生物种群。 湿地：到2005年，联邦、州、部落、当地环境保护机构、个人以及渔业组织将进行合作，每年湿地净增加100000英亩
	3. 控制污染物排放	**点源污染**：到2005年，合流制排水污水溢流（CSOs）、公共污水处理厂（POTWs）和工业点源污染负荷将在1992年的基础之上减少30%；排放到河流及湖泊的非点源污染将减少。 **非点源污染**：土壤侵蚀将在1992年的基础上减少20%；在1980年的基础上将水中氮的沉积减少10%~15%，同时将持久性有毒污染物排放量减少50%~75%
2000~2005	1. 保护人体健康	**饮用水**：到2005年，社区供水系统提供的饮用水要满足1994年制定的所有健康标准，且将能够享用达标饮用水的人口数从1994年的83%增长到95%；在每项新的饮用水健康标准公布之后的5年内，通过社区供水系统获得满足新标准饮用水的人口数量将提升至95%；将公开发布十种高风险污染物的排放限制标准，并将为普通人群以及敏感人群（如儿童、老年人和免疫受损的人群）提供更多的保护；从社区供水系统所获取饮用水的人中，确保有50%以上的人从已经实施水源保护计划的系统中获得饮用水，并且在优先保护区域和所有Ⅰ、Ⅱ和Ⅲ级水井中管理并识别高风险Ⅴ类井。 **可食用鱼类和娱乐用水**：到2005年，在有鱼类贝类繁衍活动的水域中减少5%的污染物，降低受污染鱼类贝类的消费数量，增加达到鱼类和贝类消费食用水质标准以及娱乐用水标准水域的百分比；降低娱乐用水中微生物和其他形式污染物的浓度，达到娱乐用水水质标准的水体比例将增加
	2. 保护国家水域及水生生态系统	**水域**：到2005年，达到水质标准的水域再增加5000平方英里。湿地：2005年及之后的每一年内，通过联邦、州、部落、当地环境保护机构、个人以及渔业组织的协调合作，每年湿地净增加100000英亩
	3. 控制污染物排放	**点源污染**：到2005年，同时采取污染物减排和污染防治的措施，对于关键的污染源头，年度点源污染负荷至少降低30亿磅，其中包括减排11%来源于CSOs、POTWs和工业电源污染负荷。 **非点源污染**：通过联邦、州、部落和地方机构采取相应措施，降低非点源污染负荷，其中包括在1992年土壤侵蚀的基础之上再减少20%
2003~2008	1. 保护人体健康	**安全的饮用水**：到2008年，95%的通过社区供水系统获得饮用水的居民将获得达到健康饮用水标准的饮用水；50%的为社区居民提供饮用水的水源（包括地表水和地下水水源）将通过实现污染影响最小化来保障居民用水安全。到2015年，通过与其他联邦机构合作，将无法获得安全饮用水的部落中的家庭数量减少50%。 **安全的水产品**：到2008年，提高鱼类养殖水域的环境质量，确保满足食用标准的鱼类的消费量增加不少于3%；受到各州监管的贝类养殖区中的85%将用于食用贝类供给。 **安全的娱乐用水**：到2008年，保护娱乐用水，确保因游泳或其他水娱乐项目接触海洋、河流、湖泊和小溪等水体而暴发疾病次数将不超过8次（每5年为一个统计年）；到2008年，在适合沙滩游玩的季节，受国家海滩安全计划监管的沿海和五大湖海滩中，开放可安全游泳的天数比例将达到96%

续表

规划年度	战略目标	具体目标
2003~2008	2. 保护水质	**提升水质**：到2012年，在2000年确定为达不到标准的水域中，将有25%以上的水域达到水质标准；到2008年，减少河流中的磷污染水平，使磷水平低于USGU确定的限值，或者低于州或州授权部落在水质标准中的限值；到2008年，提升印第安原住民社区的水质，确保90%以上的社区水质不低于国家或者州水质标准；到2015年，与其他联邦机构合作，将缺乏基本卫生设施的部落中的家庭数量减少50%。 **改善沿海和海洋水环境质量**：到2008年，将沿海和海洋水域的清洁程度和含氧量维持在2002年《国家沿海状况报告》的标准之上；将现有《国家沿海状况报告》中沿海和海洋水域环境质量达到更高的等级。到2010年，通过与州、部落以及当地社区合作，降低海洋和河口等水域无脊椎动物和藻类等入侵物种的增长速度
	3. 加强水领域的科学研究	**运用先进的科学技术**：到2008年，运用最先进的科学技术，以支持EPA针对减少饮用水、水产食品和娱乐用水中的污染物以及保护水生生态系统有关的法规和决策。 **开展前沿领域研究**：到2008年，开展先进的前沿领域科学研究，尤其是加强对河流、湖泊和湿地水生生态系统的研究，通过减少饮用水、水产食品和娱乐用水中的污染物来保证人体健康
2006~2011	1. 保护人体健康	**安全的饮用水**：到2011年，通过有效处理污染物和保护水源等方法，通过社区供水系统获得饮用水的居民中的90%将获得满足所有健康饮用水标准的饮用水；全国印第安原住民社区中86%的人将通过社区供水系统获得达到健康的饮用水标准的饮用水；通过采取水源地保护的措施最大限度地降低公共卫生风险。到2015年，通过与其他联邦机构合作，将无法获得安全饮用水的部落中的家庭数量减少50%。 **安全的水产品**：到2011年，将血液中汞含量超过人体汞含量限值的育龄妇女比例降低至4.6%；保持或提高受州监管的贝类养殖面积的百分比。 **安全的娱乐用水**：到2011年，确保因游泳或其他水娱乐项目接触沿海及“五大湖”等水体而暴发疾病次数将维持在2次以内（每5年为一个统计年）；到2011年，在适合沙滩游玩的季节，受国家海滩安全计划监管的沿海和五大湖海滩中，开放且可安全游泳的天数比例将达到96%
	2. 保护水质	**提升水质**：到2012年，采取相应措施将2002年确定为未达到水质标准的2250多个水体的水质改善并且全部达到水质标准；至少消除2002年各州确定的5600种造成水体污染的具体污染物；通过将水域分类治理的方法，改善全国250个受污染水域的环境质量；可以涉水徒步通过的河流的水质不会再恶化；改善不少于50个印第安部落水域的水质。到2015年，与其他联邦机构合作，将缺乏基本卫生设施的部落中的家庭数量减少50%。 **改善沿海和海洋水环境质量**：到2011年，至少要保持《东北地区国家沿海状况报告》中现有水生生态系统健康评价等级；至少要保持《国家沿海状况报告》中现有水生生态系统健康评价等级；至少要保持《西海岸沿海状况报告》中现有水生生态系统健康评价等级；95%活跃污染物海洋倾倒区中的污染物不能超过环境容量限制
	3. 加强水领域的科学研究	到2011年，开展前沿领域的水环境科学研究（饮用水研究项目和水环境质量研究项目），尤其是加强对河流、湖泊和湿地水生生态系统的研究，通过减少饮用水、水产食品和娱乐用水中的污染物来保证人体健康
2011~2015	1. 保护人体健康	**安全的饮用水**：到2015年，90%的社区供水系统将通过有效处理和水源保护等方法，提供达到所有健康饮用水标准的饮用水；88%的印第安原住民将通过社区供水系统获得满足所有健康饮用水标准的饮用水；与其他联邦机构协调，为136100个美国印第安和阿拉斯加原著家庭提供安全的饮用水。 **安全的水产品**：到2015年，将血液中汞含量超过人体汞含量限值的育龄妇女比例降低到4.6%。 **安全的娱乐用水**：到2015年，将国家海滩安全计划监管的沿海和五大湖海滩开放和安全游泳的天数百分比保持在95%

续表

规划年度	战略目标	具体目标
2011~2015	2. 保护及恢复流域和水生生态系统	**改善流域水质**：到2015年，在3360多个（累计）于2002年被认定为不达标的水体中，所有的污染物排放全部达到水质标准；利用流域保护法改善全国330个（累计）受损流域的水质状况；确保国家的河流和湖泊的状况不会恶化；在部落水域建立50个或更多的基线监测站，改善印第安原住民部落的水质；与其他联邦机构协调，为67900户美国印第安和阿拉斯加土著家庭提供基本卫生设施。 改善沿海和海洋水域水质：到2015年，根据《国家海岸状况报告》的“良好/一般/较差”等级，改善区域沿海水生生态系统健康状况；活跃污染物海洋倾倒区中95%的污染物将不能超过环境容量限制；与合作伙伴合作，在国家栖息地保护计划内的28个研究区域内保护或恢复60万英亩栖息地。 **增加湿地面积**：到2015年，与合作伙伴合作，在全国范围内实现湿地净增长，并进一步关注沿海湿地、湿地内生物多样性和湿地环境状况评估。 改善“五大湖”的健康状况：到2015年，防止水污染，保护水生系统，使“五大湖”区域整体生态系统健康水平至少达到24.7分（评价尺度满分为40分）；五大湖累计治理污染沉积物1020万m^3。 **其他**：改善切萨皮克湾生态系统的健康状况、恢复和保护墨西哥湾、恢复和保护长岛海峡、恢复和保护普吉特海湾、维持和恢复美墨边境环境健康、维持和恢复美墨边境环境健康等
2014~2018	1. 保护人体健康	**安全的饮用水**：到2018年，92%的社区供水系统将通过有效处理和水源保护等方法，提供达到所有健康饮用水标准的饮用水；88%的印第安原住民将通过社区供水系统获得满足所有健康饮用水标准的饮用水；与其他联邦机构协调，为148100个美国印第安和阿拉斯加土著家庭提供安全饮用水。 **安全的水产品**：到2018年，将血液中汞含量超过人体汞含量限值的育龄妇女比例降低到2.1%。 **安全的娱乐用水**：到2018年，将国家海滩安全计划监管的沿海和五大湖海滩开放和安全游泳的天数百分比保持在95%
	2. 保护及恢复流域和水生生态系统	**改善流域水质**：到2018年，在4430多个（累计）于2002年被认定为不达标的水体中，所有的污染物排放全部达到水质标准；利用流域保护法改善全国575个（累计）受损流域的水质状况；确保国家河流和溪流、湖泊、湿地和沿海水域的状况不会退化；在部落水域建立50个或更多基线监测站，改善印第安原著民部落的水质；与其他联邦机构协调，为91900个美国印第安和阿拉斯加土著家庭提供基本卫生设施。 **改善沿海和海洋水域水质**：到2018年，根据《国家海岸状况报告》的“良好/一般/较差”等级，改善区域沿海水生生态系统健康状况；活跃污染物海洋倾倒区中95%的污染物将不能超过环境容量限制；在国家栖息地保护计划内的28个研究区域内保护或恢复60万英亩栖息地。 **增加湿地面积**：到2018年，与合作伙伴合作，在全国范围内实现湿地净增长，并进一步关注沿海湿地、湿地内生物多样性和湿地环境状况评估。 **“五大湖”**：到2018年，对“五大湖”区域内的12个重点关注地区实施管理行动，以便之后不再成为重点关注对象；实施和评估必要的行动，以保护、恢复或加强20%的美国五大湖沿海湿地，面积超过10英亩。 **其他**：到2018年，切萨皮克湾的溶解氧、水质清澈度/水下草类和叶绿素a达到45%的水质标准。对墨西哥湾、长岛湾、普吉特海湾、美国-墨西哥边境环境卫生等也提出规划目标
2018~2022	1. 加大水资源基础设施的投资，促进环境效益和经济增长	到2022年9月30日，由EPA水基础设施融资计划（清洁水州周转基金、饮用水州循环基金和水利基础设施投资与创新法案）利用的非联邦资金增加400亿美元
	2. 保护人体健康	到2022年9月30日，将不符合健康标准的社区供水系统减少至2700个
	3. 保护和恢复水质	到2022年9月30日，将不符合标准的地表水流域减少37000平方英里

3.1.2 欧洲流域水生态环境保护和环境管理经验

欧洲的环境管理遵循“预防原则”，与美国以立法为依据、以环境质量标准为准绳的管理方式不同，“预防原则”强调污染防范，而不是污染发生后的控制和治理。只要多数成员国同意，欧盟就能够推动相关法规建设。欧盟代表性的先进管理思想体现在“水框架”和新的“化学品登记管理评估制度”方面，前者将传统污染源控制和水质标准管理推进到以生态系统保护为目标的流域综合管理，后者则依据环境风险评价的理论和方法体系来管理有毒物质。

1. 欧洲水管理法规的形成过程

欧洲早期的水立法始于1975年制定的《欧洲水法》，是为了给用于抽取饮用水的江河湖泊制定标准。1980年为饮用水规定了有约束力的质量指标。1988年，在德国法兰克福举行的欧共体水资源政策部长级研讨会对《欧洲水法》进行了重新审视，提出了许多改进意见，这导致了第二阶段的水立法工作。1991年通过了《城市废水处理法令》，该法令对二级污水处理及必要时进行更为严厉的处理做了规定；同时通过了《硝酸盐法令》，用于解决由来自农业的硝酸盐引起的水污染问题。1992年，欧盟理事会提出要对地下水制定统一行动计划。

1996年，欧盟理事会提出制定一部新的《水框架指令》（WFD），为欧盟的可持续水政策建立基本原则。观点认为，水管理和保护的改革应涉及流域的综合管理、涉水政策的综合、排放限值的设定、质量及排放标准的使用、水质管理及公众参与等主要方面，要将这些方面及各种水立法的目标综合到一个集成且简约的政策框架中，并在该框架内开发综合的、可持续的、一致的水管理及保护政策。据此，2000年，欧洲议会和理事颁布实施了《水框架指令》。

此外，欧盟委员会还于1998年通过了新的《饮用水法令》，对质量标准进行了审核，并对必要时更加严格地执行质量标准做了规定。1996年通过了《综合污染及预防控制法令》（IPPC），用于解决大型工业设备的污染问题。

2. 欧洲水框架指令的核心内容[8,9]

WFD指令从流域区域尺度，强调水管理要综合所有水资源、水利用方式及价值、不同学科及专家意见、涉水立法、生态因素、治理措施、利益相关者意见和建议及不同层次决策等诸多因素，要加强政策、措施制定及实施的透明度，鼓励公众参与，并给出了流域水管理的基本步骤和程序。相比前两批水立法，WFD指令的总体目标是保护水生态良好（Good Status），进而从根本上满足动植物保护及水资源和环境的可持续利用。因此WFD指令比以前的欧盟水立法有了显著改进，标志着欧盟水政策进入了综合和全方位管理的新阶段。

WFD指令明确了水环境保护及水资源管理的总体目标，即所有水体于2015年实现良好的水生态状况。具体包括以下主要方面：防止所有地表、地下、人工及严重改变水体的水生态状况进一步恶化，并对其进行保护、改善和修复，于2015年实现良好的水生态状况或水生态潜力（ecological potential，针对人工及严重改变水体）；防止或限制污染物进入地下水体，预防因人类活动而导致的污染物浓度显著、持续升高，并保证地下水量的抽取及回补平衡；所有划定的保护区域，其水体必须于2015年严格满足所有水环境质量标准和目标的要求；逐步降低优先控制物质造成的水污染，禁止或逐步淘汰优先控制危险物质的排放；如果一个水体具有多重保护目标，即其具有多重用途，则按照最严格的目标进行保护。此外，WFD指令也明确规定，如果存在经济技术不可行或洪水等不可抗力的自然因素影响，成员国可以对水环境保护目标的期限要求进行适当调整，但调整不能影响相邻水体保护目标的实现，而且调整内容及其原因都要在流域管理计划中列出并适时进行评估。

WFD指令水管理的核心理念就是综合。这一理念涉及上下游、不同形态污染物、不同管理措施、环境目标、水体类型、利用途径、制度建设与公众参与等多个方面的综合。例如，在环境保护目标方面，综合物理化学质量、生态状况和水量等多重因子，保证所有水体良好的生态状况；在不同类型水体方面，将地表水体、地下水体、湿地、人工水体、严重改变水体、过渡水体及近岸海域综合到一个流域区域的范围进行统一管理；在水的利用途径方面，将水的利用、功能和价值综合到一个共同的政策框架体系，涉及环境用水、人体健康和生活用水、经济发展用水、交通用水和娱乐用水等。此外，还综合包括经济手段在内的相关措施，形成共同的管理方法，综合利益相关方到决策过程中，完善流域管理计划的制定和实施，综合成员国、流域区域及地方等各级政府对水管理的决策，实现水资源及环境的高效管理，等等。

3. 欧洲水污染防治管理模式

1）水污染防治管理体制

目前欧洲的水污染防治管理机构有三种模式。一是流域管理系统，二是以行政区划为基础的管理系统，三是合作管理模式。其中，英国、法国和德国的管理系统都具有综合性特点[10]。

英国的水污染防治管理体制和《水资源管理框架指导方针》的要求最为接近。环境署是中央政府负责水资源管理的最主要机构，主要负责水资源的长期规划以及英格兰与威尔士境内水资源的开发、保护和调配。并保证其得到合理利用。除国家级的管理机构之外，环境署还设有区域和地区办公室。英国的水资源管理政策是以流域为基础制定的，环境署的区域办公室与英格兰与威尔士境内的主要流域相对应。

在法国，有多个机构涉及水资源管理。环境部作为国家级的水资源管理行政机构。主要负责水质保护，水环境与河流系统的保护、管理和改善，就政府对相关行业的干预行为进行协调和规划；全国水资源委员会在全国水资源政策的制定以及法律和规制文本的起草中发挥着举足轻重的作用；法国的六大流域，每个都有一个流域管理委员会和水资源管理局。流域管理委员会扮演着"议会"的角色，而水资源管理局则是流域管理委员会的执行机构。二者都参与水资源开发和管理总体规划的起草，都受环境部监督。

在德国，根据宪法，联邦政府有权制定有关水资源管理框架的总体规定。各州必须通过地方立法将这些联邦政府制定的总体性法律转化为州法律，也可自行制定补充性的规定。联邦环境、自然保护和核安全部（简称环境部）是联邦政府主管环境和水资源问题的最高权力机构，负责处理与水资源管理相关的基本问题以及跨地区合作。水资源管理制度的实施由各州和市政府负责。

上述三国的水资源管理机构有一个共同的特点，就是它们对流域的水量、水质以及水利等方面的管理都具有明确的法律地位和相应的权力。英、法两国建立了以流域为单位的跨辖区管理体制，而德国则为跨辖区的水资源管理设立了专门的机构。

2）水污染防治的经济手段

为促进水污染防治，各国都实施了广泛的经济手段，如对不同用途用水实行不同价格、提供财政支持、实施阶梯水费、鼓励使用回用水的收费体系、节水减免税、超标排污罚款等，都发挥了非常好的效果。

对于生活用水，摈弃固定收费和价格递减的做法，转而采用计量收费和价格递增相结合的水价结构。工业用水供给的价格一般由地方政府确定，因此，即使在一个国家之内水价也有很大差异。最常见的水价结构包括固定收费和可变收费两部分。对于直接抽取地下水或地表水的工业用户，多数国家都收费，其标准一般高于生活用水。例如，在波兰，对公共用水征收的取水费要比工业用水低6~47倍；在德国，水密集型产业可以打折；在荷兰，如果在抽取地下水之前将地表水注入含水层，取水者可以申请政府给予补贴；在意大利，对所有工业用户的收费都相同，但是，如果采用了节水技术，则可以减半。对家庭污水的收费主要根据对住户的供水量来确定，多数国家的污水收费模式与家庭供水收费类似。在农业用水方面，经合组织国家对于农业灌溉用水的收费采用了按面积定价、分层定价、按收益定价、市场定价、被动交易定价、按量定价等多种不同的定价方法，但收费水平都很低。

3.1.3 日本水生态环境保护的经验做法

日本对水污染防治立法比较早，在1896年就制定了《河川法》，之后根据情况的发展变化进行了多次修改。1958年，制定了《关于保全公共水域水质的法律》和《关于控制工厂排水等的法律》；1970年，又将这两部法律合并为《水质污染防治法》，并陆续制定了《湖泊水质保全特别措施法》等法律，形成了较完备的水污染防治法律体系。

日本是最早提出环境容量理论的国家，在水环境保护及总量控制技术与政策方面理念比较先进，有一系列法律、制度、政策设计。主要表现在：通过制订完备的水环境保护立法，为水环境质量改善提供法律保障；通过健全组织和完善责任追究制，为水污染物防治提供组织和制度保障；通过制定实施科学合理的总量削减计划，为水环境保护成效提供行动保障；通过必要的投资和优惠政策，为水环境保护提供政策保障；通过开发处理技术、加强技术推广，为水污染物总量削减的提供技术保障；通过普及环保知识、发挥公众参与监督作用，为促进水环境质量改善提供社会保障；等等。

1. 重点流域总量控制[11]

20世纪60年代，日本为改善水气环境质量，提出污染物总量控制的问题。1973年日本批准了《濑户内海环境保护特别措施法》（1973年10月2日第110号法律，最新修订：1996年第58号法律），该法明确提出了污染负荷量的总量削减的概念，提出了化学耗氧量总量的概念，同时提出了指定物质削减指导方针，授权环境厅长官认为有必要时可以根据政令的规定，指示有关府、县知事在规定的地区内削减向公共流域排放的磷及其他以政令规定的物质。1975年日本卫生工学小组提交了《1975年环境容量计量化调查报告》。1978年日本开始实施东京湾、伊势湾、赖户内海等流域的总量控制计划，首先以政府令的形式指定污染负荷削减项目，其次指定实施总量控制的流域和地域，然后由内阁总理大臣审定指定项目及削减目标量。

至2006年，日本先后共实施6次区域水污染物总量减排计划，水污染物总量控制指标从单一的COD控制转向了COD和氮磷综合控制，涉及工厂企业、生活污染、农业、畜牧业、生态保护等不同行业和不同设施，共215个大类，根据生产工艺和污染治理技术水平，在考虑地方和企业的执行能力后，自下而上反馈确定了各污染物的排放浓度限值，根据排放水量标准限制了各污染源的年度排放总量，并提出了不同的管理措施。水污染物总量制度的实施，使得日本水质污染极严重的海域和河川的水质得到了改善，恶臭现象减少，成功减少了相关水域的污染负荷量。东京湾和大阪湾水质趋向改善，赤潮发生次数逐年减少。

2. 面源污染防治立法[12]

在20世纪90年代以前，农业污染在日本未受到重视。1970年的“环保国会”关注的是工业污染，农业的身份还只是污染受害者。随着农产品供求状况的改变，以及欧盟等农业环境政策的不断展开，农业的污染加害者身份在日本逐渐得到重视。1992年，农林水产省发布《新的食物·农业·农村政策方向》（通称“新政策”），首次提出“环境保全型农业”的概念，开始致力于环境保全型农业的推进。此后，日本一系列促进环保型农业的法律也相继出台。

1999年7月，日本正式颁布实施《食物、农业、农村基本法》（新农业基本法），该法是指导日本农业经济振兴和农业可持续发展的“母法”。与1961年《农业基本法》不同，新法特别强调要发挥农业及农村在保护国土、涵养水源、保护自然环境、形成良好自然景观等方面所具有的多方面的功能。为了实施新的农业基本法，又发布了一系列法律。发布了一系列专项法律，内容涉及农业生产、农产品加工的诸多环节。例如，出台《关于促进高持续性农业生产方式采用的法律》（简称《可持续农业法》），倡导高持续性生产方式，包括采用对改善土壤性质效果好的堆肥等有机质的施用技术、对减少化学肥料和化学农药用量效果好的肥料施用技术及病虫害防治技术等。针对养殖业环境污染，出台了《家畜排泄物法》，该法规定了对一定规模以上的农家，禁止畜禽粪便的野外堆积或者是直接向沟渠排放，粪便保管设施的地面要用非渗透性材料建设，而且要有侧壁，并适当覆盖。重新修订《肥料管理法》，规定了原料中含有污泥的堆肥必须作为普通肥料登记。

《可持续农业法》、《家畜排泄物法》及《肥料管理法（修订）》通称“农业环境三法”，除“环境三法”外，围绕环境保全型农业的法规还有《食品循环资源再生利用法》《有机农业法》《堆肥品质法》《农药残留规则》《农地管理法》等。

日本在农业面源污染防治立法方面注重法律的配套性、系统性和可操作性；法律法规中的惩戒措施标准明确，具有针对性和层次性；各部门依法律赋予的职责行事，职责明确，权力和责任平衡；同时，注重利用经济手段引导公众参与农业面源污染控制。日本在农业面源污染防治的经验值得我国农业面源控制借鉴。

3.1.4 国外常见的流域治理模式

目前，国外流域管理模式主要分为以下四类[13]：

1. 高度自治、高度集权的流域管理

该类型的流域管理机构具有高度的财政独立权，经营大量盈利项目，同时对流域内的自然资源的管理、开发和保护具有强大的决定权。典型代表是美国的田纳西流域管理局。为了对田纳西河流域内的自然资源进行全面的综合开发和管理，1933年美国国会通过了《田纳西流域管理局法》，成立田纳西流域管理局。20世纪60年代后，随着对环境问题的重视，加强对流域内自然资源的管理和保护，以提高居民的生活质量。目前，田纳西流域已经在航运、防洪、发电、水质、娱乐和土地利用六个方面实现了统一开发和管理。

这种模式多为国家通过立法赋予流域管理机构明确的权利、责任和义务，授予其对水和相关资源的规划、配置、开发、利用、保护、管理、监测、监督、管制及实施其决定和活动的权限，并实施其他涉及水、土地、污染防治、环境保护等相关法律的政策和条款。它既拥有政府机关的特权，又具有企业的灵活性和主动性。流域管理机构通常直接向国家或地方行政首长负责，同时与相关的行政机构和专业机构紧密合作，主要目标是推进流域经济发展，有时会远远超出水资源管理的范围。

2. 相对独立、综合的流域管理

此类型的流域管理机构有权利对流域进行统一的规划和管理，更偏重于统一管理，具有一定的资源经营权。此类型的流域管理机构受国家或地方政府授权，有权利对流域进行统一的规划和管理，更偏重于统一管理，对水和相关资源的规划、配置、开发、利用、保护、管理、监测、监督、管制及实施有一定的决定权。典型代表为英国泰晤士河水务局（专栏3.1）。

专栏3.1　泰晤士流域水环境综合管理机制

进入19世纪，随着工业革命的推进，泰晤士河沿岸工厂和人口与日俱增，大量工业废水和生活污水持续排入，泰晤士河的污染开始积聚、酝酿。1957年，泰晤士河却因水质太差，含氧量太低，没有水生物可以存活，被最终宣告“死亡”。

1963年通过的《水资源法》首次设立地区水务局，负责涉及水资源、水污染等方面的管理与执法。1973年，英国通过《水资源法》整合、简化了水务机构。1974年，全国范围内按流域划分成立十个水务局，泰晤士河管理局独揽泰晤士河流域所有业务。

20世纪80年代，原泰晤士河管理局兼具政府和企业双重职能，独揽流域水质监管、污水处理、污染处罚等所有业务。由于追求利润最大化，河流治理投资积极性与主动性较差，甚至于自己违规乱排污水，也容忍辖区企业乱排污水。英国政府于1989年通过新版《水资源法》，实施水务市场化，发挥市场机制，明晰各方责权利。1990年，泰晤士河管理局等十家水务局进行市场化改制，成立泰晤士河水务公司和国家河流管理局，把供水、污水处理业务留给企业，水质检测、污水监管、检举起诉等权力则统一收归国家河流管理局，实施经营和监管的分离，理顺了河流管理体制。在私营公司和政府监督的合力下，泰晤士河这条英国最知名的河流，变得更加充沛、洁净。

3. 流域内协调为主的流域管理

该类型流域管理机构的特征是针对流域内自然资源分配、利用，协调各相关地方政府间的行为，达到流域统一规划、统一开发、统一保护的目的。该类型机构多常见于跨界流域。典型代表为澳大利亚的墨累-达令河流域委员会、欧洲的莱茵河保护国际委员会和北美的格兰德河保护权威机构，我国的长江水利委员会、太湖流域管理局和鄱阳湖山江湖开发治理委员会也可归入此类。

4. 无实体、依靠上下联动的流域管理

该类型的流域管理机构并无独立的实体来管理流域相关事务，而是通过自上而下的政策和自下而上的配合来达到流域综合管理的目的。

3.1.5 国际流域水环境保护经验对我国的启示

流域水质目标管理已成为发达国家水环境管理的主要模式，美国与欧盟在水环境管理方面的共同点都是实现了从污染控制向生态管理的战略转型。国外流域水环境管理治理方面取得很多成功经验，欧洲的莱茵河、美国的密西西比河、加拿大的圣劳伦斯河等河流，都经历了水体污染、水生态退化的阶段，当前这些河流的水环境和水生态系统都得到了恢复，可以为我国水生态环境保护修复提供借鉴[14-17]。

1. 组建跨国、跨地区和跨部门的流域综合管理机构

莱茵河流域成立了保护莱茵河国际委员会（ICPR），专门进行莱茵河保护工作的跨国管理和协调组织，实施了制定评估管理对策、提交环境评价报告和向公众通报莱茵河状况和治理成果多项莱茵河环境保护计划，委员会的成立解决了跨界河流流经不同国家间沟通不畅的管理问题，是全球跨界河流治理成功的典范措施（专栏3.2）。同样地，在密西西比河流域，美国联邦政府统筹流域整体，建立了跨州协调机制。为加强联邦部门及密西西比河流域各州间的协调合作，美国环境保护局牵头成立了密西西比河/墨西哥湾流域营养物质工作组，参与部门包括美国环境保护局、农业部、内政部、商务部、陆军工程兵团和12个州的管理部门，通过工作组的运行，协调了行政力量，保证了治理工作的全面进行。

专栏3.2 莱茵河流域综合治理历程[18,19]

从20世纪50年代开始，相关国家启动了莱茵河流域治理，经历了污水治理初始阶段、水质恢复阶段、生态修复阶段、提高补充阶段，目前进入了区域协同阶段。

1）污水治理初始阶段

1950年，瑞士、法国、卢森堡、德国和荷兰五国联合成立了保护莱茵河国际委员会（ICPR），并于1963年签订《莱茵河保护公约》，首要目的是解决莱茵河日益严重的环境污染和水污染问题。流域内各国通过委员会进行合作，但并没有明确各自在控制污染扩大方面的义务，因此在污水治理初始阶段没有取得比较明显的成效。

2）水质恢复阶段

1986年，瑞士发生的重大莱茵河污染事件终于唤醒民众、企业和政府，流域内各国开始着手开展莱茵河的综合治理。各国开始采取了一系列积极措施防止水质恶化。

3）生态修复阶段

在水质逐渐恢复的基础上，ICPR又提出了改善莱茵河生态系统的目标，既要保证莱茵河能够作为安全的引用水源，又要提高流域生态质量。从生态系统的角度看待莱茵河流域的可持续发展，将河流、沿岸以及所有与河流有关的区域综合考虑。

4）提高补充阶段

2001年，“莱茵河2020计划”发布，明确了实施莱茵河生态总体规划。随后还制订了生境斑块连通计划、莱茵河洄游鱼类总体规划、土壤沉积物管理计划、微型污染物战略等一系列的行动计划。2000年后，这些行动计划已经从当初迫在眉睫的挑战转向更高质量环境的创建和生态系统服务功能的开发上来。

5）区域协同阶段

2020年，ICPR发布了“莱茵河2040计划”，对新型微生物污染、微塑料污染、农业面源污染等指标加大治理力度，并充分考虑气候变化对未来流量和水温的影响。总体目标是，实现流域地区可持续管理，增强气候韧性，为人与自然创造宝贵的生命线，主要内容包括栖息地联通、水质安全、减少洪水风险、有效管理低水位。

2. 建立严格的污染物源头控制和排放许可制度

莱茵河流经面积最大的国家德国，实行保护优先、多方合作以及污染者付全费的污染管理原则，排污费对排放污染物造成的环境损失成本全覆盖，排污者所交的钱必须足以修复所造成的环境影响。通过该政策，促进了企业改进生产技术，促使企业向少用水、多循环用水、少排放污水、少产生污染物的方向发展，促进了落后产能和高污染企业的退出。该措施使得莱茵河沿岸污染物的排放迅速减少，对水质改善起到了关键作用。在美国，1972年《清洁水法》颁布后，通过实施国家污染物排放消除制度（NPDES）许可证项目，美国建立了以基于最佳可行技术的排放标准为基础的排污许可证制度。实施这一制度使密西西比河流域的工业和市政等点源污染得到有效控制。密西西比河干流沿岸10个州的污水处理厂数量占到全美的29%。通过建设污水处理厂并实施排污许可制度，有效降低了废水的BOD浓度，促进了流域水质的改善。

3. 通过实施一系列行动计划有效改善水生态环境质量

1987年ICPR各成员国制定了“莱茵河行动计划”，制定了一系列目标和措施减少有害物质排放；同时，各成员国和地方政府制定了更严格的排放标准，为整治莱茵河提供法律保障，莱茵河水质很快得到恢复。目前莱茵河的工业和生活废水处理率达到97%以上。之后制定了“洪水行动计划”“莱茵河2020行动计划”“洄游鱼类总体规划”“生境斑块联通计划”等一系列行动计划，这些行动的目标为污染控制、生态修复提供了时间表，为莱茵河水质改善和生态恢复发挥了决定性的作用。在密西西比河流域，为控制密西西比河/墨西哥湾流域的非点源污染，营养物质工作组发布了2001国家行动计划，主要是控制流域的氮排放（未对磷提出控制要求）。通过制定和实施TMDL计划、制定标准、加强非点源和点源污染控制等措施的实施，流域内污染物快速消减。

4. 突出流域综合管理理念，保障水生态系统健康

流域综合管理是欧盟水环境管理的核心理念，莱茵河的流域管理管理十分注重综合性，从治理流域污染、关注防洪效果、提高航道保证程度，到生态环境保护、保护湿地、运用滞洪区时给动植物提供生活史生境、增加过鱼设施、保护鱼类种群等，从污染防治到生态恢复，实现要素全覆盖。通过流域综合管

理规划的实施，改善了水体水质，莱茵河的大部分水生物种已恢复，部分鱼类已经可以食用（专栏3.2）。欧盟实行的以科学论证和规划为指导，生态环境的整体改善为前提，高等水生物为生态恢复指标的流域综合管理规划的做法取得了成功。美国通过制定联邦流域管理政策，科学管理治理流域水环境。20世纪80~90年代，美国EPA逐渐认识到以流域为基本单元的水环境管理模式十分有效，开始在流域内协调各利益相关方力量以解决最突出的环境问题。1991年，美国EPA颁布了《流域保护方法框架》，并于1996年进行修订，强调通过跨学科、跨部门联合，加强社区之间、流域之间的合作来治理水污染，倡导多方参与划定流域管理范围、评估流域保护优先问题、制定管理计划，通过大量恢复湿地恢复水生态系统，恢复水生态系统健康。框架实施过程中，结合排污许可证发放管理、水源地保护和财政资金优先资助项目筛选，有效地提高了管理效能。

5. 建立多渠道资金筹措机制支撑保护修复工作

治理莱茵河不仅仅是政府的职能，也是沿河工厂、企业、农场主和居民共同的利益所在。在维护莱茵河良好水质和生态环境中，投资者在参与计划的实施过程中发挥了重要的作用。各类水理事会、行业协会等作为非政府组织，参加到重要决策的讨论过程中；广泛的参与性，使得决策具有广泛的可操作性，保证了恢复成果的公众认可。在密西西比河的治理中，通过加强联邦部门合作和资金投入，保证了治理效果。2009~2013年，美国环境保护局、农业部和内政部等累计投入70多亿美元用于密西西比河流域12个州的非点源污染控制和营养物质监测。为支持长期的减排任务，明尼苏达州建立了长达25年的资金保障机制，用于监测和评估、流域修复和保护战略、地下水和饮用水保护、非点源污染控制等方面。

6. 建立完善的流域水生态环境监测和评估体系

欧盟在《水框架指令》要求对地表水、地下水及保护区的水生态、化学状况和水文状况进行监测，从监测规划的设计、监测的水体类型、监测参数、质量控制、监测的频率等制定了详细的监测要求，给出了详细明确的指导，并要求成员国划分饮用水源水体，建立监测计划。在英国赛文河特文特河流域12500 km^2的流域内，设置了1800个监测样点，平均每7 km^2一个监测样点，监测点位密集。同时，水框架指令中明确了水生态的监测，并在监测的基础上进行水体健康评价，对莱茵河水生态的恢复期到了重要的作用。

3.2 我国水生态环境管理现状和趋势

我国水环境管理可以追溯到20世纪70年代初，80年代水环境治理的重点是工业污染，工业点源治理取得显著成就，随着国家把环境保护确立为基本国策，水环境保护管理制度不断完善。90年代初开始实施环境保护目标责任制和城市环境综合整治定量考核等管理制度，推动了全国水环境保护与治理的进程。党的十八大以来，生态文明建设纳入中国特色社会主义事业总体布局，加快推进了我国现代水生态环境管理体系构建。

3.2.1 我国流域水环境管理现状

目前，我国集行政、法律、经济、技术等方面初步形成了水环境综合管理体系，其实施是以水质改善为目标、重点污染物总量控制为核心手段的管理模式[20]。

1. 我国流域水环境管理机制

我国的流域水环境管理机制根据管理过程和措施，可以分为以下几类：依据流域水循环过程，水环境管理可以分为针对自然水环境过程的管理和针对社会水循环过程的管理，自然水循环管理包括水量管理、水质管理和水生生物管理，社会水循环过程包括饮用水安全管理、城市水环境管理、污染物排放管理等；按照水体类型，水环境管理可以分为河流管理、湖泊管理、湿地、河口、地下水等管理；按照用水和污水排放性质，水环境管理又可以分为饮用水管理、工业污染源管理、城镇生活污染源管理、农业管理、水土流失管理等；按照流域陆地、滨岸带和水体进行区划，在陆地方面又可以分为流域生态管理、城市水环境管理、农业管理、工业污染源等，滨岸带可以分为河滨带管理、湖滨带管理和河口滨岸带管理等，水体又可以分为河流、湖泊、河口、地下水等生态环境管理；按照水量、水质、水生态的组成要素进行划分，可以分为水资源管理、水质管理、水生生物多样性保护等内容。

2. 行政职能体系

我国现行的流域水环境管理是“一部门为主，多部门协调”的分区域管理。2018年新一轮机构改革，新组建了生态环境部，统一了水环境监管相关职能，把原来分散在其他部委的相关职能，划归生态环境部。新组建的生态环境部在水生态环境方面负责全国地表水生态环境监管工作；拟订和组织实施水生态环境政策、规划、法律、行政法规、部门规章、标准及规范；拟订和监督实施国家重点流域、饮用水水源地生态环境规划和水功能区划；建立和组织实施跨省（国）界水体断面水质考核制度；统筹协调长江经济带治理修复等重点流域生态环境保护工作；监督管理饮用水水源地、国家重大工程水生态环境保护和水污染源排放管控工作，指导入河排污口设置；参与指导农业面源水污染防治；承担河湖长制相关工作。

新一轮机构改革中，成立了长江、黄河、淮河、海河、珠江、松辽、太湖流域生态环境监督管理局。目前实行生态环境部和水利部双重领导、以生态环境部为主的管理体制。流域管理局作为生态环境部设在七大流域的派出机构，主要依据法律、行政法规规定，负责水资源、水生态、水环境方面的生态环境监管工作。按流域设置环境监管和行政执法机构，目的是遵循生态系统整体性系统性及其内在规律，将流域作为管理单元，统筹上下游左右岸，理顺权责，优化流域环境监管和行政执法职能配置，实现流域环境保护统一规划、统一标准、统一环评、统一监测、统一执法，提高环境保护整体成效。

我国主要河流、湖泊等水体的水环境管理主要是以行政边界为单元，各级地方政府对环境质量分级负责管理。省级生态环境部门对全省（自治区、直辖市）生态环境保护工作实施统一监督管理，在全省（自治区、直辖市）范围内统一规划建设环境监测网络，对省级环境保护许可事项等进行执法，对跨市相关纠纷及重大案件进行调查处理。通过加强监督检查强化地方党委和政府生态环境主体责任、党委和政府主要领导成员的主要责任，并通过“垂改”来倒逼地方政府履责，制度化、机制化、长效化地推动落实发展和保护党政同责、一岗双责。

3. 法律法规体系

涉及水生态环境保护的法律主要包括12部（表3.2），覆盖了污染防治、资源利用、水土保持、环境影响评价、固废管理等方面，形成了以环境保护法、水污染防治法为核心的法律体系。2020年12月发布的《中华人民共和国长江保护法》，是我国首都全国性流域立法。

涉水生态环境保护的行政法规是由国务院制定并公布或经国务院批准有关主管部门公布的环境保护规范性文件，主要包括两类：一是根据法律授权制定的环境保护法的实施细则或条例；二是针对环境保护的某个领域而制定的条例、规定和办法。主要的水生态环境保护行政法规表3.3。

表3.2　我国涉及水环境管理的法律汇总

环境保护法律	颁行（修订）时间
中华人民共和国环境保护法	2014-04-24
中华人民共和国水法	2016-07-02
中华人民共和国水污染防治法	2017-06-27
中华人民共和国海洋环境保护法	2017-11-04
中华人民共和国水土保持法	2010-12-25
中华人民共和国渔业法	2013-12-28
中华人民共和国海域使用管理法	2001-10-27
中华人民共和国固体废物污染环境防治法	2020-04-29
中华人民共和国环境影响评价法	2018-12-29
中华人民共和国传染病防治法	2013-06-29
中华人民共和国清洁生产促进法	2012-07-01
中华人民共和国循环经济促进法	2018-10-26

表3.3　我国涉及水生态环境管理的行政法规汇总

环境保护行政法规	颁行（修订）时间
中华人民共和国防治海岸工程建设项目污染损害海洋环境管理条例	2018-03-19
防治船舶污染海洋环境管理条例	2018-03-19
防治海洋工程建设项目污染损害海洋环境管理条例	2018-03-19
中华人民共和国海洋倾废管理条例	2017-03-01
建设项目环境保护管理条例	2017-07-16
国家突发环境事件应急预案	2014-12-29
畜禽规模养殖污染防治条例	2013-11-11
城镇排水与污水处理条例	2013-10-02
淮河流域水污染防治暂行条例	2011-01-08
医疗废物管理条例	2011-01-08
太湖流域管理条例	2011-08-24
危险化学品安全管理条例	2011-03-02

4. 标准体系

涉及水的强制性环境标准主要分为质量标准和排放标准两大部分，主要由国家制定和发布，地方政府也可以制定和发布更为严格的地方标准。目前，水环境质量相关标准共5部，见表3.4。到2020年年底，我国现行有效的国家水污染物排放标准64项（行业型63项，综合型1项）。此外，还发布了《流域水污染物排放标准制订技术导则》（HJ 945.3—2020）、《人体健康水质基准制定技术指南》（HJ 837—2017）等方法标准。到2020年年底，全国现行有效的地方水污染排放标准共计96项，其中在生态环境部备案63项。环境标准在环境准入、总量减排、风险防范、水环境质量改善等方面发挥了重要作用。

表3.4　我国水环境质量标准汇总

水环境质量标准	颁行（修订）时间
农田灌溉水质标准（GB 5084—2005）	2005-07-21
地表水环境质量标准（GB 3838—2002）	2002-04-28
海水水质标准（GB 3097—1997）	1997-12-03
地下水质量标准（GB/T 14848—2017）	2017-10-14
渔业水质标准（GB 11607—89）	1989-08-12

5. 政策机制

1）三大政策和八项制度

我国水环境管理经过近半个世纪的发展，逐渐形成了具有中国特色的水环境管理制度体系，具体包括三大政策八项制度。

环境保护三大政策："预防为主，防治结合"政策，把环境保护纳入国家和地方的中长期及年度国民经济和社会发展计划，主要目的是在经济发展过程中，防止环境污染的产生和蔓延。"谁污染，谁治理"政策，即由污染者承担其污染的责任和费用。"强化环境管理"政策，通过强化政府和企业的环境治理责任，控制和减少因管理不善带来的环境污染和破坏。

环境管理的八项制度：环境影响评价制度、"三同时"制度、排污收费制度、环境保护目标责任制、城市环境综合整治与定量考核、排污申报登记与排污许可证制度、污染集中控制制度、限期治理制度。其中，环境影响评价和"三同时"制度属于事前的环境污染控制手段，而排污许可证、达标排放则属于事中的环境污染控制手段，关停闭转和污染限期治理等手段则属于事后的环境污染控制手段。这些政策的实施为我国水环境污染治理提供了政策保障，合理规范了相关利益主体的行为，成为政府环境管理工作的一项重要抓手与依据，促进区域环境质量改善。

八项制度在新的形势下有新的发展，如排污收费制度于2018年改为“环境保护税”，但这些制度在我国环境保护中发挥了非常大的作用，并且至今仍然发挥着重要作用。

2）水污染防治法明确强化的管理制度

《中华人民共和国水污染防治法》（2017年修正）对水污染防治和水环境管理相关政策和制度给出了明确的法律规定。

a. 加大政府责任，明确地方政府要对水环境承担实实在在的责任。明确国家实行水环境保护目标责任制和考核评价制度，将水环境保护目标完成情况作为对地方人民政府及其负责人考核评价的内容。

b. 进一步强化重点水污染物排放总量控制制度。修订后的《水污染防治法》第九条规定：“排放水污染物，不得超过国家或者地方规定的水污染物排放标准和重点水污染物排放总量控制指标。”本条规定明确了违法行为的界限，是对1996年修正的《水污染防治法》的重大突破。同时明确国家对重点水污染物排放实施总量控制制度；超过重点水污染物排放总量控制指标的地区，有关人民政府环境保护主管部门应当暂停审批新增重点水污染物排放总量的建设项目的环境影响评价文件；未按照要求完成重点水污染物排放总量控制指标的地区（企业），上级环境保护主管有关部门予以公布。

c. 全面推行排污许可证制度，规范企业排污行为。排污许可证制度是落实水污染物排放总量控制制度、加强环境监管的重要手段。法律对规范排污口的设置提出明确要求，有利于加强对重点排污单位和有关主体排放水污染物的监测，有利于及时制止和惩处违法排污行为。

d. 完善水环境监测网络，建立水环境信息统一发布制度。建立水环境监测制度的前提，就是对单位的排污行为进行连续自动在线监测，并要与当地环保部门的监控设备联网。在这个基础上，完善水环境质量监测网络，规范水环境监测制度，建立统一的水环境状况的信息发布制度。

e. 完善饮用水水源保护区管理制度。规定国家建立饮用水水源保护区制度，并将其划分为一级和二级保护区，必要时可在饮用水水源保护区外围划定一定的区域作为准保护区。

此外，水污染防治法还对做好水污染事故应急处置、加大违法排污行为处罚力度等提出了政策要求。

3）“水十条”提出的重要环境政策

2015年发布实施的《水污染防治行动计划》（“水十条”），比较全面地反映了我国生态环境保护方面的一系列创新政策和要求。例如：

在充分发挥市场机制作用方面，明确提出理顺价格税费、完善收费政策、健全税收政策、促进多元融资、增加政府资金投入、建立激励机制、推行绿色信贷、实施跨界水环境补偿等举措；

在切实加强水环境管理方面，明确强化环境质量目标管理、深化污染物排放总量控制、严格环境风险控制、稳妥处置突发水环境污染事件、全面推行排污许可、加强许可证管理等；

在多元共治方面，明确强化地方政府水环境保护责任、加强部门协调联动、落实排污单位主体责任、严格目标任务考核、强化公众参与和社会监督等。

“水十条”还涉及优化空间布局、推进绿色发展、节约用水总量、科学保护水资源等政策措施，以及严格环境执法监管的相关制度安排。

3.2.2　我国流域水环境管理存在的不足

我国现行的水环境管理体系是以污染排放控制为核心建立起来的，虽然“十三五”以来，以落实“水十条”为抓手，提出以改善水环境质量为核心[21]，但与美国和欧盟以水生态系统为核心的水环境管理模式相比，我国的水环境管理存在显著的差距。管理模式不是以水环境质量改善为核心建立，没有形成“水生态健康–水环境质量–污染排放控制–流域水土综合调控”相衔接的技术体系，污染控制与水环境质量的响应关系尚未建立，造成我国水环境管理的粗放性和滞后性，难以满足我国水环境管理到2050年“建成美丽中国”的长期目标需求。

1. 水生态环境治理体系尚不完善，成为环境管理的薄弱环节

我国环境治理体系建设一直在积极推进，但由于生态文明建设是一场系统而深刻的革命，我国经济社会发展对新时代治理体系建设提出了更高要求，生态文明建设和生态环境保护领域仍然滞后于经济社会发展。比如，纵向关系不完善，各级环保事权界定不清晰，突出表现为属地责任大，层级间事权重叠，一些地方重发展轻环保、干预环保监测监察执法的现象仍然存在；横向职责交叉分散，制度协调不够，生态环境部门统一监督管理与相关部门专业性监督管理的合力尚未有效形成；缺乏制度约束，资源开发和行业生产管理部门更加强调经济利益最大化，而弱化对破坏生态环境行为的监管，生态环境成本没有内部化，生态环境效益没有纳入考量；由于市场主体和社会主体参与不足，政府、企业和公众多元主体间未能形成互动合作共赢格局等。此外，我国现行水环境管理的政策法规体系还需健全，现阶段流域管理仍然以行政区划范围内的行政管理为主，由于区域间发展需求和管理要求不同，形成了在同一流域不同地区管理上的差异化，流域管理缺乏协同性和整体性。

2. 水环境目标管理体系不完善，风险管理薄弱

当前，我国围绕水环境质量改善的管理体系不完善，管理体系的环境目标重污染控制和饮用水安全，轻水生态健康保护，水功能区划主要是从水体使用功能角度出发，对水生态区域差异及其功能保护考虑不足；总量控制主要以目标总量为主，未充分考虑水环境容量和水生态承载力，导致污染物削减与水质改善相脱节；水库闸坝运行对河流生态环境的作用缺乏科学、定量的分析；对城市的水环境系统规划和管理技术体系构建也缺少关注；针对流域水质目标管理的政策体系尚不完善，由于不同流域或者区域水环境的环境承载力、水生态特征等都有较大差异，面临的污染特征也不尽相同，不可能采取针对性的污染控制策略，水环境保护工作未体现出“分区、分类、分级、分期”的理念；我国水环境质量评估仍然以水化学评价为主，评估重点关注水化学指标，水生态系统健康评价方法尚未得到应用，在水风险、生态流量、水生态方面管理薄弱，对生态健康完整性考虑不全面，难以表明我国水生态质量退化真实状况。

3. 污染源管理与水体水质管理脱节，技术研发与应用脱节

我国从污染源管理到水体水质管理并没有形成成套体系，污染源管理与水体水质管理之间脱节，导致从污染源到水体水质管理之间无法互相反馈效果，形成良性循环。我国环境保护技术研发如火如荼，但市场无序，缺乏环境技术管理体系顶层设计；我国环境技术评估体系尚不完善、技术评估工作科学性不足，重点行业的水污染防治最佳可行技术没有得到推广应用，环境新技术验证制度尚未建立，环境技术市场缺乏有效技术标准；没有打通技术推广应用的“最后一公里”，许多优秀的技术束之高阁，未被应用到实际的生产生活中，无法产生更大的社会经济效益。

4. 基准标准研究基础薄弱

我国现行水环境质量标准主要参考美国、欧盟等发达国家或地区的水质基准值来确定，缺乏本土基准值支持，不能反映我国水生态系统保护的要求，可能导致环境“欠保护”或“过保护”的风险。近年来，随着环境保护工作逐步向纵深发展，对于基准标准的要求逐渐提升，但是我国基准标准研究薄弱，没有形成以中国环境现状为基础的完整体系。

5. 监测预警体系和信息化平台建设仍存在不足

在环境问题日益复杂化、多元化的今天，监测预警体系和信息化平台的搭建尤为重要。目前我国流域监测预警体系建设滞后，监测设备和技术落后、监测网络不健全、监测数据应用渠道不畅，缺少预警评估应急功能。流域水环境监测技术体系不够完善，在应急监测、遥感监测、新污染物监测以及生物毒性监测等技术和设备方面仍有不足；我国水环境风险预警监控能力仍然薄弱，突发性预警监控技术尚未成熟；在重点流域采用多项制度和政策来保障水环境安全，但是并未形成全国性的监测体系，无法做到全国水环境一体化、可视化、即时性管理。

3.2.3　我国流域水环境管理的发展战略趋势

党的十八大以来，我国在建设生态文明的思想认识、污染治理、制度建设、监管执法、环境质量改善等方面取得了前所未有的成就，彰显生态治理的

战略执行力，我国生态文明建设经历了“力度最大、举措最实、推进最快、成效最好”的时期。但同时也要认识到当前环境保护仍然处于发展阶段，这就要求我们要具有深切的洞察力，把握生态环境保护的大趋势，跟紧国际环保发展步伐，结合我国自身环境特点，发展出我国国情相适应的环境保护战略规划，为今后的环境保护指引方向。

随着国家对环境质量改善的重视，构建生态环境治理体系和治理能力现代化，实现“精准治污，科学治污，依法治污”的要求，构建面向精准化、信息化的环境管理技术体系就成为当务之急。当前我国亟待构建面向以水生态健康、基准标准本土化、排污许可、水环境风险监测预警、信息共享为核心的现代水环境管理技术体系，支撑我国水环境管理模式的战略转型。主要趋势如下：

1. 加快构建现代水环境治理体系

生态环境仍然是全面建成小康社会的突出短板，深入贯彻落实中共中央办公厅、国务院办公厅《关于构建现代环境治理体系的指导意见》，明确政府、企业、社会公众的权利和责任，建立健全领导责任体系、企业责任体系、全民行动体系、监管体系、市场体系、信用体系、法律政策体系，落实各类主体责任。要以强化政府主导作用为关键，以深化企业主体作用为根本，以更好动员社会组织和公众共同参与为支撑，实现政府治理和社会调节、企业自治良性互动，完善体制机制，强化源头治理，形成工作合力。构建导向清晰、决策科学、执行有力、激励有效、多元参与、良性互动的水环境治理体系，为推动水生态环境根本好转、建设美丽中国提供有力的制度保障。要健全水环境管理的政策法规体系，完善流域管理的法律法规，流域管理也要从单纯行政管理向法律的、经济的多种手段管理转变，建立合理的补偿机制，交易机制与财政政策。

2. 强化水生态健康管理

随着我国社会经济的进一步快速发展，水生态健康管理已成为决定我国未来发展能否成功的关键要素之一，建立内容更为全面、领域更为广泛的水生态健康管理支撑体系，对于解决我国当前水环境问题极为必要。水生态分区是强化水生态健康管理的基础，要在“分区、分类、分级、分期”的流域污染控制理念指导下，推进确立以水生态功能区为对象的管理单元，构建全国流域水生态功能分区管理技术体系。生态补偿政策是强化水生态健康管理的重要手段，坚持谁受益谁补偿、稳中求进的原则，进一步加强顶层设计，不断创新补偿方式，加快推动生态补偿立法，实现生态保护者和受益者良性互动。

3. 科学构建基准标准体系

在本土化环境生态与人体的特异性数据采集的基础上，科学制定我国的水质基准，进而为我国的水质标准、排污许可证的制定和发放以及总量减排提供科学依据。搭建适合我国水生态环境的完整基准标准体系，保护对象涵盖人体健康、水生生物、营养物等，满足未来水生态文明建设的需求，加强了区域性、流域性、差异性的标准制定；建立能有效反映污染物种类、污染程度等的综合性评价和划分等级；实现水生态环境标准与其他标准的有效衔接；填补地区或流域水环境质量标准空白，完善地方配套政策。

4. 细化排污许可管理制度

持续推进排污许可制度改革。一是实现固定污染源全覆盖。逐步将入河入海排污口、海洋污染源等纳入排污许可管理，实现陆域、流域、海域全覆盖。二是实施差别化精细化管理。根据排污单位污染物产生量、排放量及环境影响程度大小，科学分类管理。三是深度衔接融合生态环境制度。深入开展与环境影响评价制度的衔接，推动形成环评与排污许可“一个名录、一套标准、一张表单、一个平台、一套数据”；改革总量控制制度，以许可排放量作为固定污染源总量控制指标；优化环境统计制度，以排污许可数据作为固定污染源环境统计的主要来源。四是落实生态环境保护责任。推动出台相关法律条例，明确排污许可作为生产运营期间唯一行政许可的核心地位。五是严格依证监管执法。构建固定污染源一体化信息平台，对接污染源在线监控数据，接入执法信息，开展许可证和执行报告质量自动检查。

5. 加强水环境风险监测预警管理

近年来，我国的饮用水水源由于实施划定水源保护区、水源地规范化建设、强化水源地监管等系列措施，从宏观层面对水源地实施有效保护，起到了很好的效果。但不可忽视的是，饮用水水源地的新污染物风险逐步显现（专栏

3.3）。要以饮用水源地水质保障为重点，进一步完善流域水环境风险预警技术体系，逐步推进由常规污染控制转向风险控制。以业务化应用为目标导向，继续推进在重点流域开展水环境风险预警技术示范应用；制定水环境风险预警相关技术政策，引导和推动流域水环境风险评估与预警能力建设；大力推进我国流域/区域水环境风险评估与预警平台开发建设，逐步建立流域水环境风险预警监控网络，特别是统筹建设覆盖全流域的动态预警监控网络；提高水环境风险监测信息的共享程度，建立流域与区域之间、区域与区域之间、部门和部门之间统一的协商平台和信息交换机制；实现监控网络数据与水环境风险管理平台的高效集成，逐步调整监测成果的应用导向，加强风险预警监控的应用，为管理决策提供实时动态的决策支撑。

专栏3.3　饮用水水源水质风险防控问题[22]

我国饮用水源地除常规指标偶有超标外，更需关注新污染物问题。

一是微量的有毒有害污染物对饮用水构成潜在威胁。当前水污染治理工作主要集中在耗氧有机物污染治理和氮磷营养盐污染治理。对于有毒有机物、新污染物缺少必要的控制和治理措施，而在饮用水水源常规水质监测和评价中，来自有毒有害污染物的风险也常常被忽略。有毒有害污染物在饮用水水源水中浓度通常低于标准值，按照当前饮用水水源水质达标评价方法，即视为水质达标，然而，即使单个污染物对人体健康造成的风险均在可接受水平，但在多种污染物的综合作用下，人体健康所面临的风险有着很大的不确定性。

二是需要重视藻类水华引起的湖库型饮用水水源水质风险。藻毒素种类多样，仅微囊藻毒素就有80多种异构体，常规监测中获取的MC-LR浓度严重低估了湖库型饮用水水源中藻毒素对人体健康的危害。另外，除产生对人体有害的藻毒素外，藻类水华过程中还能产生挥发性的异味代谢产物，如土嗅素等，导致饮用水质量下降。

三是源水中大量消毒副产物前体物的存在威胁饮用安全。在对自来水进行加氯消毒时，源水中的有机物会和氯反应生成具有致癌效应的消毒副产物，如总三卤甲烷、卤乙酸等。1974年以来，被报道的消毒副产物有600多种，由于大部分消毒副产物的毒理学效应缺乏足够定量评估数据，因此仅有部分消毒副产物被纳入饮用水标准中。源水有机污染越严重，消毒副产物的产生潜能越高，对饮用人群的威胁越大。

第 4 章　流域水生态环境保护面临的新形势与新需求

党的十九大报告绘就了我国到本世纪中叶建设社会主义现代化强国的两个阶段宏伟蓝图，即到2035年，基本实现社会主义现代化，到本世纪中叶，把我国建成富强民主文明和谐美丽的社会主义现代化强国。到2035年，我国人均GDP要达到中等发达国家水平，实现GDP翻番，要达到200万亿。实现目标不仅要解决城市化滞后于工业化、环境基础设施欠账多等造成的传统环境问题，而且要及时处理更为复杂的新出现的众多环境问题。

4.1　流域水生态环境保护面临的新形势

4.1.1　“双循环”相互促进，推动中国社会经济高质量发展

2020年5月14日，中共中央政治局常委会会议提出，深化供给侧结构性改革，充分发挥我国超大规模市场优势和内需潜力，构建国内国际双循环相互促进的新发展格局。十九届五中全会将“加快构建以国内大循环为主体、国内国际双循环相互促进的新发展格局”作为“十四五”时期经济社会发展的指导思想。构建基于“双循环”的新发展格局是党中央在国内外环境发生显著变化的大背景下，推动我国开放型经济向更高层次发展的重大战略部署。

当前，全球正处于百年未有之大变局，构建以国内大循环为主体、国内国际双循环相互促进的新发展格局，有利于我国掌握国际分工主动权，保障我国经济体系安全稳定运行，有效应对日益复杂的国际大环境、保障我国经济实现高质量发展。

当前，我国在区域发展上形成了以京津冀协同发展、长江经济带发展、粤港澳大湾区建设、长三角一体化发展、黄河流域生态保护和高质量发展五大重大国家战略为引领的区域协调发展新格局。五大重大国家战略联南接北、承东

启西，与东部、东北、中部、西部四大经济板块交错互融，构建起了优势互补高质量发展的区域发展格局。在“双循环”的背景下，我国未来将发挥京津冀协同发展、粤港澳大湾区、长三角一体化等重大战略的引领作用和四大板块的支撑作用；强调区域治理能力和治理体系的现代化，用规则、规制等制度性建设推进区域协调发展进程；强调发挥市场的决定性作用和政府的引导作用，推进市场一体化建设，破除区域间要素流动的藩篱；强调区域协调进程中改革开放创新等软性因素，激发区域板块内生增长新动力。

中国长期以来资源高度密集的经济增长方式，需要依赖不断增长的资源供给方式来维持，消耗了大量的非可再生资源，加剧了环境污染和生态破坏。在“双循环”战略和高质量发展要求下，经济发展更多强调“好”和“稳”，产业结构进入转型升级的关键时期，经济增长方式由粗放向可持续转变。在结构调整中需要淘汰落后、过剩产能和高污染、高耗能产品，培育接续产业，形成新的经济增长点。经济增速及结构的变化，势必会影响污染排放和生态环境保护，影响流域水污染控制与治理。“双循环”战略的实施，与生态环境保护相辅相成，必将有力促进我国经济社会的高质量发展。

4.1.2 生态文明建设面临“三期叠加”形势，经济下行与生态环境保护的矛盾突出

习近平总书记深刻指出，生态文明建设正处于关键期、攻坚期、窗口期。我国产业结构偏重、能源结构偏煤、产业布局偏乱，多领域、多类型、多层面生态环境问题累积叠加，资源环境承载能力已经达到或接近上限。在我国经济由高速增长阶段转向高质量发展阶段过程中，污染防治和环境治理是需要跨越的一道重要关口。如果现在不抓紧，将来解决起来难度会更大、代价会更大、后果会更重。

当前，经济下行压力持续加大，生态环境保护压力陡增。全球风险挑战明显上升，在国内结构性、体制性、周期性问题交织，在国际又叠加新冠肺炎疫情严重冲击、中美贸易摩擦等多重因素，全球化面临自成立以来最大危机。在稳增长压力下，我国经济发展与生态环境保护的矛盾必将愈显突出，特别是一些地区和企业有可能从眼前利益出发，上了一些“双高”项目，在环境治理

和监管上也有放松，造成环境污染反弹。为此，要坚持新发展理念，走绿色发展、高质量发展之路，依法治理环境污染和保护生态环境。统筹处理好发展和保护的关系，充分发挥生态环境保护对产业结构优化升级和发展方式绿色转型的倒逼作用，推动形成绿色发展方式和生活方式，以生态环境高水平保护推动经济高质量发展。

流域水环境控制与治理水平，直接影响着“清水绿岸、鱼翔浅底”美丽中国目标的实现。从总体上看，我国水生态环境状况仍不容乐观。例如，饮用水安全保障有待加强，城镇生活污水处理短板明显，农业和农村水污染防治滞后，农业农村面源和点源污染防治缺乏科学合理的措施和手段，工业污染尚未得到根本控制且治理差距较大，船舶水污染防治工作有待提升。“十四五”时期以及更长时期，都必须以“绿色发展”作为前置要求，全面促进流域区域生态环境保护修复，倒逼企业高质量升级发展，为美丽中国建设奠定基础。

4.1.3　城镇化、工业化快速发展对生态环境压力加大

实现新型工业化、信息化、城镇化和农业现代化，是建设社会主义现代化国家的基本路径，也是开启全面建设社会主义现代化新征程的一项重要战略部署。2019年我国经济总量990865亿元，人均GDP达10276美元，迈入中上等收入阶段。未来几年如果继续保持6%左右的经济增长率，到“十四五”末期我国人均GDP有望突破1.5万美元，向高收入国家迈进。

相关研究表明，当前，我国中西部等欠发达地区工业化水平整体落后于东部沿海地区，仍将长期处于工业化中后期[23]。从三次产业结构来看，我国西部地区和东北地区一产比重过高，分别为11.39%和10.99%，仍高于10%；从人均GDP来看，中部、西部和东北地区人均GDP水平远远低于东部地区；从城市化水平来看，2020年全国城镇率已超过60%，中部和西部不足50%。“十四五”及更长时期，新型城镇化将持续推进，城市群呈多极化发展，东部地区将进入工业化后期，东北地区和中西部地区将进入工业化中后期。

快速城镇化、工业化带来的环境污染和生态环境恶化等问题不能忽视，其对生态环境的压力在一定时期内会进一步加大，需不断协调经济发展与生态环保之间的关系，尽早实现发展与污染排放的脱钩，实现城镇化、工业化与生态环境良性互动。另一方面，随着技术的进步和产业结构的不断优化，城镇化、

工业化所导致的生态环境负面影响将呈现减小趋势，但生态环境存在较强的惯性，水生态环境质量很大程度上受前期污染排放的影响。要大力实施乡村振兴战略，推进乡村振兴与新型城镇化协同发力，推动新型工业化、信息化、城镇化、农业现代化同步发展，促进我国城乡生态环境保护协调发展。

4.1.4 人民对生态环境保护的需求与生态环境保护不平衡不协调的矛盾突出

党的十九大报告指出，我国社会主要矛盾已经转化为人民日益增长的美好生活需要和不平衡不充分的发展之间的矛盾。这在生态环境领域更加凸显，习近平总书记反复强调，“良好生态环境是最普惠的民生福祉”“小康全面不全面，生态环境质量是关键”。当前，人民对天更蓝、山更绿、水更清、环境更优美的需求以及生态环境保护不平衡不协调的矛盾突出，与建设美丽中国的要求相比差距依然较大。例如，在全国水生态环境质量持续改进的同时，部分断面水质出现反弹，关键湖水水华问题虽经数年整治仍不降反升，部分地区消除劣Ⅴ类工作滞后，旱季“藏污纳垢”、雨季“零存整取”等问题突出；局部地区自然环境基础设施建设欠账大，部分地市采集管道网不配建、雨污不健全、污泥处理水平不够、工业污水处理处置设备管理不规范；城乡面源污染正在上升为制约水环境持续改善的主要矛盾；自然环境风险性安全隐患不容小觑，局部地区河流沿岸化工企业密集型遍布，与生活用水水资源犬牙交错等。水污染防治工作仍然十分艰巨、形势依然严峻。如何将生态文明建设与高质量发展紧密结合，满足人民日益增长的美好生活需要，提供优质的流域水环境，是流域水生态环境治理理念创新的动因。

4.1.5 统筹山水林田湖草系统治理的整体系统观需进一步贯彻落实

山水林田湖草是一个生命共同体，必须牢牢把握统筹山水林田湖草系统治理的新要求。2018年的国务院机构改革方案，组建生态环境部，把原来分散的污染防治和生态保护职责统一起来，将实现“五个打通”，即打通地上和地下、打通岸上和水里、打通陆地和海洋、打通城市和农村、打通一氧化碳和二氧化碳。“五个打通”中，就有4个涉及水的打通。流域水生态环境更需贯彻整体系统观，系统统筹山水林田湖草等环境要素、上游下游等空间因素、城市农村等污染来源因素、地上地下水系因素、区域落实中的管控因素等，确保流域水生态环境的流域统筹、系统治理。

4.2　流域水生态环境保护新趋势

4.2.1　水生态环境保护战略控制范围和思路转变

1. 从以地域为水环境控制单元向流域综合整治和上下游协调管理转变

长期以来，我国的水环境污染控制主要以地域和行政区域为水环境控制单元，缺乏从区域、流域尺度系统开展工作，水环境整治、管理、控制指标和手段单一，水环境污染控制往往以单一问题和行政界限为单元，导致上下游及区域间的环境功能相互矛盾，水环境污染控制实施效果不明显，提出的水环境污染控制对策无法从根本上解决区域性、流域性重大水环境问题。为从根本上解决复杂的水环境问题，必须尽快实现从单纯点源治理向流域综合整治和上下游协调管理转变，建立水环境综合管理决策技术支持系统。要遵循“预防为主”原则，建立上下游协调监管机制，在流域尺度上开展系统性、综合性、前瞻性的水环境污染防治科技、工程和管理工作，完成我国水环境功能分区，将污染物总量控制落实到不同的水环境单元上，按水环境功能和水环境容量核定污染物允许排放负荷。要建立流域尺度的污染预防、控制、生态修复与水环境监控体系，保障流域水环境安全，促进我国经济、社会的可持续发展。

2. 从水陆分治向水陆统筹和综合管理转变

流域水污染控制与治理具有整体性、系统性、综合性和协同性的特点，主要污染物在水体-大气-土壤生态系统各层圈界面存在迁移转化过程。因此，我国的水生态环境也逐渐开始重视从流域全局出发，由水陆分治向水陆统筹和综合管理转变，以流域水环境质量改善和水生态系统健康为目标，构建水-土-气复合生态系统污染过程模拟和全过程优化控制系统。特别是，统筹流域经济社会和环境协调发展，以流域污染源控制和削减为综合防治的重点，进行流域水生态环境保护合理规划，合理确定流域水环境容量，优化流域经济结构和产业布局，从源头最大限度地实现水体污染物减量化。同时，在源头减量基础上，通过河道、土地生态工程等进行中间过程削减，最后进行水体修复和水质净化，恢复水生态系统健康。为此，需要重点突破对流域水环境有重大影响的共性技术，按照流域不同水环境功能，进行合理区划，将优先控制和重点治理技术与区域整体污染防治和综合调控有机结合起来，为解决多界面复合污染问题提供理论、方法和对策，实现区域经济和水环境的协调发展。

4.2.2 水环境保护对象的战略转变

1. 从重点控制常规污染物向控制常规和痕量有毒有害污染物并重转变

目前我国水体常规污染物COD、氨氮等得到一定程度的控制，而有毒有害痕量污染物的问题日益突出，针对这一新的突出水环境问题，在国家层次和战略高度应开始关注微量、痕量有毒、有害新物质及中间产物的无害化处理；构建针对重大问题和重点区域、流域的长期定位、流动、立体、动态监测、监控技术和管理体系；建立多元数据获取和综合分析的技术信息平台，全面揭示水环境质量演变历程和发展趋势。跟踪国际水环境领域科技前沿，完善水环境中特征污染物（包括微量、痕量、有毒、有害新污染物）检测方法，阐明有毒、有害新物质在水、气、土壤中的迁移、分配、转化规律，揭示有毒、有害物质对生命体（植物、动物及人体）的影响机制，并构建痕量有毒有害污染物的风险评估、减排和污染阻控技术管理体系。

2. 从水质达标和总量控制管理向注重水生态安全的风险管理转变

目前我国正逐步从水质达标和总量控制管理向注重水生态安全的风险管理转变，并关注水环境污染对生态系统和人体健康的综合环境效应，使流域水生态系统管理和基于水生态安全的风险管理成为水环境综合管理的发展趋势。以满足群众饮水需要为中心、以改善水环境质量为目标、以防范环境风险为底线，构建水生态风险评估指标、技术方法体系，提出基于风险评估的水环境安全保障措施和管理机制。同时，将水环境污染综合防治、水环境质量改善、水生态系统健康、饮用水安全、人体健康等综合多目标有机结合，进一步关注水环境污染引起的生态系统健康效应、人体健康和社会经济问题，认识其相互影响及其作用关系，阐明水体质量和水生态系统的演替规律，以水生态系统健康为基础，构建水生态效应和环境健康的识别、诊断、预警及综合调控系统，健全风险防范体系，切实保障人民群众饮用水安全。

4.2.3　控制手段和管理模式转变

1. 从污染物的分割控制和管理向全过程控制和管理转变

目前我国流域水环境污染防治正逐步从每部分单独处理和控制向全过程控制和管理转变，并关注水环境污染物的产生、释放、扩散、暴露、净化全过程，统筹流域水生态系统、经济社会发展、生境改善并进行系统管理。大力革新生产工艺，推行清洁生产，发展循环经济，建设资源节约、环境友好型的社会是全过程控制的积极行动。在削减污染源的同时，逐步修复我国水生态系统健康。实现从源头减排、中间过程削减、最终循环控制的全过程控制和管理，大大拓展水环境保护的外延和内涵。从单纯的水环境污染治理逐渐过渡到保护水环境优化流域经济发展、合理利用生态工程等全过程控制和管理，并将水环境污染综合防治、水环境质量改善、水生态系统健康有机结合，进一步关注水环境污染的经济、社会、生态环境等驱动力，实现流域层次的水环境污染全过程控制和系统管理。

2. 从单纯控制水污染向优化、调控流域经济社会布局、结构转变

由于水环境污染的来源、影响因素和水生态系统的复杂性，近年来，国家水环境污染控制越来越依赖于流域经济结构、工业布局等的优化调整。紧密围绕国家社会主义现代化建设的战略目标，以及水环境质量改善和水生态系统健康目标，重点针对社会经济重大活动、流域水利工程建设、跨流域水资源调度等重大人类活动，研究流域水资源开发与流域水环境质量的动态响应关系，以流域社会经济可持续发展和流域生态系统健康为目标，建立流域水资源和环境资源综合调控模式。实现从单纯控制水污染向优化、调整流域经济社会布局、结构转变，为提升水环境管理水平、制度创新、转变管理机制提供科技支撑。

3. 从单一的管理模式向水生态分区、分类综合管理模式转变

我国幅员辽阔，东、西、南、北自然环境和社会经济差异较大，我国的水生态环境问题的解决，不能“一刀切”，应从全国、全局统筹考虑，从迫切性及区域差异性考虑，体现区域分异的特点。譬如，西部地区应以江河源头的水质保障和水生态保育与重点区域的生态恢复重建为主；东部尤其是沿海经济发达区则应以水生态系统将抗与水环境修复为重点，以防治水环境污染与水生态退化为特色；南方水质性缺水地区以改善水质、控制有毒有害污染物为重点，北方缺水地区应统筹水量和水质。同时大力开展前瞻性研究，注意发挥环境科技对社会经济发展和水环境污染控制战略的引领作用。

基于“水专项”形成的流域水生态功能分区共性技术，一些地方正在积极探索水生态分区、分类综合管理。例如，江苏省环境厅针对以往以单一水质目标管理为主、忽视对水生态系统的保护、忽视水生态系统的区域特征和空间差异、忽视水-陆生态系统的整体性等问题，遵循“人与自然是生命共同体，人类必须尊重自然、顺应自然、保护自然”的理念，在江苏省太湖流域研究划定了49个水生态环境功能分区，确定了各分区的管理目标、评价方法、管理规定及各部门的职责分工，形成了《江苏省太湖流域水生态环境功能区划（试行）》（苏政复〔2016〕40号）（以下简称《区划》）。

从国家层面看，应尽快转变传统的污染控制理念，在以“以人为本、水质安全、水生态健康”和“分区、分类、分级、分期”的理念支持下，以公平和效率为原则，合理配置污染物削减总量，实现环境与经济社会的协调发展，开展水生态分区与水环境功能区划。水生态分区可代表流域生态系统的类型，也反映出人类活动与水环境的相互影响和作用。根据水生态分区的实际情况，制定河流、湖泊、水库的水生态监控指标，制定各分区不同类型水体水化学标准、富营养化控制标准、生物监测标准；以水生态分区为基础进行污染负荷的计算和管理。以全国重点流域为基础，以水生态系统健康保护为原则，进行水生态分区，完成重点流域的分级分区。从整个流域尺度，建立与水生态分区相适应的水环境“分区、分类、分级、分期”水环境管理技术体系。

4.3　流域水生态环境保护需求分析

1. 急需加强水生态保护，逐步实现“三水统筹”

受城镇开发建设、拖网捕捞、非生态型水利工程建设等不合理的生产、生活方式，以及全球气候变化等的影响，我国河流、湖库水生植被普遍遭到破坏，水生态空间挤占严重，部分河流生物多样性锐减，流域水环境风险高、水污染事件频发。例如，海河流域水资源严重短缺，开发利用率达到110%左右；淮河5个支流断面生态流量不达标，其中涡河亳州断面全年生态流量日满足程度只有26.3%，沭河大官庄和鲁苏省界断面不到20%，且高密度水利工程严重破坏了河流天然生境条件，导致水生生物多样性减少，水生态受损严重；黄河流域的汾河、沁河等部分支流经常断流，三峡流域因都江堰大量饮水，岷江金马河段枯水期仅能保留3~5个流量的生态基流，远达不到最小生态流量。需要以水生态系统健康为导向，以保障生态流量为根本出发点，遵循生态系统内部结构的调整规律，以解决断流河流“有水”为重点，实施转变高耗水方式、闸坝生态调度、完善区域再生水循环利用体系，开展河湖生态建设、湿地恢复与建设、水生生物完整性恢复，恢复水体原有的生物多样性和功能，实现经济和生态同步发展。急需健全环境风险管理体系，提升流域环境风险防控能力。通过对生态环境风险成因精准识别，建成天地一体化生态环境监测网络体系，开展流域生态系统健康评估、水环境风险评估以及各工业园区等各类风险源排查和评估，识别流域生态环境问题成因，提出流域水环境风险和重大生态环境防控对策措施，为流域生态环境风险防控提供科学支撑。通过加强水生态环境系统保护，实现对水环境、水资源、水生态的统筹治理。

2. 急需构建完善水生态环境保护技术体系，促进科技成果转化应用

针对流域水污染控制技术混杂、缺乏规范等问题，需要构建改善生态环境质量、有效防控生态环境风险、提高生态环境智慧监管能力三大技术体系，通过在京津冀、长江经济带、黄河流域、粤港澳大湾区等国家重大战略区域的应用和示范，结合科技创新重大行动，为持续改善生态环境质量、有效防控生态环境风险和提高生态环境智慧监管能力提供科技支撑。

3. 急需完善绿色发展机制和政策，促进水生态环境高质量发展

针对流域跨界水污染冲突解决机制和政策体系构建的问题，有待于建立重点流域的水环境标准体系，提出流域上中下游地区生态环境的协调机制、生态补偿方案、空间管控与绿色发展方案等，面对2035年的生态环境根本改观和2050年社会主义现代化强国的需求，提出重点流域生态环境保护实现途径。

4.4 水生态环境与温室气体协同治理需求分析

实现碳达峰碳中和是以习近平同志为核心的党中央作出的重大战略决策。“十四五”时期，坚持系统观念，协同控制污染物与温室气体排放成为我国面临的重要任务之一。2021年1月，生态环境部发布《关于统筹和加强应对气候变化与生态环境保护相关工作的指导意见》提出，突出协同增效，协同控制温室气体与污染物排放，协同推进适应气候变化与生态保护修复等工作。

减污降碳协同控制是我国生态环境保护工作的基本要求。当前，国内外主要关注大气污染物和温室气体的协同控制政策和措施，而水生态环境保护中也存在碳直接排放与间接排放，水环境和温室气体的协同治理同样值得关注。

4.4.1 水环境与温室气体协同治理的必要性

1. 水-能-碳关系密切，是影响碳排放的重要因素

“水是能源，能源就是水。”水和能源的关系错综复杂，从源头到末端再到循环利用，能源为水资源开发利用的各个环节提供动力支撑。而其中由于能源的消耗，也伴随着温室气体的产生和排放。例如，城市污水再生利用，虽然可以节约水资源，减少污染物排放，但因为能耗增加也增加了碳排放。因此，需要水-能协同优化，实现水环境系统运行过程中水、能资源可持续利用和碳减排。

2. 水生态环境治理活动对温室气体排放产生影响

水生态环境治理各项措施，包括工业废水、生活污水、畜禽养殖废水、黑臭水体治理，以及再生水回用、污泥处理处置等，对温室气体的排放会产生直

接影响。污水处理行业碳排放量占全社会总排放量的1%~2%，位居碳排放行业的前十位。据美国EPA统计预测，2014年美国污水处理行业N_2O和CH_4的碳排放当量分别占全社会相应碳排放当量的1.2%和2.0%；2030年全球污水处理行业N_2O和CH_4排放量将分别超过1亿t和6亿t CO_2当量，约占非CO_2总排放量的4.5%。据欧洲统计局数据，2014年废物处理行业（污水处理+固体废物处理）是欧盟第五大碳排放行业，占全社会总碳排放量的3.3%。

据天津大学研究团队对我国30个省市“水十条”实施带来温室气体变化的研究估算，总体来看，工业污染防治、畜禽养殖污染治理和黑臭水体整治在不同程度上降低了碳排放，而生活污水治理、再生水回用、污泥处理处置等措施则造成了温室气体排放量的增加。由于各个省市的产业结构、环境现状及人口的不同，“水十条”措施对各省市温室气体排放量的影响程度有差异[24]。

3. 水体环境对温室气体排放和增汇产生较大变化

河流、湖库、湿地等天然水体是大气CO_2、CH_4和N_2O重要的源和汇。一方面，由于人类活动的影响，使得C、N成倍地进入水生生态系统，有机物质和营养物质的大量输入刺激了水体中底泥和微生物的新陈代谢，导致CO_2、CH_4和N_2O在河流、湖泊等水体表层达到过饱和状态，从而使得水生生态系统中CO_2、CH_4和N_2O的排放量明显增多。另一方面，水体在作为温室气体排放源的同时，还是重要的碳汇。如湖泊接收来自流域内的陆生生物残体、土壤有机质、湖泊自身的生物残体以及大气沉降物质；湿地也是巨大的有机碳库。

水体环境变化可能导致水体温室气体排放和增汇的变化。例如，湖泊富营养化将极大提高藻类初级生产力及CO_2汇的能力和容量，同时，湖泊沉积物的厌氧代谢分解产物向大气排放CH_4，也会严重破坏水质和影响水生生态系统的结构及功能。

4.4.2　水环境与温室气体协同治理相关研究及政策进展

1. 城镇污水处理温室气体排放特征和碳中和技术措施

污水处理属于高耗能行业，势必会导致较高的碳排放足迹，是不可忽视的减排领域。同时，污水中蕴含较多的能量（有机物、热能等），为实现污水处理过程能源自给以及碳中和运行提供了客观基础。

1）我国城镇污水处理温室气体排放特征

城镇污水处理的温室气体排放主要分为直接排放与间接排放两类。其中，直接排放是指污水经厌氧生物处理、脱氮处理产生的CH_4及N_2O排放；处理过程中的CO_2排放属于生物成因，因此在联合国政府间气候变化专门委员会（IPCC）提供的《国家温室气体清单指南》中未予考虑。间接排放则主要分为电耗以及药耗两类，分别表征能源和物质投入带来的温室气体排放。

“十二五”期间，环境保护部组织开展环保公益项目“城市污水处理厂温室气体排放特征与减排策略”研究，该研究由北京林业大学承担，针对城市污水处理厂典型工艺温室气体排放，研究分析了4种典型工艺（A^2/O工艺、A/O工艺、SBR工艺和氧化沟工艺）温室气体的排放特征和影响因素，提出了城市污水处理厂典型工艺温室气体减排的技术方案[25]。

中国环境科学研究院段亮等基于各地区代表性污水处理厂典型工艺运行数据分析及实际监测，按照IPCC方法初步计算，2019年全国污水处理逸散甲烷和氧化亚氮产生的直接碳排放量为3071.68万t CO_2当量，电耗产生的间接碳排放量为1713.75万t CO_2当量，絮凝剂消耗产生的间接碳排放量为86.69万t CO_2当量。综上，2019年中国污水处理行业碳排放量为4872.12万t CO_2当量，单位水量的碳排放当量（碳排放强度）为0.78 kg/m^3。从空间分布特征来看，排放总量表现为东部地区高于西部地区，排放强度则表现为北方地区高于南方地区。污水处理规模对于排放强度的影响不显著，而处理工艺和运行参数的影响则比较明显，氧化沟以及曝气生物滤池和生物膜法的碳排放强度相对较低[26]。

污泥处理处置是污水处理的短板，在全球应对气候变化和能源资源短缺的背景下，污泥的能源高效回收及物质的高效循环利用已成为国际社会的研究热点。同济大学戴晓虎等研究表明，不同的污泥处理工艺碳排放水平是不一样的，现有污泥处理处置工艺路线碳排放水平：深度脱水–填埋＞干化焚烧＞好氧发酵–土地利用＞厌氧消化–土地利用。

欧洲（德国87%、英国97%）、美国（68%）、新加坡（100%）等国城镇污水处理已经广泛应用厌氧消化和热电联产（AD-CHP）技术进行污泥处理。美国经验表明，污水处理量为20 000~40 000 m^3/d时使用污泥厌氧消化在经济上有利，而欧洲数据则显示处理量超过10 000 m^3/d则经济上可行。我国城镇污水处理厂使用污泥厌氧消化的比例不到5%。我国城镇污水具有高无机悬浮固体（ISS）、低COD和低C/N比的特点，碳源不足，应结合本国污水特点研究经济可行的处理技术，实现能量回收与营养物去除间的平衡[27]。

水专项在城镇污水高标准处理与再生利用方面，研发了一批关键技术，如城镇污水一级A稳定达标及节能降耗省地技术、MBR强化脱氮除磷工艺系统及优化运行技术、污水厂污泥处理处置技术等，这些技术对降低温室气体的产生和排放有着重要意义。

2）国内外污水处理厂碳中和技术政策和实践

碳中和运行是污水处理的一种国际趋势。20世纪末期，欧洲已出现可持续污水处理的理念。荷兰应用水研究基金会（STOWA）于2008年将这一理念高度概括为“NEWs框架”，认为污水处理厂其实是营养物（Nutrient）、能源（Energy）和再生水（Water）三位一体的生产工厂，其中，有机物为能量的载体，转化后可用于弥补运行能耗，实现碳中和运行目的。当前，多个国家已经陆续发布了污水厂碳中和技术路线图。

美国水环境研究基金（WERF）提出了2030年美国所有污水处理厂均要实现碳中和运行的目标。美国在运营管理方面有一套九步骤的能源管理系统方案，EPA主要通过使用高效的机电设备，配合控制策略和管理手段来实现碳减排，提出涉及水泵、曝气、搅拌等提高能效的多项技术，使污水厂总体能耗下降了大约10%，每年节省电耗100亿kWh以上，即每年节约了将近75亿美元的花费。威斯康星州的希博伊根（Sheboygan）污水处理厂于2013年实现产电量与耗电量比值达90%~115%，产热量与耗热量比值达85%~90%，逼近碳中和运行目标。

欧盟在污水处理方面强调应用先进的控制技术。如应用精确的数学模型控制化学混凝，实现了污水处理厂可以根据进水水质及水量按比例精确加药，达到了节省絮凝剂消耗、提升自动化控制水平、提高出水水质和降低污泥管理成本的目的。案例显示，采用智能加药控制系统能成功地优化加药剂量，每年药剂节约量可达18%，污泥产量减少33%，在稳定出水水质的前提下，大大减少了碳排放量，减少了药剂购买以及污泥处理的费用。欧洲一些国家也发布了污水厂能源管理手册。奥地利斯特拉斯（Strass）污水处理厂在2005年实施厌氧消化产甲烷并热电联产，实现了108%的能源自给率，完全达到碳中和运行目标。考虑到填埋会导致大量的温室气体排放，从2000年开始，欧洲对污泥填埋处理征收填埋税，要求减少直至完全禁止填埋，并通过政府补贴的形式，促进污泥能源化资源化利用。

日本应对污水处理碳减排采取了一系列综合的措施，首先是高效设备的应用，例如在曝气环节采用微孔曝气器，可减少20%的曝气能耗；在污泥处理环节采用带涡轮增压的流化床焚化炉，可降低85%的N_2O产生量，降低4%的CO_2排放量；其次是能源的回收和新型能源的利用，例如污泥厌氧消化产气的回收、太阳能的利用、污泥生物质能的利用等等；另外，加强研发新的管理方式和处理技术，实现污水处理的低碳运行。

新加坡水务局（PUB）制定出污水处理厂的出水水质、能源可持续性、环境可持续性3个关键评价标准，提出2030年达到能源自给自足、实现碳中和运行的目标。

2014年，曲久辉院士领衔中国城市污水处理概念厂专家委员会提出，建设“水质永续、能量自给、资源循环、环境友好”的“面向未来的中国城市污水处理概念厂”，大幅提高污水处理厂能源自给率，在有适度外源有机废物协同处理的情况下，做到零能耗。2018年，新概念污水处理厂睢县第三污水处理厂在河南建成，该厂污水处理规模2万t/d的水质净化中心（一期2万t/d），处理后的出水执行地表水类Ⅳ类水体水质要求，同时有处理规模100 t/d的有机质无害化、资源化处置生物有机质中心一座（一期50 t/d），通过沼气发电的能源补给，全厂吨水电耗相比同规模传统污水厂下降了20%以上。2021年10月，江苏宜兴城市水资源概念厂建成投运，据报道，该厂由2万t/d的水质净化中心、100 t/d的有机质协同处理中心和生产型研发中心三部分组成，将污水处理厂从污染物削减基本功能扩展至城市能源工厂、水源工厂、肥料工厂等多种应用场景。其中，污水处理部分做到了高水平脱氮除磷（TN$<$3 mg/L、TP$<$0.1 mg/L），且其性价比明显优于现行的国内污水厂；有机质协同处理中心可处理污泥、蓝藻、餐厨垃圾和秸秆，以产生能源（能源自给率$>$60%）和肥料；生产型研发中心实时展示全球最先进的污水处理技术。

3）污水厂实现碳中和的技术途径

综合相关文献，当前污水厂实现碳中和主要有以下技术途径：①回收污水中有机物的能量，主要是将污水处理的剩余污泥进行厌氧处理产生沼气，沼气经过热电联产产生电能和热能。欧美国家通过污泥生物质能资源回收，可满足污水处理厂60%~80%的能耗需求；对北京几个污水厂的实际污水水质进行模拟表明，“污泥厌氧产沼气+热电联产”对污水厂总体能源自给的贡献值为53%。如果改进工艺，理想情况下，碳中和率可以达到270%。②利用厂外高浓度废物（如食品废物）与剩余污泥厌氧共消化产生的高甲烷含量生物气进行热电联产，可产生更多的电和热供运行使用。③利用水源热泵技术回收污水中热能。④建设光伏电站，利用污水厂占地面积大的特点，在沉淀池和曝气池的表面铺设太阳能光伏发电板，利用太阳能进行发电。⑤通过更新变频水泵、鼓风机系统、气流控制阀、加热设备以及相关的自控系统（PLC-SCADA，即可编程控制器-监控和数据采集系统），从而大幅降低运行能耗。

2. 工业废水处理过程温室气体排放特征及控制

中国环境科学研究院科研人员对我国工业废水处理甲烷排放历史演变趋势进行了研究，利用IPCC方法进行核算，结果表明，2015年，我国工业废水处理过程中甲烷排放量为186.68万t，八大行业的排放量占总量的83.8%。其中，造纸和纸制品业最高，为46.2万t，农副食品加工业次之，排放量为29.6万t，其他依次为化学原科和化学制品制造业、饮料制造业、食品制造业、纺织业、医药制造业，以及石油加工、炼焦和核燃料加工业，分别为22.4万t、19.7万t、15.3万t、10万t、8.1万t和5.1万t[28]。据估算，2019年我国工业废水处理过程中甲烷排放量为157.2万吨，相当于3301万吨CO_2当量，其中造纸和纸制品业、农副食品加工业等八大行业的排放量占总量的83%左右。

水专项针对重点行业开展了全过程综合控污技术研究，推动了行业清洁生产水平的提升，对节能降耗、减污增效，协同开展水污染物和温室气体排放控制具有重要意义。

3. 畜禽养殖温室气体排放特征及控制研究

畜禽养殖是农业源温室气体排放的重要来源。畜禽温室气体排放主要源于反刍动物肠胃发酵产生的CH_4、畜禽粪便处理产生的CH_4和N_2O。Havlík等在2014年的研究表明，全球畜牧业产生的CH_4和N_2O占农业非CO_2温室气体排放量的80%，占全球人为温室气体排放总量的12%；畜禽粪污的不当处置造成的温室气体排放占农业源排放总量的10%左右。对我国畜禽养殖甲烷温室气体排放核算结果表明，2016年，全国31个省市主要畜禽（猪、牛、羊和家禽）甲烷温室气体排放总量为2500万t。其中，肠道发酵甲烷排放量为1872.8万t，粪便管理甲烷排放量627.2万t[29]。

畜禽粪便管理过程中的温室气体排放不仅与动物养殖量变化有关，还与养殖方式、清粪工艺以及粪便贮存和处理工艺等密切相关。据中国农业科学院研究团队估算，1994~2014年我国畜禽粪便管理温室气体排放量占农业源温室排放总量的比例逐步提高，单位动物的粪便管理温室气体排放强度呈现增加的趋势。2014年，单位动物粪便管理CH_4和N_2O排放强度分别是1994年的4倍和5.8倍。从整体上看，单位动物粪便管理温室气体排放强度逐年增加与规模化水平提高的趋势基本一致[30]。

不同粪便管理方式对温室气体排放的影响差异显著。目前我国畜禽规模养殖场清粪方式以干清粪为主，粪便管理以固体粪便贮存、液体粪便贮存和厌氧发酵后沼液还田为主。合理设计畜舍结构、应用干清粪工艺、粪便管理采用固液分离，液体部分进行厌氧沼气，固体部分进行好氧堆肥，因地制宜地提高粪肥施用频率、缩短液体粪肥贮存时间等，是减少温室气体排放的最有效手段，可实现畜禽粪污资源化利用和温室气体减排协同。

水专项以种养结合为理念，研发了一批畜禽养殖污染治理适用技术，如移动式生态养殖、山地果园种养结合养殖、原位发酵床养猪技术，以及种养结合、源头节水、猪舍改造、粪便堆肥、厌氧发酵、沼液利用、尾水净化、粪污资源化利用、沼液能源化利用等技术和设备，可实现“控源、减排、净化”的污染防治目标。

4. 淡水和湿地生态系统温室气体排放研究

1）淡水生态系统温室气体排放特征

内陆淡水生态系统在全球温室气体排放量中具有重要贡献率，《科学》杂志2011年发表的一项研究表明，全球淡水生态系统CH_4排放量折算为CO_2量能够抵消陆地生态系统碳汇的25%。我国学者对我国203个湖泊、46个水库、112条河流，总计1257个样点的CH_4排放通量数据进行了统计分析，结果表明，我国淡水系统CH_4年排放总量约为201万t，占我国CH_4年排放总量的4.2%，其中，湖泊、水库、河流年排放量分别为96万t、29万t、76万t[31]。

2）环境变化与人类活动对淡水生态系统温室气体排放的影响

自然水体的环境演变，将影响温室的气体排放。以湖泊富营养化为例，随着水体富营养化程度的加剧或者水体初级生产力的提高，可能会诱导湖泊温室气体排放加剧，而浅水湖泊相对于深水湖泊影响会更为显著。因为产生于厌氧沉积物中的CH_4在向大气迁移的过程中，能够在好氧的水柱中被氧化消耗，浅水湖泊相对于深水湖泊来说，CH_4向大气迁移的时间较短，因此其被氧化而消耗的量相对较少[32]。南京师范大学和中国科学院水生生物研究所对长江中下游不同营养状态湖泊CH_4排放通量研究表明，中营养型、富营养型、中度富营养型和超富营养型湖泊的CH_4排放通量分别为0.1 mg/(m^2·h)、4.4 mg/(m^2·h)、12.0 mg/(m^2·h)和130.4 mg/(m^2·h)。

湖泊CO_2主要受光合作用、呼吸作用、分解作用等生物理化过程共同影响，这些过程同时受气候变暖和人类活动的双重影响，使得CO_2产生和排放过程变得更加复杂。一方面由于湖泊水体接收更多的陆源性有机碳，这些外源负荷在水体中降解排放出大量的CO_2，进而影响湖泊碳源汇功能；另一方面水体富营养化加剧，提升了湖泊水体初级生产力，促进湖泊碳循环过程中光合作用吸收大气中CO_2能力。国外有学者对小型人工湖的研究表明，营养物和叶绿素a浓度与湖泊CO_2浓度和排放呈负相关，与湖泊CH_4浓度和排放呈正相关。

水生态修复可促进水体生态系统的良性循环。水专项研究表明，巢湖秋季连续打捞蓝藻过程对水–气界面温室气体具有显著减排作用，且能在一定程度上减缓蓝藻水华与湖泊富营养化、气候变暖之间的恶性循环，为湖泊碳循环和蓝藻水华灾害防控提供科学数据支撑和理论参考。

流域人类活动（包括污水排放、农业活动、城市化、河道改造、筑坝等），特别是城市发展导致污水集中排放，已经成为河流温室气体排放的重要驱动因子。主要原因是污水排放及土壤冲刷吸收的大量碳和氮，通过有氧或厌氧呼吸释放CO_2、CH_4和N_2O。国外研究发现，城市污水排放导致河流下游水体CH_4浓度比未受城市影响的上游河段高28倍。我国对天津、上海、南京、重庆等城市区河流温室气体排放研究结果均表明，城市污水集中排放导致河流温室气体排放通量远高于自然河流。

3）湿地生态系统温室气体排放特征及影响因素

湿地生态系统是地球上最重要的碳库之一，但湿地也是大气中CH_4最大的单一排放源，人工湿地中CH_4的释放通量最高可达36.8 g/(m^2·d)。人工湿地在对有机物和氮、磷营养盐的去除，主要依赖于生物化学过程，其中不可避免地会排放CO_2、CH_4和N_2O等温室气体。因此，在利用人工湿地高效进行水质净化的同时，也应考虑降低其对温室气体排放的负面影响。研究表明，种植美人蕉的人工湿地不仅能高效去除氮、磷营养盐等污染物，其排放的温室气体也较少。污染物去除和温室气体排放受到人工湿地构型的影响，潜流人工湿地对污染物的去除效果明显优于表流人工湿地。

5. 关于温室气体排放核算方法和管理政策

目前，《IPCC国家温室气体清单指南》是世界各国温室气体核算的主要方法依据。指南涉及水生态环境治理相关的温室气体排放，例如，第4卷“农业、林业和其他土地利用”中包括了畜禽养殖、湿地等的温室气体排放；第5卷“废弃物”中包括了污泥处理的CH_4和N_2O排放、工业废水和生活污水处理的CH_4和N_2O排放、废水处理非生物源（化石）的CO_2排放等。

我国分别建立了污染物和温室气体核算体系。在温室气体核算方面，发展改革委发布了24个行业企业温室气体排放核算和报告指南。2017年，原环境保护部发布了《工业企业污染治理设施污染物去除协同控制温室气体核算技术指南（试行）》，包括处理工业废水所产生的污染物去除量及温室气体减排量核算。《城镇污水处理厂污染物去除协同控制温室气体核算技术指南（试行）》也发布了征求意见稿。2021年，生态环境部发布《关于统筹和加强应对气候变化与生态环境保护相关工作的指导意见》，提出“强化污水、垃圾等集中处置设施环境管理，协同控制甲烷、氧化亚氮等温室气体”，积极推进陆地生态系统、水资源、海洋及海岸带等生态保护修复与适应气候变化协同增效，为水环境与温室气体的协同治理指明了方向。

在经济政策方面，发展改革委等联合印发的《关于完善长江经济带污水处理收费机制有关政策的指导意见》明确，对污水处理厂光电发电项目免收电价容（需）量费，污水处理厂可自愿选择执行峰谷分时电价或平段电价，支持污水处理企业参与电力市场化交易。

4.4.3　存在问题

我国水生态环境治理目前主要还是以生态环境质量的改善和水污染物控制为核心，较少关注温室气体的同步控制。存在的主要问题有：

一是在认识上，国内对于水生态环境治理“水-能-碳”关系研究系统性不够，大多关注于单个环节的能源消耗。例如，对污水处理的能耗关注不够，较少考虑下水道排放的CH_4和N_2O，较少关注分散型废水处理系统温室气体排放；缺乏对区域整体的水环境系统的水能关系研究，对水治理各环节缺乏系统统筹；对湖库等水体的温室气体效应研究不足，对各类水体的水生态修复过程中“源”“汇”作用的定位和转换缺乏长期研究。

二是管理政策上，水环境与温室气体协同治理的技术政策体系和管理办法尚不完备。《关于统筹和加强应对气候变化与生态环境保护相关工作的指导意见》对协同控制温室气体与污染物排放、协同推进适应气候变化与生态保护修复等工作提出了总体要求，但对水污染物与温室气体排放协同控制、气候变化与水生态修复协同推进尚未给出明确要求。此外，在相关领域温室气体核算方法和监管标准还不完备，水环境与温室体系协同控制的经济政策基本上还是空白。

三是减排技术上，对水环境与温室气体协同控制的技术研究和储备还不足。特别是缺乏先进实用的可持续污水处理工艺、污泥干化处理和资源化、畜禽养殖粪污资源化、水生态修复温室气体控制等技术，急需开展多目标跨行业全过程的协同防控技术研发，构建“监测与预警、源头减量与绿色过程、治理修复与资源化利用”的全链条技术体系。

4.5　水污染物排放预测

4.5.1　经济社会发展趋势分析

1. 我国经济增长前景预判

2020年，我国经济克服疫情影响，取得了较好的成绩。全年GDP达到101.6

亿元，比上年增长2.3%。十九届五中全会提出了我国2035年远景目标，人均GDP达到中等发达国家水平。“十四五”期间，受新冠疫情影响，全球经济下行，国际环境变数较多，国内结构性矛盾凸显，稳就业稳企业保民生压力仍较大，经济稳定回升基础需加力巩固。关于“十四五”期间的经济增长，目前有学者进行了预测分析。清华大学胡鞍钢等预测“十四五”GDP增长率在5.2%~5.7%之间。中国社会科学院李雪松提出，“十四五”期间，中国经济年均GDP增速可以达到5%~6%之间。本研究设定年均增长率为5.5%，到2025年，GDP总量将达到132.8万亿元。2026~2035年，中国经济增速将继续稳固发展，这一阶段经济总量年均增长保持在5%左右，到2035年GDP总量将达到216万亿元，实现在2020年基础上再翻番。

2. 我国人口增长和城镇化进程预判

改革开放40年来，中国的人口经历了巨大的变动过程。大概体现在以下几个方面：一是生育率下降导致人口增长速度放缓；二是人口流动呈现区域性变化，从经济不发达地区流向沿海经济发达地区；三是城市化水平大幅度提高，大量人口从农村地区流向城市地区；四是根据中国城镇等级管理体制的特点，人口要素随着其他要素向高等级城市，特别是省会以上城市流动和集聚。2016年1月1日，国家全面放开“二孩政策”，人口增长率有所回升，但2018年之后逐步回落，2019年人口数达到14亿人，其中城镇常住人口84843万人，比上年末增加1706万人；乡村常住人口55162万人，减少1239万人；城镇人口占总人口比重（城镇化率）为60.6%。“三孩政策”的出台，有望缓解老龄化现象，促进人口均衡发展。预计2021~2025年增长率维持在3‰左右，2026~2030年增长率进一步降低，2030年左右达到人口峰值14.5亿人左右。我国城镇化率于2025年和2035年有望达到65.5%和72%。

4.5.2 水污染物排放预测方法

本研究采用情景分析法，对废水和水污染物排放进行预测。

水污染物排放预测包括工业废水、城镇生活废水、农村生活污水、农业废水的污染物排放量的预测。其中，农业废水包括种植业废水、大型畜禽养殖废水。具体要根据不同类型污染源的特点，进行污染物产生和排放的预测。

预测基准年：2017年；

预测水平年：2025年、2030年、2035年；

预测指标：废水排放量、COD排放量、氨氮排放量、总磷排放量。

1. 工业废水

为简化起见，根据污染物排放标准，设定排放浓度情景。共设定低排放、中排放和高排放三种情景。其中，低排放情景对废水污染物排放采取较高标准要求，假设工业废水排放于2025年满足地表水环境质量标准中的Ⅴ类级别，于2030年与2035年满足Ⅳ类级别。高排放情景对废水排放采取较低标准限制，假设工业废水污染物排放保持基准年水平。中排放情景对废水污染物排放采取中等标准要求，假设工业废水排放于2025年、2030年以及2035年满足低排放情景以及高排放情景的中间值（表4.1）。

表4.1　我国工业污水污染物预测情景设定表

指标	基准年	低排放情景			中排放情景			高排放情景		
	2017年	2025年	2030年	2035年	2025年	2030年	2035年	2025年	2030年	2035年
废水排放强度（万t/万元）	0.0025	0.0024	0.0023	0.0021	0.0024	0.0023	0.0021	0.0024	0.0023	0.0021
COD排放浓度（mg/L）	50	40	30	30	45	40	40	50	50	50
氨氮排放浓度（mg/L）	5	2	1.5	1.5	3.5	2.75	2.75	5	5	5
总磷排放浓度（mg/L）	0.5	0.4	0.3	0.3	0.45	0.4	0.4	0.5	0.5	0.5

资料来源：基准年数据依据中国统计年鉴2018；第二次全国污染源普查公报

工业废水污染物排放量预测采用如下公式：

$$E_i = E_0 \times \frac{k_i}{k_0} \times \frac{\alpha_i}{\alpha_0} \times \frac{S_i}{S_0} \tag{4-1}$$

式中，E_i为目标年i工业废水污染物排放量；E_0为基准年工业废水污染物排放量；α_i为目标年i工业增加值；α_0为基准年工业增加值；S_i为目标年i废水污染物排放限值；S_0为基准年废水污染物排放限值；k_i为目标年i废水排放强度；k_0为基准年废水排放强度。

2017年，工业增加值为278328亿元，工业化学需氧量排放量为90.96万t，氨氮排放量为4.45万t，总磷排放量为0.79万t。

2. 生活污水

城镇生活污染物的排放量受集中处理率、人口以及废水排放标准的影响。本研究预测设置三种情景方案。其中，低排放情景考虑加大污染治理力度，同时对废水排放采取较高标准要求，假设废水排放于2025年满足地表水环境质量标准中的Ⅴ类级别，于2030年与2035年满足Ⅳ类级别。高排放情景按照目前的污水处理率，并对废水排放采取较低标准限制，假设废水排放保持基准年水平。中排放情景对废水排放采取中等标准要求，假设废水排放于2025年、2030年以及2035年满足低排放情景以及高排放情景的中间值（表4.2）。

表4.2 我国生活污水污染物预测情景设定表

指标	基准年	低排放情景			中排放情景			高排放情景		
	2017年	2025年	2030年	2035年	2025年	2030年	2035年	2025年	2030年	2035年
城镇人口（万人）	81347	99256	102000	99537	99256	102000	99537	99256	102000	99537
农村人口（万人）	57661	41844	43000	41963	41844	43000	41963	41844	43000	41963
城镇生活污水处理率（%）	95	100	100	100	100	100	100	100	100	100
农村生活污水处理率（%）	22	50	60	70	50	60	70	50	60	70
COD排放浓度（mg/L）	50	40	30	30	45	40	40	50	50	50
氨氮排放浓度（mg/L）	5	2	1.5	1.5	3.5	2.75	2.75	5	5	5
总磷排放浓度（mg/L）	0.5	0.4	0.3	0.3	0.45	0.4	0.4	0.5	0.5	0.5

资料来源：基准年数据根据中国统计年鉴2018；第二次全国污染源普查公报

城镇生活污水污染物排放量预测采用如下公式：

$$E_i = P_i \times N_i \times T_i \times S_i \times (1-n_i) \qquad (4\text{-}2)$$

$$E_i' = P_i \times N_i \times (1-T_i) \times S_i' \qquad (4\text{-}3)$$

$$E_i^{\mathrm{T}} = E_i + E_i' \qquad (4\text{-}4)$$

$$E_i^{\mathrm{T}} = E_0 \times \frac{P_i \times N_i \times T_i}{P_0 \times N_0 \times T_0} \times \frac{S_i}{S_0} \times \frac{1-n_i}{1-n_0} + E_0' \times \frac{P_i \times N_i \times (1-T_i)}{P_0 \times N_0 \times (1-T_0)} \times \frac{S_i'}{S_0'} \qquad (4\text{-}5)$$

式中，E_i为目标年i城镇生活污水经处理污染物排放量；E_i'为目标年i城镇生活污水未经处理污染物排放量；E_i^{T}为目标年i城镇生活污水污染物排放量；E_0为基准年城镇生活污水经处理后污染物排放量；E_0'为基准年城镇生活污水未经处理污染物排放量；E_0^{T}为基准年城镇生活污水污染物排放量；P_i为目标年i城镇人口；P_0为基准年城镇人口；N_i为目标年人均污水产生系数；N_0为基准年人均污水产生系数；T_i为目标年城镇污水处理率；T_0为基准年城镇污水处理率；S_i为目标年i污水污染物排放浓度；S_0为基准年废水污染物排放浓度；S_i'为目标年i未处理废水污染物浓度；S_0'为基准年未处理废水污染物浓度；n_i为目标年i污水再生利用率；n_0为基准年污水再生利用率。

农村生活污水污染物排放量预测采用如下公式：

$$E_i = P_i \times N_i \times T_i \times S_i \times (1-n_i) \tag{4-6}$$

$$E_i' = P_i \times N_i \times (1-T_i) \times S_i' \tag{4-7}$$

$$E_i^{T} = E_i + E_i' \tag{4-8}$$

$$E_i^{T} = E_0 \times \frac{P_i \times N_i \times T_i}{P_0 \times N_0 \times T_0} \times \frac{S_i}{S_0} \times \frac{1-n_i}{1-n_0} + E_0' \times \frac{P_i \times N_i \times (1-T_i)}{P_0 \times N_0 \times (1-T_0)} \times \frac{S_i'}{S_0'} \tag{4-9}$$

式中，E_i为目标年i农村生活污水经处理污染物排放量；E_i'为目标年i农村生活污水未经处理污染物排放量；E_i^{T}为目标年i农村生活污水污染物排放量；E_0为基准年农村生活污水经处理后污染物排放量；E_0'为基准年农村生活污水未经处理污染物排放量；E_i^{T}为基准年农村生活污水污染物排放量；P_i为目标年i农村人口；P_0为基准年农村人口；N_i为目标年人均污水产生系数；N_0为基准年人均污水产生系数；T_i为目标年i农村污水处理率；T_0为基准年农村污水处理率；S_i为目标年i污水污染物排放浓度；S_0为基准年污水污染物排放浓度；S_i'为目标年i未处理污水污染物浓度；S_0'为基准年未处理污水污染物浓度；n_i为目标年i污水再生利用率；n_0为基准年污水再生利用率。

根据第二次全国污染源普查数据，2017年，城镇生活源水污染物排放量：化学需氧量483.82万t，氨氮45.41万t，总磷5.85万t。2017年农村生活源水污染物排放量：化学需氧量499.62万t，氨氮24.50万t，总磷3.69万t。生活污水污染物的人均排放量：COD 9.30 kg/(人·a)；氨氮 4 g/(人·a)；总磷0.11 kg/(人·a)。

3. 农业废水

农业中种植业废水污染物的排放量与种植面积与排污强度相关，畜禽业废水污染物的排放量与养殖量与排污强度相关。本研究预测设置三种情景方案。其中，低排放情景模式考虑加大污染治理力度，同时对废水排放强度标准采取较高要求，控制种植业以及畜牧养殖的污染物排放强度。高排放情景对废水排放强度采取较低要求，模式假设废水污染物排放强度保持基准年水平。中排放情景模式对废水排放强度控制在中等要求，假设废水排放于2025年、2030年以及2035年满足低排放情景以及高排放情景的中间值（表4.3）。

表4.3　我国农业污水污染物预测情景设定表

指标			基准年	低排放情景			中排放情景			高排放情景		
			2017年	2025年	2030年	2035年	2025年	2030年	2035年	2025年	2030年	2035年
种植面积（亿hm²）			1.18	1.19	1.2	1.2	1.19	1.2	1.2	1.19	1.2	1.2
养殖量（万头）	奶牛		1079.8	1100	1150	1180	1100	1150	1180	1100	1150	1180
	肉牛		6617.9	6800	7000	7200	6800	7000	7200	6800	7000	7200
	猪		11576.7	12000	12500	13000	12000	12500	13000	12000	12500	13000
种植排污强度（kg/亩）	总磷	氨氮	0.3	0.25	0.2	0.15	0.28	0.25	0.23	0.3	0.3	0.3
		0.04	0.035	0.03	0.025	0.038	0.035	0.033	0.04	0.04	0.04	0.04
养殖排污强度［（kg/只·a）］	奶牛	COD	2131	1900	1700	1500	2015	1915	1815	2131	2131	2131
		氨氮	2.85	2.5	2.3	2.1	2.68	2.58	2.48	2.85	2.85	2.85
		总磷	16.73	15	13.5	12	15.87	15.12	14.37	16.73	16.73	16.73
	肉牛	COD	1782	1600	1450	1300	1691	1616	1541	1782	1782	1782
		氨氮	2.52	2.2	2	1.8	2.36	2.26	2.16	2.52	2.52	2.52
		总磷	8.96	8.05	7.25	6.5	8.5	8.11	7.73	8.96	8.96	8.96
	猪	COD	200	180	160	145	190	180	172.5	200	200	200
		氨氮	6.4	5.75	5	4.5	6.08	5.7	5.45	6.4	6.4	6.4
		总磷	2.4	2.15	1.95	1.75	2.28	2.18	2.08	2.4	2.4	2.4

资料来源：相关数据根据中国农业展望报告（2019~2028年）；粮农组织公开数据；2020~2026年中国奶牛养殖行业发展战略规划及未来趋势预测报告；2020~2025年中国畜禽养殖业发展前景预测与商业模式分析报告；全国农业可持续发展规划（2015—2030年）；第二次全国污染源普查公报

种植业污水污染物排放量预测采用如下公式：

$$E_0=P_0\times I_0 \tag{4-10}$$

$$E_i=P_i\times I_i \tag{4-11}$$

式中，E_i为目标年i种植业污水污染物排放量；E_0为基准年种植业污水污染物排放量；P_i为目标年i种植面积；P_0为基准年种植面积；I_i为目标年i种植业污水污染物排放强度；I_0为基准年种植业污水污染物排放强度。

畜禽养殖业污水污染物排放量预测采用如下公式：

$$E_0=P_0\times I_0 \tag{4-12}$$

$$E_{ij}=P_{ij}\times I_{ij} \tag{4-13}$$

式中，E_{ij}为目标年i畜禽养殖业j产品的污水污染物排放量；E_0为基准年畜禽养殖业污水污染物排放量；P_{ij}为目标年ij产品的养殖量；P_0为基准年养殖量；I_{ij}为目标年畜禽养殖业j产品的污水污染物排放强度；I_0为基准年畜禽养殖业污水污染物排放强度。

根据第二次全国污染源普查公报及相关资料，2017年，农业源水污染物排放量：化学需氧量1067.13万t，氨氮21.62万t，总氮141.49万t，总磷21.20万t。种植业水污染物排放（流失）量：氨氮8.30万t，总磷7.62万t。畜禽规模养殖场水污染物排放量：化学需氧量604.83万t，氨氮7.50万t，总磷8.04万t。种植业排污强度（流失）：流失氨氮 0.3 kg/亩，流失总磷 0.04 kg/亩。大型畜禽养殖排污强度：奶牛COD 2131 kg/(只·a)，奶牛氨氮2.85 kg/(只·a)，奶牛总磷16.73 kg/(只·a)；肉牛COD 1782 kg/(只·a)，肉牛氨氮2.52 kg/(只·a)，肉牛总磷8.96 kg/(只·a)；猪COD 200 kg/(只·a)，猪氨氮6.4 kg/(只·a)，猪总磷2.4 kg/(只·a)。

4.5.3　水污染物排放预测结果

1. COD排放量预测

分高、中、低三种排放情景对COD排放量进行预测。预测表明：各种情景下，生活源与农业源是COD排放的主要排放源。

高排放情景下，城镇生活源呈现出先增长后下降的趋势，农村生活源排放则持续保持下降，2025年、2030年、2035年城镇生活源COD排放量分别为590.34万t、606.66万t、592.01万t，农村生活源COD排放量分别为328.74万t、325.41万t、305.44万t，预计我国人口数于2030年达峰，随着城镇化推进，农村人口比例逐步下降，造成城镇、农村生活源有不同的趋势。由于污染物排放要求的提高，污染物排放量在低排放和中排放情景则保持持续下降。农业源排放量则在高排放情景中保持着缓慢上升，畜禽养殖业2025年、2030年、2035年的COD排放量分别为621.5万t、642.24万t、661.53万t。

在高排放情景下，我国工业、生活、种植业与畜牧业的COD排放量总和将会呈上升趋势，如2025年、2030年、2035年的COD排放量分别为1643.94万t、1698.35万t、1703.58万t。主要由于污染物排放要求的提高，COD排放量在低排放情景和中排放情景下均表现出持续下降的趋势（图4.1至图4.4）。

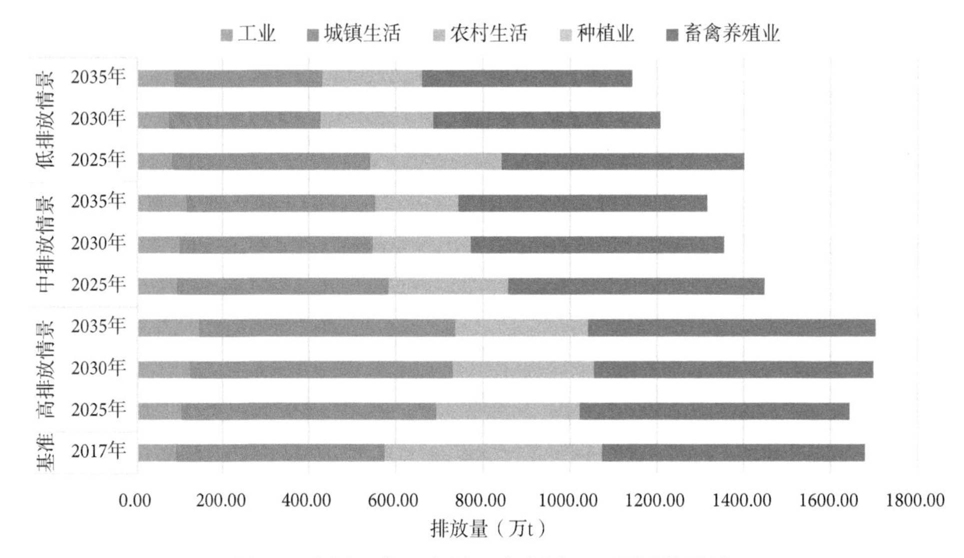

图4.1 全国工业、生活、农业源COD预测排放量

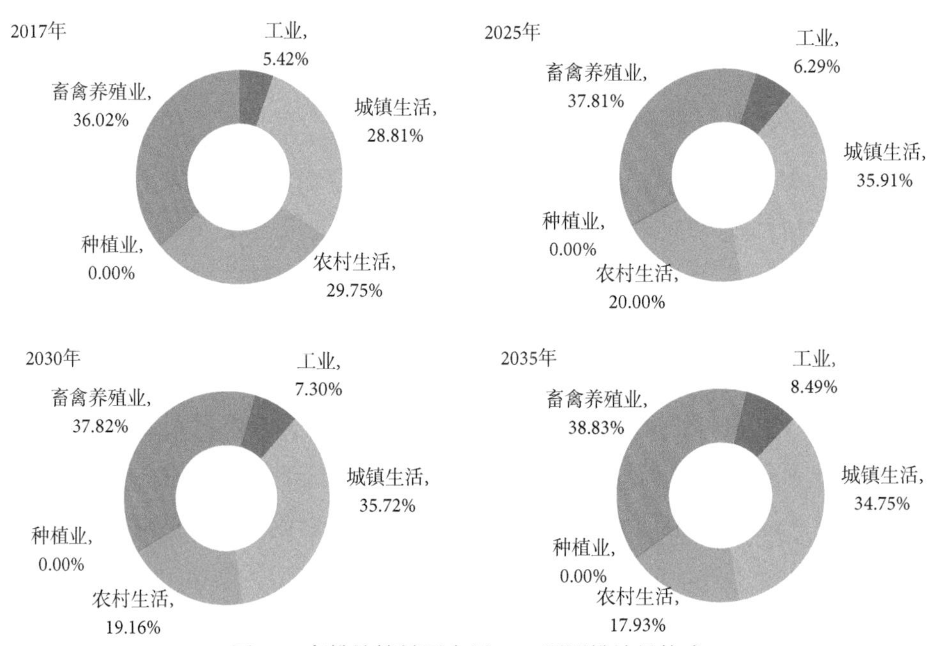

图4.2 高排放情景下全国COD预测排放量构成

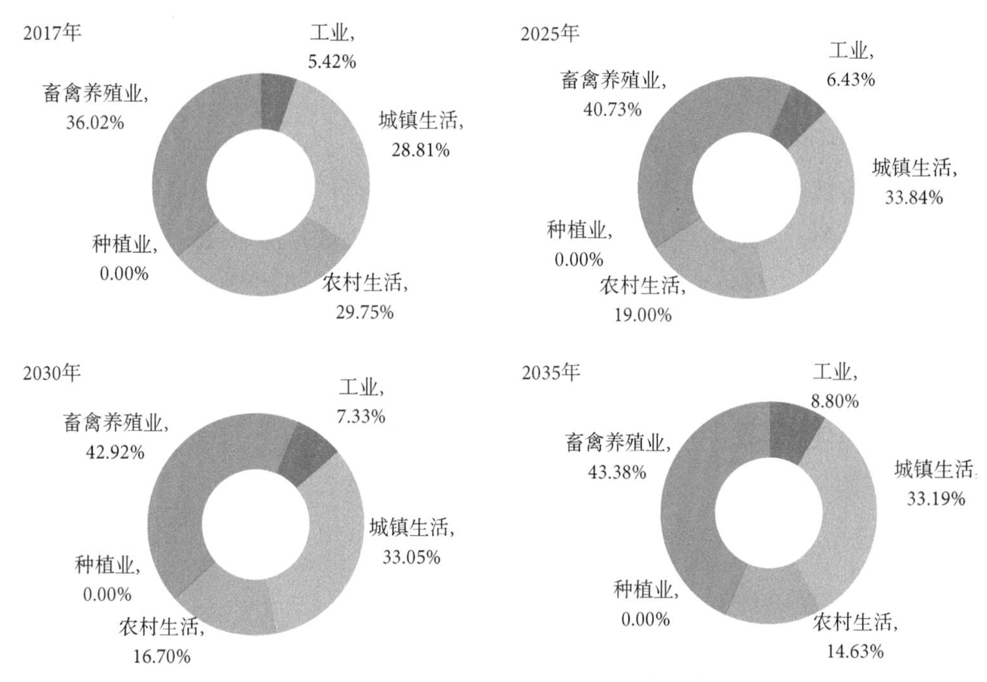

图4.3 中排放情景下全国COD预测排放量构成

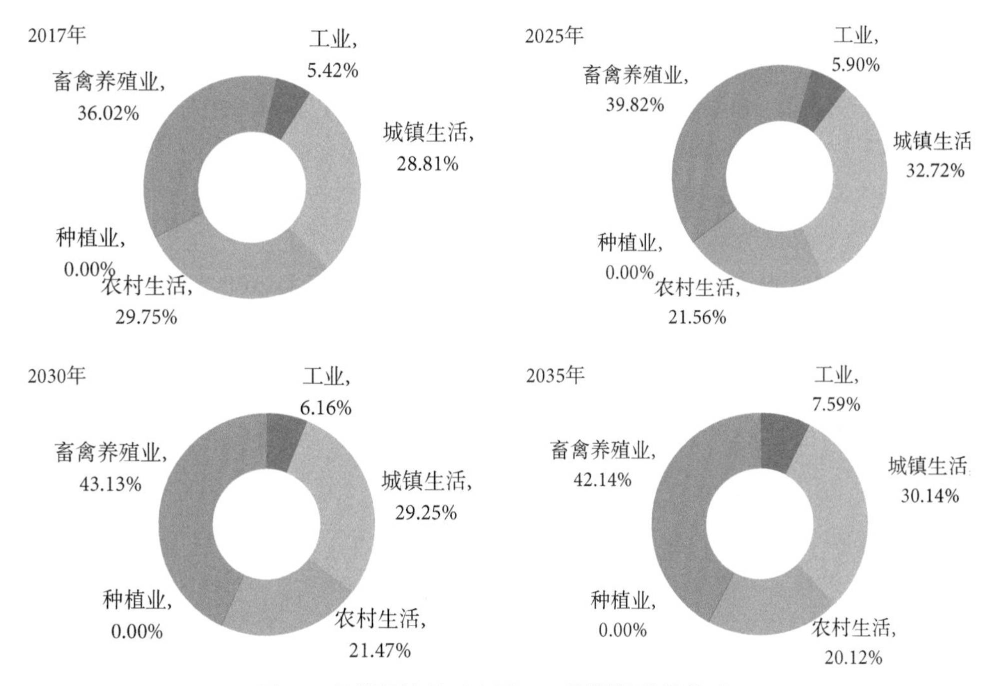

图4.4 低排放情景下全国COD预测排放量构成

2. 氨氮排放量预测

分高、中、低三种排放情景对氨氮排放量进行预测。各种情景下，氨氮主要排放源为城镇生活源与农村生活源。

在高排放情景下，我国工业、生活、种植业与畜牧业的氨氮排放量总和将会呈上升趋势，2025年、2030年、2035年的氨氮排放量分别为116.79万t、129.04万t、135.82万t。在加大治理力度的低排放情景下，我国氨氮排放量将有较大的削减，2025年、2030年、2035年的排放量将分别为55.38万t、46.65万t、46.74万t。在中排放情景下，工业、生活、种植业与畜牧业的氨氮排放量总和将得到一定控制，2025年、2030年、2035年的排放量将分别为86.16万t、76.28万t、78.91万t（图4.5至图4.8）。

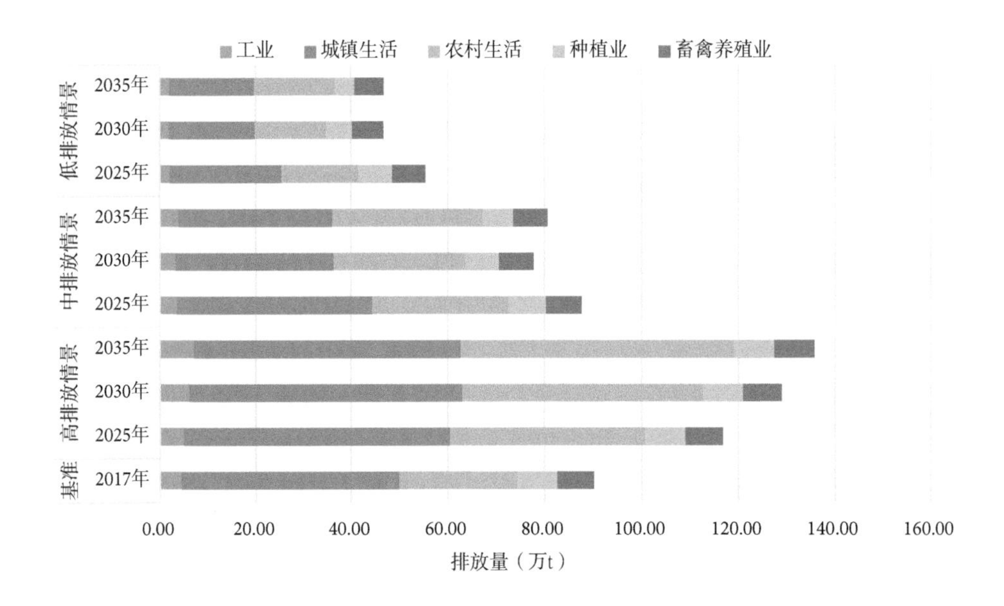

图4.5　全国工业、生活、农业源氨氮预测排放量

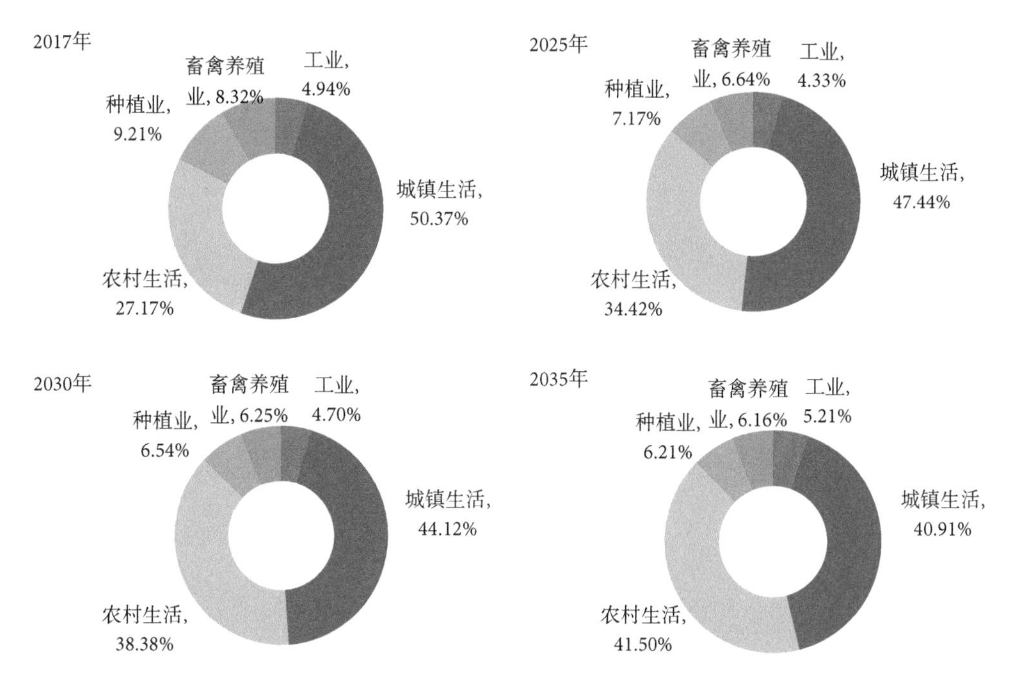

图4.6　高排放情景下全国氨氮预测排放量构成

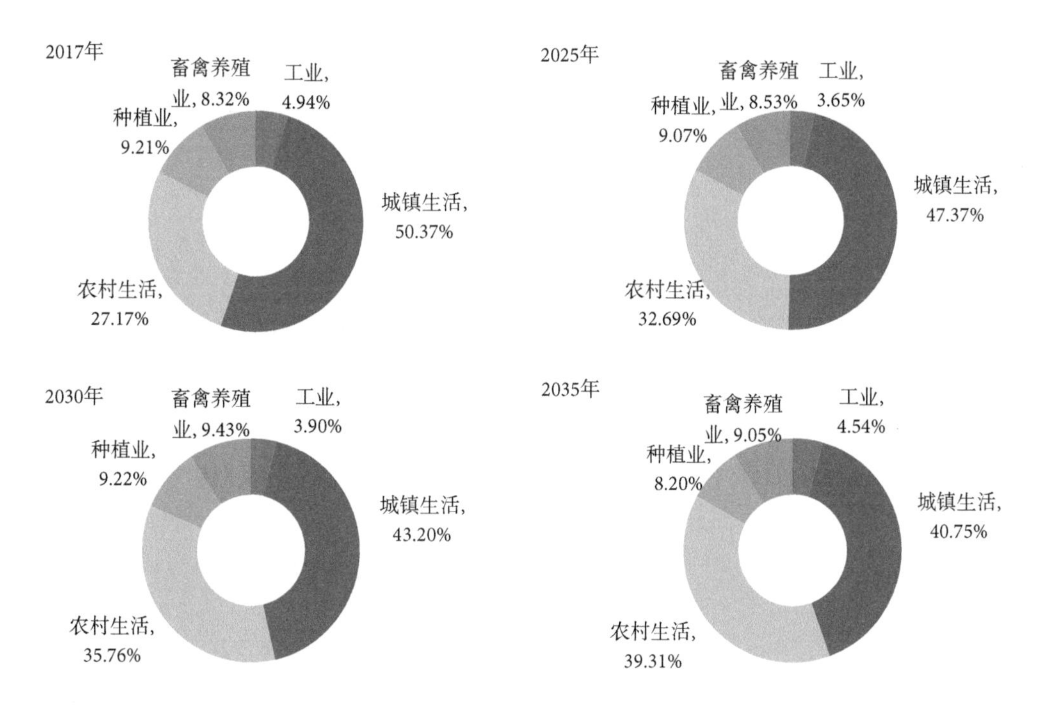

图4.7　中排放情景下全国氨氮预测排放量构成

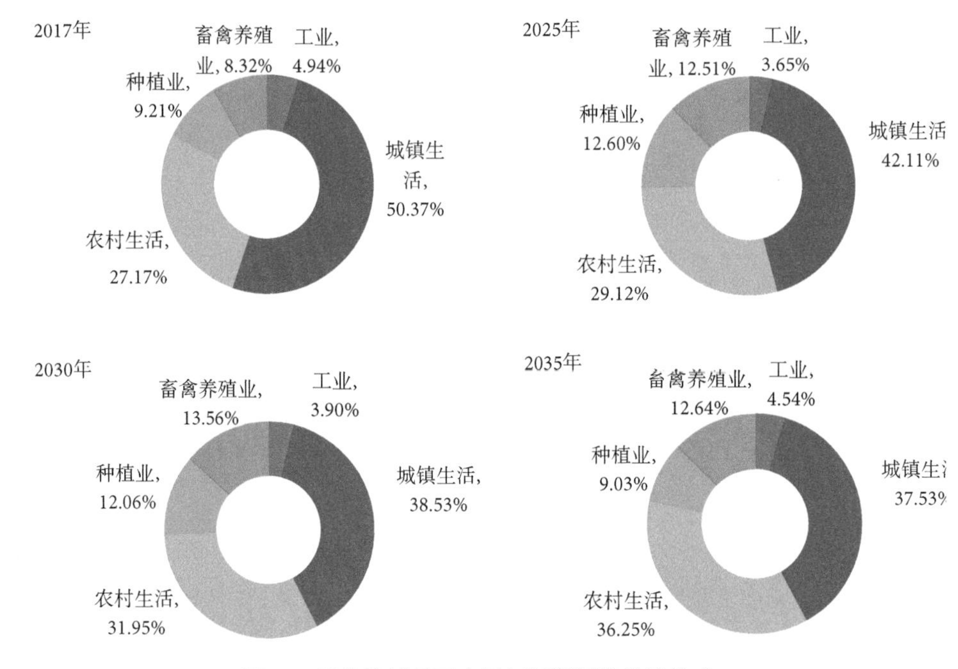

图4.8　低排放情景下全国氨氮预测排放量构成

3. 总磷排放量预测

分高、中、低三个排放情景对总磷排放量进行预测。各种情景下，总磷主要排放源为农业。

农业源在高排放情景下呈现出缓慢上升，如畜禽养殖业2025年、2030年、2035年的排放量分别为8.27万t、8.56万t、8.83万t。在高排放情景下，我国工业、生活、种植业与畜牧业的总磷排放量总和会呈上升趋势，如2025年、2030年、2035年的排放量分别为26.35万t、27.03万t、27.13万t。在加大治理力度的低排放情景下，我国总磷排放量将缓慢下降，如2025年、2030年、2035年的排放量分别为22.59万t、19.53万t、17.81万t。在中排放情景下，将呈现出较为稳定的下降趋势，如2025年、2030年、2035年的排放量分别为24.47万t、23.19万t、22.49万t（图4.9至图4.12）。

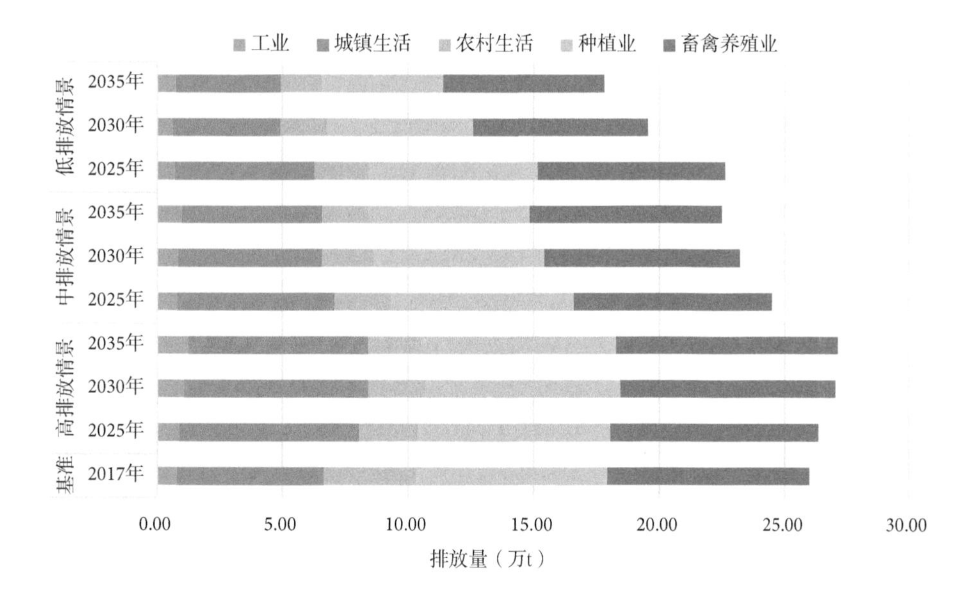

图4.9　全国工业、生活、农业源总磷预测排放量

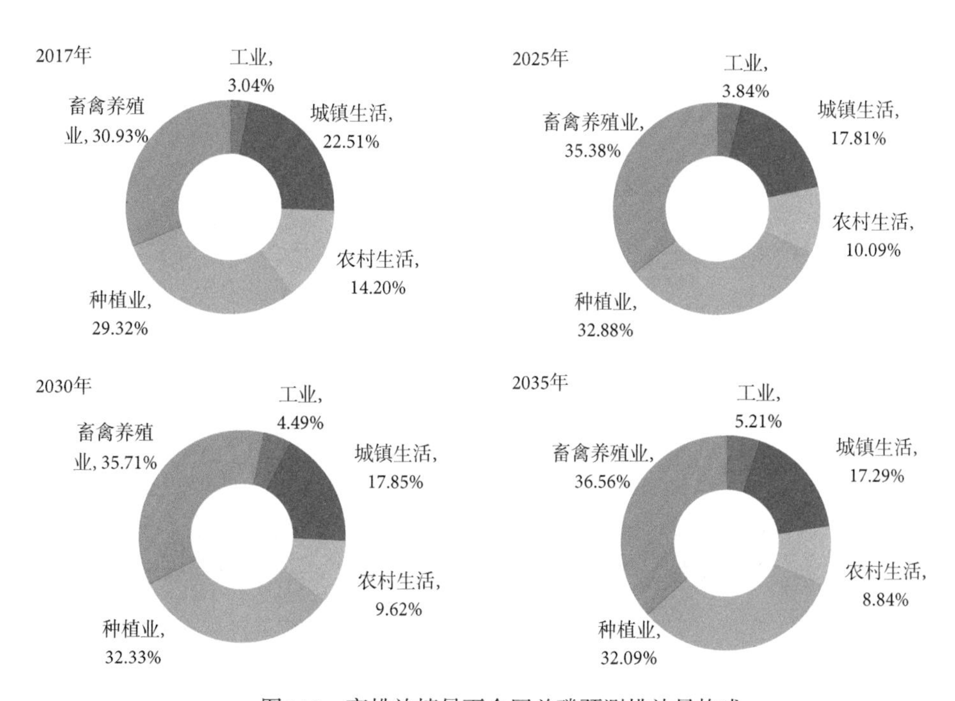

图4.10　高排放情景下全国总磷预测排放量构成

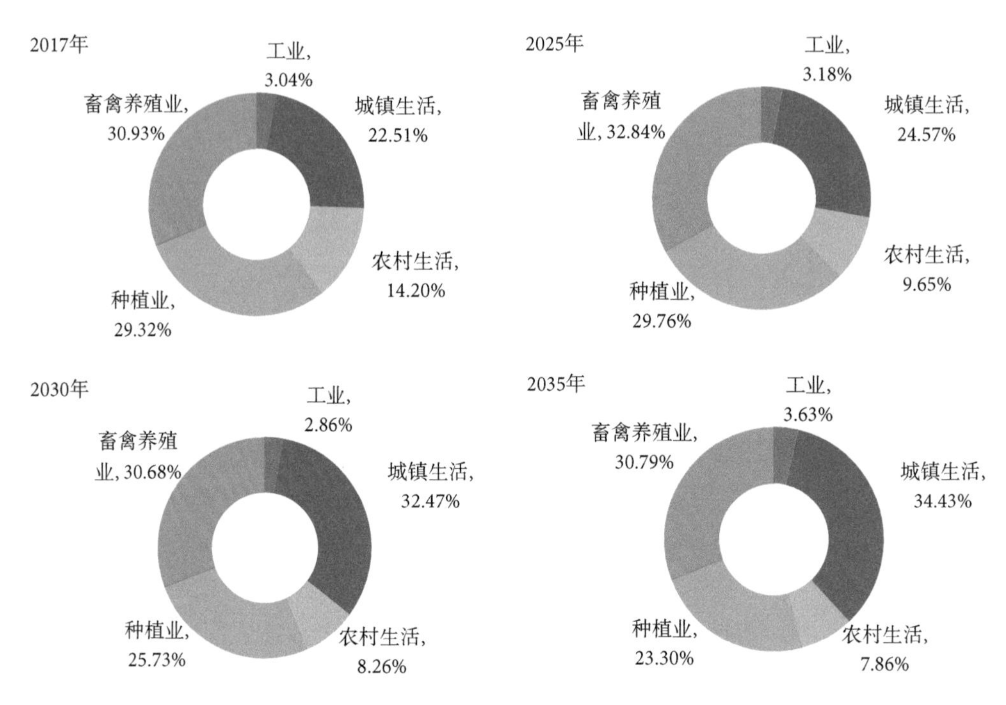

图4.11 中排放情景下全国总磷预测排放量构成

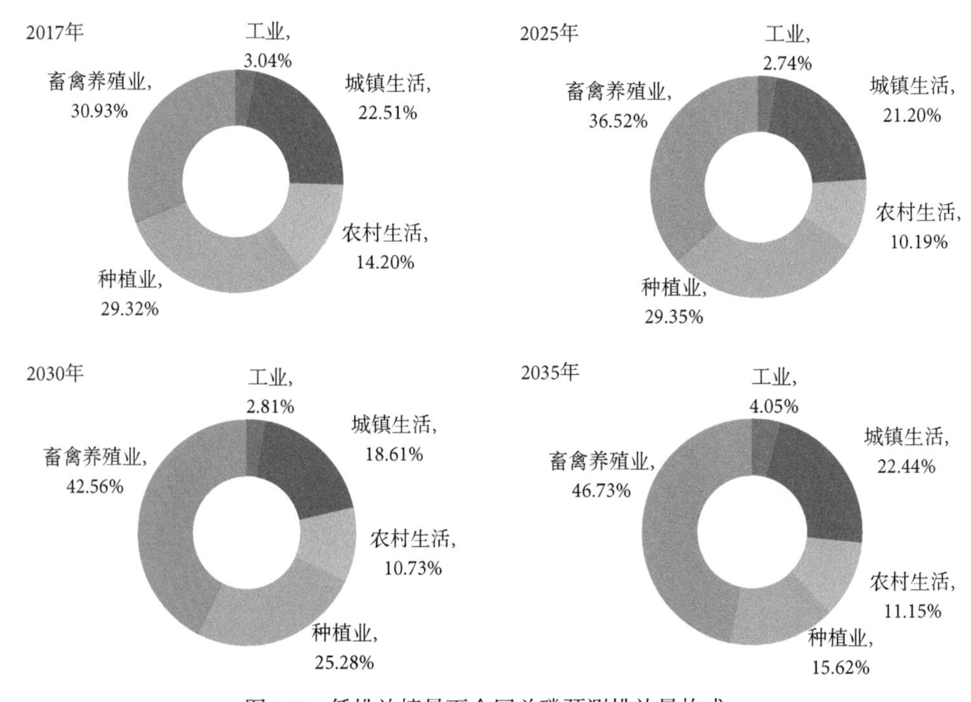

图4.12 低排放情景下全国总磷预测排放量构成

4. 预测结果的综合分析

综上结果，高排放情景下我国工业、生活、种植业与畜牧业的COD、氨氮和总磷呈缓慢上升趋势，中排放情景下我国工业、生活、种植业与畜牧业的COD、氨氮和总磷将会得到有效控制并稳定下降，低放情景下我国工业、生活、种植业与畜牧业的COD、氨氮和总磷将会得到大幅削减。高排放情景因为沿袭当前发展方式，产生更多的污染负荷，不利于生态环境质量改善，显然与我国生态文明建设背道而驰。低排放情景则需要的污水处理成本较高，其所需污水排放标准也较为严苛，部分地区达标难度大，一定程度上制约区域经济发展。中排放情景在考虑生态环境需要的同时还兼顾了经济发展速度，污水处理要求处于合理范围内，有利于可持续发展，并有助于我国生态文明建设。总体上可采用中排放情景模式。

第 5 章　我国水生态环境保护战略思路与目标

在加快形成以国内大循环为主体、国内国际双循环相互促进的新发展格局大背景下，我国生态环境保护面临新的机遇和挑战。要保持加强生态文明建设的战略定力，科学确定水生态环境保护战略目标，促进水生态环境保护的战略转型。本章立足我国水生态环境保护现状和生态文明建设要求，结合未来我国经济社会发展形势和趋势，同时也借鉴国外流域水环境保护的经验，深入剖析"十四五"及更长时期美丽中国建设和水环境质量总体目标和要求，特别是针对未来我国水环境质量标准及水环境目标管理的重大变革，研究提出水生态环境保护的中长期战略目标和阶段目标。

5.1　总体战略思路分析

5.1.1　我国水环境保护战略的演变

我国水环境保护工作和环境保护整体工作同步发展。1973年制定了《工业"三废"排放试行标准》（GBJ 4—73），1988年发布了《污水综合排放标准》（GB 8978—1988）。"九五"期间，实施了"三河""三湖"等重点流域规划治理，"十一五"伊始，中央提出环境保护与经济增长并重、同步和综合，实现环境保护战略的历史性转变的要求。特别是，党的十八大以来，随着中央将生态文明建设纳入"五位一体"总体布局，生态环境保护得到前所未有的重视，我国的水环境保护无论是从指导思想、方法论，还是从目标和具体举措上上看，都进入全面系统发展的新时代。

"九五"以来，我国流域水污染控制与治理总体上走过了三个阶段：

第一阶段（1996~2010年）为"控源减排"阶段，主要是治理和削减耗氧污染（COD和氨氮），主要治理对象是重污染行业废水和城镇生活污水，减少进入河流和湖泊水体的污染负荷。

第二阶段（2011~2015年）为“减负修复”阶段，主要是治理河流氮污染、重金属和有机毒害污染，实行入湖河道生态修复，初步遏制湖泊富营养化趋势，水环境管理逐步由以总量控制为主，向总量减排和水环境质量改善统筹的方向调整，主要治理对象是重污染行业废水、城镇生活污水、农业面源污染。

第三阶段（2016~2020年）为“水质改善”阶段，主要治理污染类型为氮污染、磷污染和有机毒害污染，明显遏制湖泊富营养化，水环境管理明确以水环境质量改善为核心，主要任务是开展河流和湖泊的生态修复和治理。

5.1.2　未来水环境保护战略思路

“十四五”期间及中长期发展来看，水质改善仍然是水生态环境保护的当务之急，要推进“三水统筹”，以流域水生态环境质量改善为核心，综合考虑水质的改善、水生态的保护和水环境风险的防控，按照“节水优先、空间均衡、系统治理、两手发力”原则，贯彻“安全、清洁、健康”方针，坚持山水林田湖草是一个生命共同体的理念，统筹水资源利用、水生态保护和水环境治理，强化源头控制、综合施策，着力构建现代化的水生态环境治理体系，突出解决重点流域和区域问题，逐步推进美丽中国水环境保护目标的实现[33]。

党的十九大提出了建设社会主义现代化强国的“两步走”战略目标。在生态环境方面，到2035年，生态环境根本好转，美丽中国目标基本实现；到本世纪中叶，建成美丽中国。要以此为目标，发挥科技创新在国家经济和社会发展中的核心作用，充分运用水专项治理技术体系、管理技术体系、饮用水安全保障体系等方面研究成果，围绕国家中长期水生态环境管理和治理需求，加强科技成果的转化应用。

今后15年，我国水生态环境保护战略要重点体现以下特点：

（1）阶段性：把握好2025年、2030年、2035年水环境科学和管理问题的时间尺度，量化环境科技和管理应实现的目标，明确需要解决的重大问题的优先顺序，突破重大关键科学和管理技术手段。

（2）区域性：注重不同区域、流域在自然禀赋、经济社会发展、环境现状方面的差异性，在水专项相关课题现有研究的基础上，综合集成，提出差别化的水生态环境保护目标和策略。

（3）前瞻性：进一步科学辨识国民经济持续发展对水环境质量产生的胁迫效应以及将面临的重大水环境问题，预测水环境质量演化趋势，并提出前瞻性的预防和控制措施，更好地体现水环境保护战略的前瞻性。

（4）引领性：从战略高度提炼水生态环境质量改善阶段发展的战略目标、战略任务和保障措施；注重环境科技、理念和管理策略对社会经济发展的引领作用，更好地指导水环境保护领域的工作方向。

5.2 指导思想

深入贯彻习近平新时代中国特色社会主义思想，以习近平生态文明思想为指引，按照党的十九大提出新时代“两步走”战略部署，统筹推进“五位一体”总体布局，协调推进“四个全面”战略布局，牢固树立和贯彻落实新发展理念，深刻把握“绿水青山就是金山银山”的科学理念，以改善水生态环境质量为核心，系统推进水环境、水生态和水资源统筹保护，完善水环境保护管理体制、长效运行机制，落实流域分区的差异化要求，不断提高水生态环境治理体系的现代化水平，确保水环境目标如期实现，为经济社会高质量发展提供助力，为人民提供良好的生产和生活环境，为美丽中国的建设作出贡献。

5.3 基本原则

1. 生态优先、系统治理的原则

贯彻“生态兴则文明兴”“绿水青山就是金山银山”“良好生态环境是最普惠的民生福祉”“统筹山水林田湖草沙系统治理”等重要理念，落实“要探索以生态优先、绿色发展为导向的高质量发展新路子”“生态环境是关系党的使命宗旨的重大政治问题，也是关系民生的重大社会问题”等重要指示，探索以生态优先、绿色发展为导向的高质量发展新路子。

系统治理就要抓住水生态环境质量和经济社会发展这一矛盾统一体，从科学发展观和构建和谐社会的高度，统筹经济社会发展与水环境质量改善的关系；分析水生态环境质量演化规律，预测未来水环境质量演化趋势，阐明水体污染成因和面临的挑战；加强顶层设计，统筹流域水生态系统健康、水环境功能保障和流域经济社会的可持续发展；加大流域生态系统保护力度，坚持自然恢复为主的方针，因地制宜、分类施策；服务国家水生态环境保护战略需求，结合地方需要，上下联动；全国一盘棋，抓主要矛盾，实现系统化治理。

2. 空间管控、严守红线的原则

生态环境空间管控在生态文明、空间规划体系中，具备前置引导的基础性规划作用。水生态空间管控要求，从战略性、系统性出发，设定并严守水资源利用上限、水环境质量底线、水生态保护红线，立足区域差异性，统筹主体功能定位和实际需求，提出差别化、针对性、可操作性的分类管控要求，指导水环境污染控制行动方案；强调重视流域水环境污染的空间管控，综合管理与控制，重视统筹流域上下游之间的协调关系；坚持生态文明建设，保持战略定力不动摇，生态保护红线不容突破，贯彻新发展理念，统筹好经济发展和生态环境保护建设的关系。

3. 继承创新、与时俱进的原则

采用自上而下与自下而上相结合的方法，统筹考虑国家意志和地方需求；采取“数据收集-综合评估-针对问题-提出水环境宏观防治战略”的科学方法。创新研究思路，把水污染防治战略和国家经济社会发展目标及各项指标有机结合，结合国家四大主体功能区和水生态分区，从技术、经济、评估、政策、标准、管理和行政手段等方面系统考虑，提出水污染综合防治战略。做好长江生态环境保护修复、黄河流域生态保护和高质量发展，讲好新时代“长江故事”“黄河故事”，为推进生态文明建设提供助力。

4. 多元共治、绿色发展的原则

绿色发展要求改变过去高消耗、高排放的方式，正确处理好人与自然的关系，绿色发展是建设生态文明的重要手段，同时也是中国经济转型发展的新的增长点。水生态环境治理是我国环境治理体系和治理能力现代化的重要组成部分，在绿色发展引领下，需要立足多元主体，让政府、企业、社会等多元主体共同参与到环境治理中，倡导综合运用行政力量与其他社会力量、开展多种方式保护水生态环境，综合采用技术、经济、行政、法律等手段推进水生态环境质量改善。

5. 系统修复、防范风险的原则

开展水生态环境的系统修复，将生态修复与污染治理相结合，改善水体生态系统的机构和功能；改善河流湖泊地貌学特征，改善水质、水文条件，维持河流生态需水量；恢复水生生物群落，保护濒危、珍稀、特有生物物种。加强流域水生态风险防范，注重采用水生态风险管理与防范的方式来解决有毒污染物的环境管理问题；以传统的废水特征化学污染物法控制废水排放和实施风险管理的同时，强化采用全废水生态毒性法实施水环境毒物污染点源的生态风险管理，使我国水环境的有机毒物污染控制，保障生态安全和人群健康的事业迈上新台阶，使保障生态安全和人群健康落到实处。

6. 改善质量、优化经济的原则

正确处理水环境质量改善与经济社会优化发展的关系，将单纯的解决水环境问题转向将发展与环境保护协调起来，不断改善水环境质量、优化经济发展，体现生态文明和党中央国务院保护环境的宗旨。环境保护为经济发展保驾护航，经济发展为环境保护提供基石，要以保护环境优化经济发展，在发展中落实环境保护，在保护中促进经济发展，坚持节约发展、安全发展、清洁发展，实现可持续的科学发展。加强环境保护是优化经济结构、转变经济增长方式的重要手段，实施严格的环境保护政策，严格落实“三线一单”要求，建立主体功能区与流域水质目标管理相协调的管理体制和运行机制。

5.4 发展战略目标依据

5.4.1 与我国现有的环境政策目标相衔接

如5.1.1小节所述，我国水环境保护经历“控源减排”“减负修复”“水质改善”三个阶段，在生态文明建设的大背景下，正在迎来水环境、水资源、水生态“三水统筹”的新阶段。本节结合我国近年来水生态环境保护进展，梳理我国重要水环境相关报告、规划及行动政策等，并整理各政策的战略目标，以为未来我国水环境发展战略提供目标依据，具体清单见表5.1。

表5.1 近年来水环境相关政策及其目标清单

时间	政策	目标
2002年	国家环境安全战略报告	严格控制排放总量，继续削减工业污染；加快建设节水型工业和节水型社会；大力推进城市污水处理与资源化；发展生态农业和有机农业，综合防治面源污染；切实保护海洋生态环境；科学合理调配水资源，保证生态用水；优先保护饮用水源地水质；严格控制持久性有机物污染（POPs）
2007年	中国环境宏观战略研究	通过水环境保护和污染物减排，大幅度降低水环境中常规污染物和有毒有害污染物的浓度；优化流域经济社会发展模式，全面改善流域水环境质量，基本恢复水生态系统健康，彻底保障饮用水安全，构建流域水环境质量管理体制；提高国家水环境管理水平与效率，解决水质性缺水问题，到2050年全面达到发达国家水环境质量水平
2013年11月	中共中央关于全面深化改革若干重大问题的决定	我们要认识到，山水林田湖是一个生命共同体，人的命脉在田，田的命脉在水，水的命脉在山，山的命脉在土，土的命脉在树。用途管制和生态修复必须遵循自然规律，如果种树的只管种树、治水的只管治水、护田的单纯护田，很容易顾此失彼，最终造成生态的系统性破坏。由一个部门负责领土范围内所有国土空间用途管制职责，对山水林田湖进行统一保护、统一修复是十分必要的
2015年4月	京津冀协同发展规划纲要	按照“统一规划、严格标准、联合管理、改革创新、协同互助”的原则，打破行政区域限制，健全生态环境保护机制，联防联控环境污染，率先建立系统完整的生态文明制度体系
2015年4月	水污染防治行动计划	到2020年，长江、黄河、珠江、松花江、淮河、海河、辽河等七大重点流域水质优良（达到或优于Ⅲ类）比例总体达到70%以上，地级及以上城市建成区黑臭水体均控制在10%以内，地级及以上城市集中式饮用水水源水质达到或优于Ⅲ类比例总体高于93%，全国地下水质量极差的比例控制在15%左右，近岸海域水质优良（一、二类）比例达到70%左右。京津冀区域丧失使用功能（劣于Ⅴ类）的水体断面比例下降15个百分点左右，长三角、珠三角区域力争消除丧失使用功能的水体。到2030年，全国七大重点流域水质优良比例总体达到75%以上，城市建成区黑臭水体总体得到消除，城市集中式饮用水水源水质达到或优于Ⅲ类比例总体为95%左右
2016年9月	长江经济带发展规划纲要	到2030年，水环境和水生态质量全面改善，生态系统功能显著增强，水脉畅通、功能完备的长江全流域黄金水道全面建成，创新型现代产业体系全面建立，上中下游一体化发展格局全面形成，生态环境更加美好、经济发展更具活力、人民生活更加殷实，在全国经济社会发展中发挥更加重要的示范引领和战略支撑作用
2016年12月	中华人民共和国国民经济和社会发展第十三个五年规划纲要	水环境质量达到好于Ⅲ类水质比例大于70%（约束性），地表水水质劣Ⅴ类水体比例小于5%（约束性），重要江河湖泊水功能区水质达标率大于80%（预期性），地下水质量极差比例15%左右（预期性），近岸海域水质优良（一、二类）比例70%左右（预期性）
2017年10月	中国共产党第十九次全国代表大会	地表水国控断面Ⅰ~Ⅲ类水体比例增加到67.8%
2017年7月	长江经济带生态环境保护规划	到2020年，生态环境明显改善，生态系统稳定性全面提升，河湖、湿地生态功能基本恢复，生态环境保护体制机制进一步完善。 地级市及以上城市集中式饮用水水源水质达到优于Ⅲ类比例大于97%，地表水国控断面（点位）达到或由于Ⅲ类水质比例大于75%，地表水劣Ⅴ类断面（点位）比例小于2.5%，重要江河湖泊水功能区达标率大于80%，地级市及以上城市建成区黑臭水体控制比例小于10%。到2030年，干支流生态水量充足，水环境质量、空气质量和水生态质量全面改善，生态系统服务功能显著增强，生态环境更加美好
2018年6月	关于全面加强生态环境保护坚决打好污染防治攻坚战的意见	全国地表水Ⅰ~Ⅲ类水体比例达到70%以上，劣Ⅴ类水体比例控制在5%以内；近岸海域水质优良（一、二类）比例达到70%左右。 着力打好碧水保卫战：深入实施水污染防治行动计划，扎实推进河长制湖长制，坚持污染减排和生态扩容两手发力，加快工业、农业、生活污染源和水生态系统整治，保障饮用水安全，消除城市黑臭水体，减少污染严重水体和不达标水体。打好水源地保护攻坚战；打好城市黑臭水体治理攻坚战；打好长江保护修复攻坚战；打好渤海综合治理攻坚战；打好农业农村污染治理攻坚战

续表

时间	政策	目标
2019年11月	重点流域水生态环境保护“十四五”规划编制技术大纲（环办水体函〔2019〕937号）	提出按照“有河有水、有鱼有草、人水和谐”的要求，建立统筹水资源、水生态、水环境的规划指标体系，分流域、分区域、分年度合理确定阶段目标值，确保目标落地，力争“十四五”期间水环境质量持续改善，水生态系统功能初步恢复，水资源、水生态、水环境统筹推进格局基本形成
2020年7月	美丽河湖、美丽海湾优秀案例征集活动方案（征求意见稿）（环办水便函〔2019〕186号）	以“有河有水、有鱼有草、人水和谐”作为“美丽”河湖优秀案例征集的基本条件
2020年3月	美丽中国建设评估指标体系及实施方案（发改环资〔2020〕296号）	涉水生态环境领域的水体洁净指标，包括：地表水水质优良（达到或好于Ⅲ类）比例、地表水劣Ⅴ类水体比例、地级及以上城市集中式饮用水水源地水质达标率3个指标

5.4.2 国外重点流域治理目标解析

国外流域生态环境治理总体上经历了从水质管理到流域生态系统修复的过程[17,34]。

1. 河流流域

发达国家最初对河流的管理是为了防治洪水灾害、提高河道航运能力、为农业提供稳定的灌溉水源、促进经济发展等。20世纪50年代，对河流的管理开始从开发利用向“水质管理”侧重。从20世纪60年代开始，美、英等一些发达国家率先开展了农业非点源污染治理的研究，70年代后世界各国对此也逐渐重视起来。到20世纪80年代初，污染问题得到了初步缓解，管理者将目光转移到了河流生态系统修复。

20世纪80年代后期，开始出现以单个物种恢复为标志的大型河流生态修复工程，此时恢复行动的尺度多在“河流廊道”，代表项目有莱茵河的“鲑鱼-2000计划”和美国密苏里河自然化工程。20世纪90年代，开始出现流域尺度的整体生态恢复，例如美国的密西西比河、伊利诺伊河和基西米河等。代表方法有以欧洲为代表的“近自然方法治理”技术和以日本为代表的“多自然河流”的治理理念。

2. 湖泊流域

对湖泊治理的变化主要体现在从单纯控制湖泊富营养化转变为通过重建水生群落恢复湖泊生态系统功能。早在1820年左右，日内瓦的植物学家就开始了对湖泊富营养化的研究。20世纪70年代，国外开始了防止湖泊衰老和向沼泽化发展的工作，尽管这一时期入湖营养物得到了有效控制，但湖泊生态系统的生物多样性降低了。20世纪80年代，湖泊富营养化和藻类水华开始暴发，湖泊净化水体的功能开始衰退或丧失。从20世纪90年代开始，人们开始了在富营养化水体中重新组建和恢复水生植物的研究工作，并试图在已经丧失水生植物的湖泊中，通过重建水生植物群落恢复其生态系统功能。到20世纪末，生物操纵技术已成为改善湖库水质的常规技术。

3. 湿地

湿地具有多种生态功能，孕育着丰富的自然资源，被人们称为“地球之肾”、物种贮存库、气候调节器，在保护生态环境、保持生物多样性以及发展经济社会中，具有不可替代的重要作用。国际上对湿地也经历了从开发利用到恢复重建的过程。早期人们主要是将湿地改建为农田。从20世纪60年代开始，欧洲开始采取多种措施以保护日渐消失的湿地。1971年在拉姆萨尔（Ramsar）签订了《湿地公约》，它是湿地生态系统保护的一个里程碑，涉及保护和理智利用湿地的条款。20世纪70年代中期，西方国家开始了受损湿地的恢复与重建，例如1975~1985年，美国政府资助了313个湿地恢复研究项目。20世纪80年代末，各国开始了对湿地生态系统修复项目的总结。

5.5　水环境保护战略目标和具体指标

5.5.1　水环境保护战略目标

1. 总体目标

面向2035年“美丽中国目标基本实现”的愿景目标，以水生态保护为核心，积极推进美丽河湖保护与建设，实现我国流域水生态环境质量全面改善。入水污染物排放总量大幅减少，农村黑臭水体基本消除，有毒有害及部分新污染物浓度显著下降，环境风险得到有效控制，城镇集中式饮用水水源地安全得到保障，水生态流量基本保证，生物多样性得到有效恢复，生态系统实现良性循环，形成现代化的水生态环境治理体系和治理能力。

2. 分阶段目标

2025年，水环境质量持续改善，重点流域水质优良比例进一步提高；巩固黑臭水体控制成果，城市建成区黑臭水体控制在5%以内；饮用水安全保障水平持续提升；水生态系统功能初步恢复，水资源、水环境、水生态统筹推进格局基本形成；

2030年，全国七大重点流域水质优良比例总体达到75%以上；城市建成区黑臭水体总体得到消除；有毒有害及部分新污染物浓度显著下降；城市集中式饮用水水源水质达到或者优于Ⅲ类比例总体为95%左右，全国农村“千吨万人”以上饮用水源水质达标率90%左右。

2035年，流域水环境质量全面改善，环境风险得到有效控制，城镇集中式饮用水水源地安全得到保障，农村黑臭水体基本消除，水生态流量基本保证，生物多样性得到有效恢复，水生态环境根本好转，满足美丽中国目标基本实现的水生态环境要求。

5.5.2 具体指标分析

有序衔接2035年美丽中国和本世纪中叶社会主义现代化强国中长期战略目标，依据可监测、可统计、可考核原则，体现约束性和指导性相结合的思路，以水生态保护为核心，建立统筹水资源、水生态、水环境的规划指标体系，力争“十四五”期间水环境质量持续改善，水生态系统功能初步恢复，水资源、水生态、水环境统筹推进格局基本形成，见表5.2。

表5.2　具体指标

类别	序号	指标	2020年	2025年	2030年	2035年
水环境	1	地表水水质优良（达到或优于Ⅲ类）比例	重点流域水质优良比例≥70%[a]	重点流域水质优良比例≥75%	重点流域水质优良比例≥80%	重点流域水质优良比例≥85%
	2	地表水劣Ⅴ类水体比例	<5%[b]	劣Ⅴ类水体基本消除	劣Ⅴ类水体全面消除	劣Ⅴ类水体全面消除
	3	水功能区水质达标率	重要江河湖泊水功能区水质达标率>80%[bd]	重要江河湖泊水功能区水质达标率>85%	重要江河湖泊水功能区水质达标率>95%[d]	重要江河湖泊水功能区水质全部达标
	4	地级及以上城市集中式饮用水水源达到或优于Ⅲ类比例	≥93%[a]	≥94%	≥95%[a]	≥98%
	5	全国农村“千吨万人”以上饮用水源划定保护区及水质达标率	划定保护区100%[e]	保护区水质达标率80%	保护区水质达标率90%	保护区水质达标率95%
	6	地下水质量极差比例	<15%[b]	＜13%	＜10%	＜8%
	7	城市建成区黑臭水体控制比例	<10%[a]	<5%	城市建成区黑臭水体总体得到消除[a]	城市建成区黑臭水体全面消除
	8	湖泊富营养化比例	—	<25%	<20%	<15%
	9	主要污染物排放总量：COD	基于2015年下降10%	基于2020年下降10%	基于2025年下降8%	基于2030年下降8%
		主要污染物排放总量：氨氮	基于2015年下降10%	基于2020年下降10%	基于2025年下降8%	基于2030年下降8%
		主要污染物排放总量：总氮	重点地区[bf]总氮基于2015年下降10%	基于2020年下降10%	基于2025年下降8%	基于2030年下降8%
		主要污染物排放总量：总磷	重点地区[bg]总磷基于2015年下降10%	基于2020年下降10%	基于2025年下降8%	基于2030年下降8%
水资源	1	达到生态流量（水位）底线要求河湖数量	开展试点[c]	重点流域全面开展生态流量保障工作	基于2025年提升10%	基于2030年提升10%
	2	恢复“有水”河湖数量	—	实现重点流域重要河湖恢复“有水”状态	持续增加“有水”河湖长度（面积）	持续增加“有水”河湖长度（面积）
水生态	1	水生生物完整性指数	—	有基础的流域开展试点评价	七大重点流域全面开展评价	指数健康比例在2030年基础上提升10%
	2	河湖缓冲带生态修复长度[c]	开展试点	较2020年提升10%	较2025年提升10%	较2030年提升10%
	3	湿地恢复（建设）面积	—	基于2020年提升10%	基于2025年提升10%	基于2030年提升10%
	4	流域自然岸线保有率	—	科学确定重点河湖自然岸线保有率	重点河湖自然岸线得到稳定保护	重点河湖自然岸线得到稳定保护

a. 来自“水十条”的指标值

b. 来自《“十三五”生态环境保护规划》

c. 来自《重点流域水污染防治规划（2016—2020年）》

d. 来自《国务院关于实行最严格水资源管理制度的意见》

e.《农业农村污染治理攻坚战行动计划》要求2020年完成保护区划分

f. 重点区域为沿海城市及富营养化湖库

g. 重点区域为总磷超标的控制单元以及上游相关地区

具体指标说明如下：

1. 水环境指标

1）地表水水质优良（达到或优于Ⅲ类）比例

重点流域主要覆盖七大流域以及西南、西北诸河及浙闽片河流。《“十三五”生态环境保护规划》中2020年指标为≥70%，“水十条”提出“2030年，全国七大重点流域水质优良比例总体达到75%以上”。根据重点流域水质优良比例现状统计（见表5.3）及后期优化趋势，确定未来目标值。2025年、2030年、2035年重点流域水质优良比例总体上有望达到75%、80%和85%。

表5.3 地表水优良比例现状统计

年份	2015	2016	2017	2018	2019
优良比例（%）	72.1	71.2	71.8	74.3	79.1

2）地表水劣Ⅴ类水体比例

《“十三五”生态环境保护规划》中2020年指标为<5%。参照重点流域地表水劣Ⅴ类水体比例现状统计（表5.4）及后期优化趋势，确定未来目标值。预期2025年重点流域地表水劣Ⅴ类水体基本消除，2030年劣Ⅴ类水体全面消除。

表5.4 地表水劣Ⅴ类水体比例现状统计

年份	2015	2016	2017	2018	2019
比例（%）	8.9	9.1	8.4	6.9	3

3）水功能区水质达标率

《全国重要江河湖泊水功能区划（2011—2030年）》提出，到2020年水功能区水质达标率达到80%，到2030年水质基本达标。《“十三五”生态环境保护规划》中2020年“重要江河湖泊水功能区水质达标率”指标为>80%。《国务院关于实行最严格水资源管理制度的意见》（国发〔2012〕3号）对实施最严格水资源管理制度进行了全面部署，明确要求到2015年、2020年、2030年全国重要江河湖泊水功能区水质达标率分别提高到60%、80%、95%以上。2016年全国重要江河湖泊水功能区水质达标率为73.4%，预计2025年、2030年、2035年重要江河湖泊水功能区水质达标率分别为>85%、>95%、100%。

4）地级及以上城市集中式饮用水水源达到或优于Ⅲ类比例

“水十条”中2020年该指标为≥93%，2030年为≥95%，根据地级及以上城市集中式饮用水水源达到或优于Ⅲ类比例现状统计（表5.5），通过数据统计分析，确定未来目标值。预计2025年、2030年、2035年地级及以上城市集中式饮用水水源达到或优于Ⅲ类比例分别为≥94%、≥95%、≥98%。

表5.5　城市集中式饮用水水源达到或优于Ⅲ类比例现状统计

年份	2015	2016	2017	2018	2019
优良比例（%）	90.2	90.4	90.5	90.9	—

5）全国农村“千吨万人”以上饮用水源划定保护区及水质达标率

《农业农村污染治理攻坚战行动计划》提出开展农村饮用水水源环境状况调查评估和保护区的划定，2020年底前完成供水人口在10000人或日供水1000 t以上的饮用水水源调查评估和保护区划定工作。根据2019年底摸排，全国农村“千吨万人（日供水千吨或服务万人）”饮用水源有68.5%完成保护区划定；截至2020年6月25日，全国农村10764个“千吨万人”水源，9344个已完成水源保护区划定，占总数的86.8%。鉴于农村饮用水源地管理基础薄弱、安全隐患较大，建议加大工作力度，促进农村饮用水源的达标。

6）地下水质量极差比例

“水十条”中2020年该指标为<15%。生态环境部、自然资源部等部门印发的《地下水污染防治实施方案》提出，到2020年，全国地下水质量极差比例控制在15%左右；典型地下水污染源得到初步监控，地下水污染加剧趋势得到初步遏制。到2025年，地级及以上城市集中式地下水型饮用水源水质达到或优于Ⅲ类比例总体为85%左右；典型地下水污染源得到有效监控，地下水污染加剧趋势得到有效遏制。到2035年，力争全国地下水环境质量总体改善，生态系统功能基本恢复。

根据现状统计（表5.6），通过数据统计分析，确定未来目标值。2019年，全国10168个国家级地下水水质监测点中，Ⅰ~Ⅲ类水质监测点占14.4%，Ⅳ类占66.9%，Ⅴ类占18.8%。地下水环境质量改善不容乐观。

表5.6　地下水质量极差比例现状统计

年份	2015	2016	2017	2018	2019
极差比例（%）	18.8	14.7	14.8	15.5	18.8

注：表中数据为地下水整体评价

7）城市建成区黑臭水体控制比例

“水十条”提出，2020年地级及以上城市建成区黑臭水体均控制在10%以内，2030年城市建成区黑臭水体得到消除。2019年，全国295个地级及以上城市2899个黑臭水体中，总的消除率为86.7%。根据现状和趋势，确定未来目标值。

8）湖泊富营养化比例

“水十条”提出，到2020年，太湖、巢湖、滇池富营养化水平有所好转；白洋淀、乌梁素海、呼伦湖、艾比湖等湖泊污染程度减轻。2019年，在开展营养状态监测的107个重要湖泊（水库）中，贫营养状态湖泊（水库）占9.3%，中营养状态占62.6%，轻度富营养状态占22.4%，中度富营养状态5.6%。根据湖泊富营养化比例现状统计（表5.7），通过数据统计分析，确定未来目标值。

表5.7 湖泊富营养化比例现状统计

年份	2015	2016	2017	2018	2019
比例（%）	52.4	23.1	30.3	29	28.0

资料来源：比例数据包含环境状况公报中的轻度富营养化和中度富营养化

9）主要污染物排放总量控制

总氮、总磷已逐步成为影响我国湖库和近岸海域水质的主要污染因子。“十三五”规划中，水污染物总量控制指标包括COD和氨氮，同时对重点地区的总氮、总磷也提出区域性排放总量控制要求，具体包括：沿海56个城市及29个富营养化湖库实施总氮总量控制；总磷超标的控制单元以及上游相关地区实施总磷总量控制。“十四五”期间及后期，应继续实施污染物的总量控制要求。各总量控制指标均在现有基础上按比例下降。

2. 水资源指标

1）达到生态流量（水位）底线要求河湖数量

生态流量是维系河湖健康和发挥水生态环境功能的关键要素。“十三五”流域规划明确，在黄河、淮河等流域开展生态流量试点，分期分批确定生态流量；京津冀区域加强生态流量保障工程建设和运行管理，科学安排闸坝下泄水量，维持河湖基本生态用水需求。“水十条”提出，要科学确定生态流量，加强江河湖库水量调度管理。2019年10月，水利部、生态环境部印发《关于加强长江经济带小水电站生态流量监管的通知》，对长江经济带小水电站生态流量管理提出具体要求。2020年4月，水利部印发《第一批重点河湖生态流量保障目标（试行）》，全国范围内的42个重要河湖、83个主要控制断面被确定为第一批生态流量保障目标。

水专项在生态流量监管方面开展大量研究，突破了河流生态管理技术、河流生态需水量评估技术、流域水质水量耦合模拟技术、水质水量联合调度决策支持系统等关键技术，分别在松花江、辽河、北运河、海河、淮河等流域进行了示范。研究提出了“基于鱼类栖息综合需求的寒区河流生态需水过程核算方法”，科学界定了包括冰封期、产卵期、汛期、一般非汛期的寒区河流生态需水过程，并分别提出了相应时期生态流量核算方法。研究建立了适应于有限水资源条件下，在维持经济增长的同时能够维持社会期望目标的分区、分期河道内生态需水估算方法，通过评估，太子河、浑河及辽河干流年生态需水量分别为7.81亿m^3、5.53亿m^3和6.43亿m^3，辽浑太流域总生态需水量为19.77亿m^3；太子河干流各站年生态需水量占年径流量的30%左右。相关成果和技术队伍可为进一步加强生态流量监管提供支撑。

按照《重点流域水污染防治规划（2016—2020年）》，“十三五”期间，在黄河、淮河等流域开展生态流量试点，分期分批确定生态流量；京津冀区域加强生态流量保障工程建设和运行管理，科学安排闸坝下泄水量，维持河湖基本生态用水需求。“十四五”及后期逐步按比例提升达到生态流量（水位）底线要求河湖数量，建立生态流量保障机制。

2）恢复“有水”河湖数量和长度（面积）

在过去相当一段时期内，在自然因素和人为因素的双重作用下，我国很多地区河流湖泊的水量出现了不同程度的减小。特别是北方一些流域及区域的经济社会发展规模已超出了水资源承载能力，海河流域水资源严重短缺，开发利用率106%；黄河流域的汾河、沁河等部分支流经常断流，生态流量在枯水期尤其难以保障；塔里木河、黑河、石羊河等内陆河始终存在天然绿洲与人工绿洲的争水矛盾。

第三次全国生态状况变化遥感调查评估结果表明，京津冀地区人均水资源量仅为全国平均水平的1/9。自2000年以来，除个别年份（2012年）因水资源总量较为丰沛外，水资源开发利用强度均超过100%，远超国际通用的水资源开发利用安全界限。全年存在断流现象的河流比例约为70%。永定河、潮白河等主要河渠存在全年断流现象。京津冀13个地级及以上城市汛期均有干涸河道分布，保定、张家口等地干涸河道长度均超过300 km。白洋淀、七里海等湿地萎缩，长期依靠生态补水维持。

《重点流域水生态环境保护“十四五”规划编制技术大纲》提出了恢复“有水”河湖数量的指标。保证河湖“有水”，是水生态修复的第一步。

3. 水生态指标

1）水生生物完整性指数

生物完整性是指与区域环境相适应的经长期进化形成的生物群落组成、结构和功能方面的属性。水生生物完整性是水生态修复的核心，也是评估流域生态完整性和水生态系统健康的重要指标。美国和欧盟等都已建立完善了基于生物完整性指数评价水生态健康的国家和地方规范。

现有的水生生物完整性研究主要采用鱼类完整性指数（F-IBI）、底栖无脊椎动物完整性指数（B-IBI）、着生藻类完整性指数（P-IBI）、微生物完整性指数（M-IBI）等进行水生态系统健康评价，同时也研究了基于生物群落特征参数的多参数指数（MMI）。水专项综合考虑各类水生生物完整性指数指标（表5.8），在辽河、松花江、海河、淮河、东江、黑河、太湖、巢湖、滇池、洱海十个流域开展了系统的水生态长期调查监测和健康评价研究工作[35]。

表5.8 流域水生态系统健康评价指标

指标类别	指标
水体基本理化	溶解氧（DO，mg/L）、电导率（EC，μS/cm）、挥发酚（VP，mg/L）、高锰酸盐指数（COD_{Mn}，mg/L）、五日生化需氧量（BOD_5，mg/L）
营养状态	总氮（TN，mg/L）、总磷（TP，mg/L）、氨氮（NH_4^+-N，mg/L）、叶绿素（Chl a，mg/g；适用于湖泊）
藻类	物种丰富度（A_S）、香农-维纳多样性指数（A_H′）、伯杰-帕克指数（A_D）、藻类生物完整性指数（A-IBI）
大型底栖动物	物种丰富度（M_S）、% EPT（EPT，科级）、大型底栖动物敏感指数（BMWP）、伯杰-帕克指数（M_D）
鱼类	物种丰富度（F_S）、香农-维纳多样性指数（F_H′）、伯杰-帕克指数（F_D）、鱼类生物完整性指数（F-IBI）

在现有基础上，应充分应用水专项现有成果，开展重点河流、湖库的水生物完整性指数评价，以及流域水生态系统健康评价工作。“十四五”期间在有工作基础的流域，选择重点河流、湖库，因地制宜研究确定淡水大型底栖无脊椎动物完整性指数（B-IBI）评价；“十五五”七大重点流域全面开展水生生物完整性指数评价；“十六五”水生生物完整性指数健康比例在2030年基础上提升10%。

2）河湖缓冲带生态修复长度

缓冲带（全称保护缓冲带），是指利用永久性植被拦截污染物或有害物质的条状、受保护的土地，河湖滨岸缓冲带指建立在河湖、溪流和沟谷沿岸的各类植被带，包括林带、草地或其他土地利用类型。“十三五”期间，在一些优先控制单元，开展了河岸带水生态保护与修复、湖滨带保护与修复工作。根据《重点流域水污染防治规划（2016—2020年）》，580个控制单元5个提到建设缓冲带，5个提到生态护坡建设，10个提到生态涵养林或涵养带。“十四五”及以后，在对缓冲带生态修复现状进行调查梳理的基础上，每五年提高10%。

水专项对河湖缓冲带的内涵和功能进行了研究。主要功能有3类：一是缓冲隔离功能，缓冲隔离流域内人类活动的影响，加强对湖泊的保护，这是湖泊缓冲带的基本功能；二是促进生态环境改善功能，通过自然恢复、生态建设和人工强化辅助措施，控制区域内污染物的产生，减少污染物的排放负荷，增加生物多样性，形成稳定健康的生态系统；三是实施特殊的环境经济政策与生态补偿功能。

水专项在海河、太湖、三峡、洱海、巢湖等流域开展了河湖缓冲带生态修复、生态廊道构建等研究。在海河流域，针对独流减河生态破碎化和河滨带截污减排与生态净化功能退化问题，以重要生态节点为连接点，基于最小累积阻力模型规划多条相互连通且具有一定宽度的生态廊道，形成“点-线-网-面”结构的生态廊道网络布局，形成区域“河道-湿地-湖库-河口”生态廊道构建技术，通过对生态廊道进行缓冲区分析，最终确定生态廊道最佳宽度范围为30~100 m，在廊道宽度为30 m时，草地、林地和水域面积占比30.08%，26.04%和22.85%，耕地与建设用地面积占比最小，最有利于廊道建设与保护。

在太湖流域，以太湖重污染区竺山湾湖泊缓冲带为研究对象，围绕缓冲带内支浜、湿地、草林三种重要的缓冲系统，完成了三大关键技术（湖泊缓冲带支浜生态拦截技术、湖泊缓冲带湿地恢复技术、湖泊缓冲带草林系统建设技术）的研发，形成了湖泊缓冲带生态建设与功能恢复成套技术，并利用技术研究成果，疏通支浜、湿地，开展湖泊缓冲带内支浜、湿地、草林系统的生态建设，在竺山湾缓冲带建设了6500亩的示范工程，最大限度地发挥湖泊缓冲带功能，建立了立体动态的湖泊缓冲隔离体系。该成套技术以流域圈层理论为指导，为实现山水林田湖草流域整体治理和系统修复提供了有力的技术支持。

3）湿地恢复（建设）面积

湿地具有去除水中营养物质或污染物质的特殊结构和功能属性，在维护流域生态平衡和水环境稳定方面发挥着巨大作用。《重点流域水污染防治规划（2016—2020年）》提出“对开发活动侵占湿地面积的，严格按照‘占补平衡’原则，确保湿地面积不减少，区域生态系统服务功能稳步提升。”“十四五”及以后，在对湿地面积现状进行调查梳理的基础上，每五年提高10%。

水专项开展了多项湿地生态修复保护技术，分别在辽河、松花江、海河、东江、太湖等流域进行了示范研究。例如，针对辽河口湿地生态退化与生态安全问题，研究了河口湿地历史演化过程、演变格局和潜在生态风险，构建了辽河口湿地生态安全预警标准和保护体系；针对辽河口稻田生产过程中氮磷流失率高的问题，开展了稻田生产制度及毗邻生态系统功能协同管理研究，建立了河口区稻田生态系统面源污染控制与水质改善技术；针对芦苇湿地生态缺水及养殖污染问题，开展了河口区苇田生态用水调控和养殖污染生态效应研究，建立了河口湿地苇田养殖水体污染的物理-生物联合阻控与水质改善技术等。示范工程显示，湿地群落结构和生态功能明显提高。

在松花江流域，针对下游沿江湿地破碎化、生态功能严重退化等突出问题，以生物多样性恢复和水质净化功能强化为目标，按照“生境修复-食物链延拓-生态需水保障”的总体思路，研发了寒区典型湿地植物快速恢复、顶级群落稳定等9项关键技术，整体构建了寒区河滨湿地生态功能与生物多样性恢复的集成技术，并建立适合湿地恢复的长效管理机制。

在太湖流域，研究提出了河网与湖荡湿地修复的措施。包括：一是改善生境，减少内源，有效清除长期沉积的底泥，降低河道及湖荡内源性污染负荷，为水生态系统的恢复创造有利条件；二是护岸生态化整治，提高污染物拦截能力，充分利用天然池塘和河道，通过少量的工程改造建成不同类型的生态拦截型沟渠和前置库系统；三是提高植被覆盖率，合理配置氮磷吸附能力强的水生植物，有效提高自净能力；四是加强河网湖荡的水系联通工程，恢复生态廊道功能。研究表明，太湖历史上水生植被最大面积约为500 km^2，当前面积约为150 km^2，目前太湖的富营养化水平决定了绝大部分水域不具备沉水植物恢复的条件。水深较浅、营养盐浓度较低、藻类水华侵入较少的东部湖湾可进行水生植物的恢复，潜在可恢复面积约为200 km^2，主要分布于东太湖、胥口湾、光福湾、贡湖湾南岸和蠡湖等。

4）流域自然岸线保有率

流域自然岸线保有率是指辖流域内河湖自然岸线长度与总长度的比例。

自然岸线是基础性的自然资源与战略性的经济资源，是经济社会可持续发展和维系生态平衡的重要基础，保护自然岸线对保障流域和区域防洪、供水、航道安全、水生态安全具有重要作用。党的十八届五中全会公报提出，促进入与自然和谐共生，构建“自然岸线格局”。2019年，水利部办公厅印发《河湖岸线保护与利用规划编制指南（试行）》。

我国自然岸线开发不合理现象普遍存在。在长江经济带，存在着中下游自然岸线开发强度大，滨岸带生态风险较大的问题。调查评估结果表明，长江自然岸线保有率仅为44.0%，自然滩地长度保有率仅为19.4%，长江岸线利用率为26.1%。砂石码头和小散乱码头占用长江岸线430.2 km，占长江岸线总长度的5.4%，主要分布在湖北、安徽、四川及江苏等省份。造船厂、船舶修理厂占用长江岸线131 km，化工企业占用长江岸线148 km，成为长江生态环境的重大风险源。

流域自然岸线保有率要根据最新的岸线调查统计数据，在保护优先原则下，结合现有岸线本底状况和发展需求综合确定重点河湖自然岸线保有率，并稳定持续保护好自然岸线。

第6章 流域水生态环境保护战略任务

党的十九大关于建设美丽中国的要求，为水生态环境保护指明了方向。新时代水生态环境保护工作要以习近平生态文明思想为指导，突出流域特色，实现流域水生态环境质量不断改善和根本好转。充分发挥科技支撑作用，突出精准治污、科学治污、依法治污，提升重点流域和重点区域水环境综合治理能力现代化水平，解决群众身边的突出水生态环境问题，全面改善水生态环境质量状况，有效防范环境风险。按照“一点两线”思路，以水生态环境质量改善为核心，坚持污染减排和生态扩容两手抓，统筹推进水资源、水环境、水生态保护治理。

水专项经过“十一五”、“十二五”以及“十三五”三个阶段的发展，形成了有我国特色的系列化、规范化、标准化的水污染治理、水环境管理和饮用水安全保障技术体系。针对“控源减排”，研发了重点行业、城镇、农业面源的污水治理技术及装备；针对“水生态修复”，研发了污染河流水质提升和湖泊生态系统功能修复成套技术；针对“水质管理”，研发了流域水质目标管理及监控预警技术，形成了水环境管理技术体系；针对“饮用水安全”，研发了“从源头到龙头”饮用水安全多级屏障与全过程监管技术；开展京津冀区域和太湖流域水污染控制与治理成套技术综合调控示范，建立了重大技术和成套设备国产化与产业化模式。相关成果可为我国“十四五”及中长期水生态环境保护规划、决策提供技术支撑和借鉴。

6.1 河流、湖泊、城市水体、饮用水源分类保护

为实现全国流域水生态环境质量全面改善的目标，要科学分析不同水体的主要矛盾，实施有针对性生态环境保护策略。

6.1.1 河流水生态环境保护修复

我国河流水系众多，分布区域广阔，由于区域水资源禀赋、经济发展水平、产业结构和污染特征等不同，河流水生态环境问题呈现多样性和差异性，表现为耗氧污染、营养盐污染、重金属污染、有毒有机物污染、生物多样性丧失等。持续改善水环境质量是我国河流流域生态环境保护的突出重点。

水专项针对我国河流流域的主要问题，在一系列治理与修复技术、管理模式研究基础上，融合生态文明体系、“三线一单”和“三生融合”等理念，研究提出了淮河、海河、辽河等河流流域水污染治理与生态修复分类指导方案及技术路线图，编制完成了《河流治理与修复理论体系》和《河流水生态完整性评价理论方法与实践》等系列研究报告。

河流流域水生态环境保护的策略重点是控源减排和保障生态流量。具体如下：

1. 针对河流特征污染问题，合理安排治污途径，以控源减排为抓手，带动河流水质逐步改善

对于以COD和氨氮等为特征污染物的河流，水质改善的首要问题是耗氧污染控制，要控制COD和氨氮污染源排放，削减入河污染负荷，解决河流黑臭问题。

对于水体营养盐、重金属和有毒有机物为特征污染物的河流，要开展河流水质风险管控，为河流水生态系统修复奠定水质基础。对污染物进行系统筛选，建立毒害污染物优控清单，逐步实行生态风险管理，实现流域毒害物质精确化和精细化管控。

当河流水质改善和风险污染物控制获得成效后，要以恢复河流生物多样性为目标，进行退化河流的水生态修复。水生态修复的理念是修复河流的生态完整性，核心是实现生物完整性，增加河流生态系统生产力，增加土著种的生物多样性。

2. 统一规划、联合调度，实施水资源综合管理，保障河流生态流量

本着开源节流并重的原则，着力缓解水资源短缺、生态环境恶化等重大水问题，实现水资源统一管理，建立水资源流域管理和区域管理相结合的管理机

制，实现水资源合理调配的常态化管理。

把流域的上中下游、左岸右岸、干流支流、地表水地下水、水量水质、开发保护和治理作为一个完整的水资源系统，运用法律、行政、经济、技术等手段，协调各部门管理职能，进行统一的综合管理，解决跨界水矛盾，从整体上规划、协调水资源的使用，并进行水生态保护，使流域水资源达到可持续利用的状态。

进一步深化城市水务管理体制改革，实行城市水务统一管理，切实做到城乡水资源统一规划建设，地表水和地下水联合调度利用，有效解决城乡防洪、供水和中水回用等水资源问题。

6.1.2 湖泊水生态环境保护修复

我国湖泊流域生态环境保护面临的突出矛盾是富营养化问题。湖泊污染程度和所处的富营养化阶段不同，流域开发强度、污染物来源、生态系统特征也有明显的差异，应分别从控源截污、生境改善和水生态系统修复等方面，实施系统的湖泊流域富营养化控制和管理策略。

水专项在大量科学研究基础上，科学研判我国湖泊生态环境保护中长期压力，提出了统筹水资源、水环境、水生态的湖泊富营养化控制和生态修复的中长期目标，以及实现阶段性目标的技术路径，研究成果可为国家和地方制定湖泊保护规划提供技术支撑。

针对不同水平的富营养化湖泊，应分别采取“污染治理”“防治结合”“生态保育”策略。具体策略如下：

1. 针对生态环境质量差的湖泊，采取“污染治理”的思路

生态环境质量差的湖泊，是指水质V类或劣V类，营养状态呈中度到重度富营养化水平，生态系统不完整，藻类占主要优势，局部有大面积水华发生；湖泊的生态服务功能削弱甚至部分功能消失，对流域经济社会发展带来了重大影响的湖泊。

此类湖泊采取“污染治理”的思路，即以控源为主，加快产业结构调整和污染源整治，兼顾生态修复，实现水环境质量明显改善，富营养水平改善至轻度，饮用水水源地水质稳定趋好、重要栖息地和生态服务功能恢复，生态安全

水平开始提升，接近“一般安全”状态，生物多样性明显提高。

2. 针对生态环境质量中等的湖泊，采取“防治结合”的思路

生态环境质量中等的湖泊，是指湖体水质总体在Ⅲ~Ⅳ类；湖泊富营养化程度较轻，一般为中营养或轻度富营养化水平，局部有水华发生；生态系统结构不合理，生物多样性受到一定程度的威胁，生态服务功能受到削弱；饮用水水源地水质基本达标，但仍存在一定的隐患的湖泊。

此类湖泊采取“防治结合”的思路，即加强流域生态修复，强化流域水污染防治，科学协调经济快速发展与湖泊生态环境保护，稳步提高生态安全水平至“一般安全”状态，实现水环境质量明显改善，全面保障湖区饮用水安全，重要栖息地和生态服务功能逐步恢复，生物多样性明显提高，流域生态环境明显改善。

3. 针对生态环境质量优的湖泊，采取“生态保育”的思路

生态环境质量为优的湖泊，受污染程度较轻，总体水质尚好，一般好于Ⅲ类水质；湖泊整体营养程度较低，大多处于贫-中营养状态，无显著水华发生；生态系统结构比较完整，生态服务功能稳定。

此类湖泊采取“生态保育”的思路，即实施经济发展与生态环保相融合的总体规划，构建流域绿色发展模式，通过产业结构调整和土地合理利用，减少面源污染，建设流域健康生态系统。

6.1.3 城市水体生态环境保护修复

城市水体是城市生态系统的重要组成部分，具有水体循环、水土保持、水质涵养、调节温湿度、改善城市气候等多种功能。我国城市水体的主要矛盾是黑臭水体治理。南北方地区的差异，不同类型的污染源和污染物构成，不同水体类型及水体功能均对黑臭水体的形成产生影响，需要采取科学的、针对性的治理策略，分类开展系统治理。

水专项针对城市水环境污染控制和水质提升，建立了包括城市水环境点源、面源、原位水质提升、生态修复等多方面的治理技术体系，形成了以全国不同区域城市需求为导向的城市水环境综合整治技术推荐名录，构建了适合不

同区域城市水环境特点的综合整治指导方案方法，可为不同区域城市水环境治理提供科学思路和技术支撑。

针对不同类型的黑臭水体，应采取不同的策略。具体如下[36]：

1. 针对生态基流匮乏的黑臭水体，采取污水处理厂深度处理、河道水体生态修复等措施

北方许多缺水型城市，河道除了天然降雨，主要的来水水源是污水处理厂的出水。该类水体通常水环境容量较低，纳污能力有限。

对于此类黑臭水体，因地制宜推进城镇污水处理厂的尾水进行深度处理，达到地表水体Ⅳ类的相关水质要求；充分发挥雨水的补水作用，以低影响开发理念为指导，形成河道的雨水储存、净化与利用；河道设置橡胶坝等水利措施，保证河道生态常水位，在河道内进行水体生态修复；采取人工湿地等生态方法，抽取河道的水体水质进行生态净化，维系河道的水体水质。

2. 对于未截污黑臭水体，着力提高流域污水收集率及处理率

大量外源性污染物的进入是大部分水体发生黑臭的主要原因，导致部分城市河流有机污染严重，河水溶解氧几乎为零，出现季节性或终年的水体黑臭现象。

对于此类黑臭水体，对于未能截污的散排污水，有条件的地方尽可能在河道的末端进行收集与处理；对于收集困难的排口，可采用河道拦截与缓冲的措施进行削减后处理。未截污的河道往往底泥淤积较为严重，要进行清淤或者对覆盖底泥进行处理，并适时地进行生态修复。

3. 对于雨污混流黑臭水体，重点是控制排口溢流

据有关资料，雨水冲刷富含氮、磷等营养盐，因此雨污混流使河流水体污染加剧和复杂化，城市水体生态系统遭到破坏，形成黑臭。雨污水混流型的河道多属于季节性河道，此类河道治理难度往往较大，不利于水体的生态修复。

对于此类黑臭水体，基于海绵城市的理念，对雨水进行“渗、滞、蓄、净、用、排”，从源头上控制河道的溢流污染。考虑到许多城市建成区在源头控制难度较大，需要对雨污排口进行末端处理。

4. 对于缓流、滞留的水体，重点是改变水动力学条件

这类水体由于水动力学条件较差，换水效率较低，会在水体的局部区域形成黑臭现象。这类水体治理的关键是改变水体的水动力学条件。如汉江发生的藻华现象，通过加快水体的流速，改善水体的水动力学条件，水质得到改善，藻华发生现象减轻。

城镇面源污染已逐步成为影响城市水环境质量的瓶颈因素，因此需要加强雨水面源的污染控制。当前，我国还缺乏雨水直接径流污染和间接排水溢流污染控制的系统策略，相关机制体制建设严重滞后，缺乏相应的法律体系、监管机制、系统规划设计、指导策略等的全面支撑，导致面源污染系统化控制工作严重滞后。水专项京津冀研究团队开展了城市面源污染管控的相关研究（专栏6.1）。

专栏6.1　水专项为“十四五”城市面源污染管控出谋划策

京津冀区域城镇雨水径流/溢流造成的面源污染比例可达50%以上，是导致城镇水体治而不愈、反复黑臭的主要原因。水专项京津冀研究团队诊断了京津冀区域存在的雨季城市面源污染问题，主要包括：雨季城市面源污染导致多数河道雨后超标严重、城市排水体制与环境管理的目标及方法不匹配、初期雨水及合流制污水管网溢流导致河流水系不达标、污水处理厂运行负荷低等。总结了美国、德国、日本等发达国家相关管理和治理成功经验。梳理、凝练水专项成果，研究提出了“十四五”工作建议：

一是加强雨水管理顶层设计，提出雨水径流污染控制的排污许可制度和排放标准体系；

二是结合“河长制”管理形式的断面达标考核方式，提出合流制、分流制面源污染控制考核方法；

三是合理制定监管制度，挖掘现有基础设施处理潜力，提升污水处理系统污染物去除能力；

四是京津冀区域先行先试，建立雨水径流管理制度与溢流面源污染控制策略。

在深入开展城市黑臭水体治理的同时，也要大力开展农村黑臭水体的治理。相对城市而言，我国广大农村的黑臭水体治理更为复杂，农村黑臭水体（河、湖、塘）底数不清，分布面广且比较分散，黑臭水体治理体制机制尚

不完善，技术支撑力量薄弱。农村黑臭水体需要系统性治理，仅仅采取底泥清淤、污水处理、水生态修复等措施，短期内可使黑臭现象得到改善，但治污效果难以持续。要在环境现状、污染源调查基础上，综合考虑黑臭水体的污染源、环境现状及水体自净能力，制订合理、高效、经济的治理方案，综合实施生态修复措施，并采取长期维护措施。主要治理、修复和维护措施如下[37]：

（1）彻底根除内源污染。将现存垃圾、底泥清除，但也不能清除过深，而破坏原有底泥的生态系统。

（2）妥善处理外源污染。对于水动力条件良好、排水顺畅、无明显缓流区或死区的受纳水体，应充分利用其自净能力，排入水体的农村生活污水处理程度应适当放宽。对于水动力条件差、自净能力弱的受纳水体，应考虑提高污水处理程度，否则黑臭水体短期消失后可能会再现。可采取工程措施，如水体曝气充氧、跌水充氧、水流推进、底质植物培植、提高水体自净能力，降低排入水体的农村生活污水处理设施的处理程度。

（3）综合实施生态修复措施。对河、湖、塘现状水体采用自然岸线、生态浮床、与周边水系连通、人工湿地深度净化等综合生态修复措施，降低农村污水处理设施的处理负荷，从而降低处理费用及维护成本，保证从根本上消除农村黑臭水体。

（4）采取长效维护措施。制定黑臭水体的长效运维机制、落实黑臭水体运维资金、切实做好黑臭水体治理责任制等，确保全面解决农村黑臭水体问题，维持好农村地区水环境的良好质量。

6.1.4 饮用水水源保护

在水源方面，我国水源污染问题仍然是我国饮用水安全保障的短板。经过饮用水水源地保护攻坚战，县级以上饮用水水源地环境问题显著改善，但仍然有较大提升空间。与城镇供水相比，农村饮用水水源保护工作严重滞后，饮用水水源受农业面源污染、生活污染、垃圾污染等影响，存在突发性安全隐患。此外，我国突发性水污染事件频发，也严重威胁着饮用水的供水安全。在供水方面，城市供水管网漏损和水质污染还没有得到很好的控制，城市供水“最后一公里”的水质问题仍没有很好解决；乡村供水工艺简陋，设施配套率低，供水安全保障水平低。

水专项完善了水源地保护区划分技术体系，围绕受污染水源的生态修复与水质改善、原水生物预处理等水源安全保障工程技术开展研究，并对村镇供水实用技术进行了积极的探索。攻克了我国复杂多变污染水源水质条件下饮用水高效净化处理的技术难题，创新了针对我国水源水质特点和供水特征的协同净化技术，构建了村镇饮用水安全保障适用技术。在太湖和京津冀等区域开展了综合应用示范。与此同时，全面开展了饮用水安全保障工程技术和监管技术研究，完善和发展了饮用水安全保障工程技术，构建了基于风险评估的监管技术体系，在长江下游、黄河下游、珠江下游等区域开展了技术集成应用示范（专栏6.2）[38,39]。

为了保障饮用水水质安全，要加强饮用水水源地保护，全面构建针对我国水源水质特点和供水特征的多级屏障协同净化技术和监管体系。具体策略如下：

1. 加强饮用水源地保护，优先保障饮用水安全

一是推进多水源水质水量调度，针对不同水源可能出现的特殊污染情况制定出相应水源调度措施，最大限度地对水资源加以利用。二是加强水源生态修复，形成水体自然净化机制，提高区域饮用水安全综合保障能力。三是推动水源预处理和水质提升，开展多污染物协同净化、地下水特殊污染物处理，实现受污染水源水质达标。四是加强农村水源保护区划定和规范化管理，严格水源地面源污染控制、实现水质净化处理和安全供水。

2. 构建饮用水全过程风险防控体系，提升饮用水安全保障管理能力

一是针对城市供水系统存在安全隐患，建立饮用水水源保护与修复、处理工艺和安全输配等方面具有区域特色的城市饮用水安全保障管理技术体系，重点改善提升不同水源水质特征的水厂净化处理和制水工艺，确保供水管网的安全输水和优化布局。二是建立适用于不同农村经济条件、不同水质特点的农村饮用水水源保护管理技术模式，重点保护分散式地下水水源、高氟水、苦咸水等饮水安全问题。三是提升供水水质监管技术及应急能力，完善水厂及输配水系统综合监控系统、建立饮用水源地监控、水质监测网络、预警、事故应急处理处置体系，构建国家、省、市三级监控预警平台系统，形成较为完整的“从

源头到龙头”全流程饮用水安全多级屏障技术体系和以风险控制为特色的“从中央到地方” 全过程饮用水安全系统管理技术体系，为国家饮用水安全保障提供系统、全面、持续的保障。

专栏6.2 “从源头到龙头”饮用水安全多级屏障与全过程监管技术

水专项饮用水主题围绕我国饮用水安全保障的重大需求，针对饮用水源污染和供水安全风险，特别是藻类、嗅味、氨氮、砷等有毒有害物质去除技术难题，开发了水源保护、水质净化、管网输配和监测评估、预警应急、安全管理等关键技术，构建了以臭氧-活性炭、膜分离为核心的饮用水安全保障多级屏障工艺，实现了关键装备与材料的国产化，形成了“从源头到龙头”全流程饮用水安全保障技术体系，并在太湖流域、京津冀区域、粤港澳大湾区和黄河下游地区进行了规模化应用。有效解决了高藻、高臭味、高氨氮、高消毒副产物等水质问题，示范区受益人口超过1亿，其中龙头水质稳定达标人口超过3000万。

同时，水专项研究工作破解了饮用水全过程监管的科学化、规范化、业务化技术难题，重点突破了供水系统全流程水质监测方法、饮用水水质标准制定技术、水质预警与应急处理技术和供水安全监管技术等关键技术，构建了我国城市供水水质监测、应急处置、水质督察等技术体系，并纳入国家饮用水安全监管业务化运行，全面落实了“从水源到水龙头全过程监管饮用水安全”的要求。

水专项成果的应用显著提升了北京、上海、深圳等国际大都市的饮用水质量。同时，也为全国城乡供水规划、城镇供水水质督察、供水应急救援基地建设等提供了体系性的技术支撑，全国城市供水水质达标率由2009年的58.2%提高到目前的96%以上，为“让老百姓喝上放心水”做出了重要贡献。

6.2 水资源、水环境、水生态、水风险统筹治理

6.2.1 优化水资源利用，保障生态流量

我国水资源南北分布不均衡，淮河、黄河和海河等流域水资源供需矛盾尤为突出；在一些严重缺失地区，还存在大量耗水、浪费水资源的现象；实行最

严格水资源管理制度落实不到位的现象依然存在。实现“三水统筹”，需要以保障生态流量为根本出发点，针对河流湖泊断流干涸或生态流量（水位）不足等问题，以解决断流河流“有水”为重点，推进高耗水方式转变，实施闸坝生态调度，完善区域再生水循环利用体系。

水专项开发了流域水质水量联合调配方案及决策支持平台，形成从诊断到监测的整套生态流量核算管理技术，并选择辽河、淮河以及海河等典型流域进行示范，初步实现了水资源优化利用，支撑我国河流生态管理（专栏6.3）。

专栏6.3　从诊断到监测的生态流量核算成套管理技术

水专项“流域控制单元水质目标管理技术集成”课题从水生生物种群的结构和功能出发，考虑水生态修复需求，基于排序分析和网络分析等技术，构建了闸坝重度干扰河流水文-生态响应关系确定技术。基于广义线性模型，提出了水文变动的生态界限确定技术，确定闸控重干扰河流的水文限值。基于模糊逻辑法、主成分分析法，凝练了河流关键生态目标筛选技术，辅助生态流量目标诊断；采用水环境模型，构建了水质水量水生态耦合技术，识别流域的水文水质水生态动态变动机制。汇总国内外常用的生态流量核算方法58种，考虑多目标调度管理需求，形成生态流量核算方法集成技术，辅助流域生态流量确定。相关核心和关键技术的解决为推动生态流量流程化管理提供了科学依据。

课题以淮河流域典型闸控河流沙颍河开展技术示范，确立了沙颍河水文-生态响应关系，提出了生态流量目标，制定的生态流量管控方案得到地方采纳实施。自课题实施以来，沙颍河生态流量满足程度逐年提高，即使是枯水年（2019年），生态流量的满足程度也能达到84.13%。

为实现水生态环境保护战略目标，要把水资源作为最大的刚性约束，坚持以水定城、以水定地、以水定人、以水定产，合理规划人口、城市和产业发展，坚定走绿色、可持续的高质量发展之路。切实落实最严格水资源管理制度，加强水资源节约和合理利用，保障生态流量。一是建立生态用水保障和监督机制，树立底线意识，建议国家层面建立重要水体的用水清单，保障生态用水，确保断流现象只能改善、不能恶化。二是针对我国河网水资源分布不均的现实特征和河流水体修复中的水量保障需求，开展流域河流生态需水量评估、流域水质水量优化调配和联合调度，科学确定生态流量，将再生水、雨水和微咸水等非常规水源纳入水资源统一配置。三是着力节约保护水资源，提高工业和农业的用水效率，控制用水总量，推进再生水、雨水、矿井水、微咸水等非常规水资源的梯级利用，综合多类型水源开发利用、库群调度、闸坝调控等手段，维持河湖基本生态用水需求，重点保障枯水期生态基流，形成以自然水循环为核心的我国河流水质水量联合调度体系。

6.2.2 建立完善水生态环境管理体系

新形势下，要进一步完善水生态环境治理体系，提升水生态环境治理能力。

1. 完善流域水环境基准标准体系建设，提升我国水生态环境管理水平

环境标准是环境管理的依据，同时也是环境质量评价、环境风险控制、应急事故管理乃至整个环境管理体系的基础，是国家环境保护和环境管理的基石与根本，而水质基准是制订水环境质量标准的科学依据。

水专项开展了“流域水环境基准及标准制定方法技术集成”“重点流域优控污染物水环境质量基准研究”等课题研究，研发构建了“国家-流域-区域”三级水环境质量基准制定方案，以及包括水环境基准制定、流域区域基准校验及基准向标准转化等过程的流域水环境基准“制定-校验-转化”方法体系，提出了我国特色的保护流域水生生物、水生态系统完整性、底泥沉积物及人体健康等四类水环境基准技术方法，建立了我国流域水环境基准研发试验技术平台，提出了我国水环境基准5类约40项基准阈值。初步提出国家、流域、区域性典型水环境质量标准推荐值12项，可为我国水环境质量标准制修订提供科学支撑（专栏6.4）。

为实现“十四五”及中长期水生态环境治理目标，建议在进一步开展水环境基准研究的同时，大力推进基准成果在标准修订中的转化应用。一是在《地表水质量标准》（GB 3838—2002）修订中，充分考虑保护流域水生生物、水生态系统完整性、底泥沉积物及人体健康等的标准，建立精细化、科学化、系统化的水质标准体系，协同保障水生态健康与人体健康。二是研究建立差异化的水质标准体系，以国家标准或基准值为指导，依据具体流域或省市区域地表水体特征，制订流域、地区特征的水质管理标准。可优先选择重要水生生物栖息

地、自然保护区、重点流域（如太湖流域）或水生态环境功能区先行先试，跟踪实施效果，逐步完善并推广。

专栏6.4　现行水质标准存在对水生生物的欠保护问题[40]

我国目前对有毒重金属（特别是汞、镉、铅、铬、砷）的污染控制，主要是针对人体健康保护，因其毒性、危害和风险性最大，需要严格控制和监管。但是，对水生态不同，国内外研究表明，风险最大、生态毒性最大的是铜和锌，我国又是铜锌矿产资源大国，铜、锌污染特别需要加强监管。

水专项“流域水环境风险管理技术集成”课题研究表明，铜、锌对敏感水生生物的毒性效应浓度分别为小于10 μg/L和100 μg/L，而对人体的毒性效应浓度分别为大于1000 μg/L和6000 μg/L，保护人体健康和保护水生生物的水质基准值相差1~2个数量级。我国没有专门保护水生生物的水质标准，相关的现行水质标准主要有两个：《渔业水质标准》（GB 11607—89）规定铜和锌的限值分别为10 μg/L和100 μg/L；《地表水环境质量标准》（GB 3838—2002）规定Ⅰ类水体铜和锌的限值分别为10 μg/L和50 μg/L，Ⅱ类、Ⅲ类水体铜、锌的限值为1000 μg/L。与保护本土水生生物水质基准值比较可知，地表水质标准Ⅰ类铜、锌标准都可以较好地保护水生生物，渔业水质标准中铜标准可以较好地保护水生生物，锌标准已超过了基准值；而地表水质标准Ⅱ~Ⅴ类标准均远高于铜、锌的基准值1~2个数量级，难以保护水生生物健康。

2. 实施流域水质目标差别化、精细化管理，推进我国水环境管理由水质管理向水生态管理转变

当前，我国水生态环境管理需要充分考虑控制单元生态环境承载力，体现流域“分区、分类、分期、分级”的思路，实现水质目标的差别化、精细化管理。要构建以水生态健康、排污许可、流域一体化为核心的精准化、信息化的水生态环境管理技术体系，促进我国水环境管理模式的战略转型。

水专项通过三个五年计划的研究，形成了涵盖水生态功能分区、健康评价、目标制定、空间管控和承载力调控的流域水生态功能分区管理成套技术体系，构建了水污染物排放许可证全过程管理关键技术体系，形成的容量总量控制模式在海河、太湖、巢湖进行了示范，风险管理模式在东江、松花江进行了

示范，水生态管理模式在辽河干流、洱海进行了示范，效果良好，可支撑我国水环境管理由水质管理向水生态管理转变（专栏6.5）。

专栏6.5　流域水质目标管理技术体系

水专项“辽河流域水生态功能分区与水质目标管理技术示范研究”“太湖流域水质目标管理示范效果评估与湖泊型流域技术集成推广”“流域水质目标管理技术集成系统构建”等课题研究，通过技术评估、验证和综合集成，构建了流域水质目标管理技术体系，集成了流域控制单元水质目标管理技术，搭建了水质目标管理业务化平台。

研究建立了全国水生态功能分区方案、水生态评价标准和全国水生态功能分区体系，构建了全国水生态功能8级体系；在全国33个水生态功能二级区的基础上，聚合成14个区，作为我国水生态健康评价标准制定的单元，分区制定评价指标体系和评价标准；构建了涵盖基础地理信息、水质、水生生物等数据的全国水生态功能分区数据管理与共享系统。开展了水生态保护目标制定、空间管控和承载力调控三大关键管理技术研发及业务化管理应用，并在太湖、鄱阳湖等进行了示范。

针对新时期国家流域水环境质量管理需求，构建了以水环境问题诊断、水质目标确定、污染负荷估算、污染源-水质响应关系分析、容量总量分配、排污许可管理、治理绩效评估为核心的流域控制单元水质目标管理技术体系，突破关键技术实现了基于水质目标的流域容量总量分配与固定污染源许可管理之间的衔接，并在太湖、辽河流域开展应用。

形成由水生态功能分区、水环境基准标准等多项技术的技术组合与成套化模式配置；应用大数据、云计算等现代信息化技术，构建集“流域水生态功能分区－水环境基准标准－容量总量（排污许可）管理－最佳可行技术－风险管理”为一体的长江经济带（长江流域）水质目标管理业务化平台，为实现长江经济带（长江流域）水环境形势研判及一体化风险联防联控提供技术支撑。

为实现水生态环境保护战略目标，建议充分利用水专项在水环境管理体系方面的研究成果，大力实施流域水质目标差别化管理，为实现“三水统筹”、推进精准、科学、依法治污提供制度保障。一是基于水生态功能分区开展水生态健康评价，制定流域水环境基准，科学确定水生态环境保护目标。二是加强对重点流域的控制单元开展水生态环境承载力评估、调控潜力预测，以“指标筛选–路径措施确定–潜力评估–目标制定–优化调控–方案制定”为主线，开展控制单元水生态承载力综合调控。三是针对山区水库型、河网型、城市河段、感潮河段、北方缺水型等多种类型控制单元，构建不同类型流域控制单元水质目标管理技术体系。四是构建“流域–控制区–控制单元”的多级水污染物容量总量控制体系，在控制单元内集成水质目标和排污许可管理，以改善水质、防范环境风险为目标，将污染物排放种类、浓度、总量、排放去向等纳入许可证管理范围，构建以水环境容量与总量分配为基础的“一证式”排污许可证管理体系，形成以排污许可证为核心的污染物总量控制与减排体系，统筹各类水体防治要求。五是加强生态空间管控，优化土地利用空间格局，实行“结构–格局–过程”一体化管控，支撑重点流域水生态系统健康保护。

3. 搭建水环境管理智慧平台，促进水生态环境治理体系和治理能力的现代化

“智慧环保”是环境管理信息化发展的必然趋势，需要在现有的流域水环境信息化平台的基础上，充分利用大数据、5G、区块链、物联网、人工智能等新技术手段，搭建集成水生态环境监测与数据采集，生态环境质量评价、“三水”统筹管理、容量总量控制和排污许可管理、环境风险预警与应急管理等功能的水环境管理智慧平台，以精细和动态的方式实现流域水生态环境管理和决策的“智慧化”，实现环境管理广泛感知、智能处理、及时响应。

水专项突破流域水生态环境监测技术集成、流域水环境信息平台数据集成与共享技术、流域水环境风险评估与预警模型库集成与管理技术、面向业务化应用的流域水环境管理系统集成技术等关键技术，实现了监测技术天地一体化、监控预警自动化和质量管理规范化，建立了信息共享与运行维护机制，在太湖流域、辽河流域、三峡库区、松花江流域、淮河流域等区域构建示范平台，开展风险源管理、水环境质量管理、风险评估、预警、管理指挥调度及综合信息服务门户等多个业务系统的设计及开发工作，实现了水质水量联合调度决策支持、现代流域水生态环境监测网络技术与管理系统平台的业务化运行（专栏6.6）。

专栏6.6 水生态环境管理智慧平台研究

水专项“流域水生态环境监测技术集成研究”课题研制了一系列水生态环境监测关键指标在线监测仪，有效地提升了我国水生态环境快速及应急监测能力。首次在水生态环境监测领域引入了物联网共性构架体系，开发了设备管理、数据管理、数据融合、支撑服务等共性模块，打破了信息共享交换壁垒，有效提升了水生态环境监测数据利用效率。

“国家水环境监测监控及流域水环境大数据平台构建关键技术研究”项目，突破了水生态关键参数监测技术、流域环境风险的生物预警、城市黑臭水体识别和定量分级等关键技术，研发了水生态环境监测仪器设备，构建了流域水环境生态环境风险评价和预警体系、城市水环境遥感监管方法体系，研建了国家水环境监测监控平台、水环境遥感监管平台及国家流域水环境管理大数据平台，为流域水质目标管理及监控预警提供了技术支撑。

“京津冀区域水环境质量综合管理与制度创新研究”项目综合运用大数据方法，构建了京津冀区域水环境管理大数据平台和流域水生态环境管理智慧平台。实现了污染排放热点区域识别、监测断面水质预测、断面水质达标考核、突发性断面水质变化预警、基于水质的污染源排放动态管控、黑臭水体空间分布识别、河湖缓冲带土地利用变化监测、饮用水水源地风险评估、水质水量动态模拟、投诉举报深度分析、舆情文本数据分析等功能，支撑了流域水环境质量综合管理向智能化、精细化、高效化的新模式迈进。

“淮河水质水量联合调度关键技术研究”课题针对淮河流域多闸坝、河流水污染事件多发、防污防洪矛盾突出等特点，研发水质水量模型与闸坝群调度在线耦合系统，构建了联合调度可视化及虚拟会商决策平台，满足水质水量联合调度的常规决策、紧急决策和规划决策的需求。

“太湖流域水生态环境智慧监管平台构建与业务化运行”课题，研究构建了太湖流域环境数据资源中心库，突破了太湖流域跨界区联合监测与监管技术，开发了太湖流域入湖河流水质目标动态预警、污染源反欺诈识别、治理工程分析等方法，综合集成了水生态功能分区水质目标管理、一企一档综合管理、生态红线地理信息系统、流域补偿考核结算等业务系统，构建了太湖流域水环境智慧监管平台，并在江苏省生态环境厅及常州、无锡、苏州等地方生态环境部门实现业务化运行。

为实现“十四五”及中长期水生态环境保护战略目标，要加强顶层设计，深入推进我国水生态环境管理业务化智慧平台建设。一是充分应用“物联网+区块链+大数据”技术，建设集环境信息智能感知、环境数据智慧应用、环境资源综合评价于一体的“智慧环保物联网”系统，实现集多源水生态环境数据的收集传输、信息集成分析和可视化表达。二是建立完善集水资源管理、水环境监测、总量控制和污染源管理、风险评估与预警、流域突发水污染事件应急响应处置、管理指挥调度及综合信息服务等一体化的水生态环境综合管理平台，为水生态环境管理决策提供及时高效的信息和技术服务支撑。同时，也为监测和研究部门、污染排放和治理企业、其他社会机构和社会公众等提供有效服务。

6.2.3　深化推进水生态监测评估和水生态保护修复

1. 推进水生态监测和健康评估，夯实水生态管理的技术基础

水生态监测与健康评估是科学诊断流域水环境问题的重要手段和开展水生态管理的基础。其中，关键是建立科学合理的水生态监测与健康评估指标体系与方法。

水专项针对水生态功能保护需求，提出了水生态保护目标体系，形成了水生生物保护物种筛选技术体系。已形成适合我国河流特点的水生态监测技术，实现了对流域水生物组成的全面准确还原；结合我国流域水生态系统实际特点，开发了流域水生态健康评价表征指标，基于压力响应模型等方法制定了区域化的评价标准；建立了我国流域水生态系统健康综合评价技术（表5.8）。流域水生态监测与健康评价技术应用于松花江、辽河、海河、淮河、黑河、东江、太湖、巢湖、滇池、洱海等10个流域水生态健康评价工作，有力支持了改善水生态系统结构完整性、维持水生态系统的功能和服务（专栏6.7）。

为实现水生态环境保护战略目标，要着力推进重点流域的水生态监测和健康评估工作。一是继续完善水生态监测项目，比如增加河湖生态流量、浮生植物、地下水水质等的监测。特别要加强对生态脆弱区、海水入侵区等特殊类型区的水生态监测，更好地为水生态保护与修复等工作提供及时、准确的基础信息。二是建立健全水生态监测技术标准，明确规范水生态监测范围、监测项目、监测频次等技术要求。三是建立和完善水生态健康评价体系、分区管理考核办法以及优化绩效评估体系，广泛开展区域流域水生态监测，评估水生系统

的健康状况；将水生态健康状况纳入政府责任考核体系，实现水生态健康评价与水环境管理良好结合。

专栏6.7　太湖流域（江苏）水生态健康监测和评估技术

“太湖流域（江苏）水生态监控系统建设与业务化运行示范”研发了流域水生态健康监测与评估业务化技术。该技术以服务太湖流域管理目标由水质向水生态健康转变、施行水生态功能分区管理的重要决策转变为导向，重点实现水生态健康监测与评估中的监测规范化、评估指标科学-便捷化和评估结果的综合化。

一是实现流域水生态健康监测的规范化。在江苏省太湖流域不同类型水体上共布设120个水生态监测点位，开展不同方法下监测结果的对比分析，建立了包含技术方法体系、质量控制体系以及工作管理体系在内的省、市（苏、锡、常、镇、宁）两级流域水生态监测业务化运行体系，从源头规范了流域的水生态监测数据质量并应用于监测工作实践。

二是实现流域水生态健康评估的综合化。针对水生态健康评估指标类别繁多，科学性、专业性强而实践性弱，难以实现业务化运行的难题，兼顾科学性和应用可操作性，在各水生态监测点位丰、平、枯3个水期物理生境、水质和水生生物调查数据基础上，以生态完整性为理论支撑，筛选、优化水生态健康评估指标，形成了有机融合水质和生物指标的太湖流域（江苏）水生态健康综合评估技术，提升了开展水生态健康综合评估的业务化潜力。

2. 开展重点流域水生态保护修复，构建人水和谐的良好格局

水生态修复是以水生态系统健康为导向，遵循生态系统内部结构的调整规律，积极开展河湖生态建设、湿地恢复与建设、水生生物完整性恢复，恢复水体原有的生物多样性和功能，在消除黑臭和劣Ⅴ类水体、保护水环境的同时，实现经济和生态同步发展。

水专项研究研发了湖泊、河流水质生物净化和生态修复等成套技术，开展长江中下游湖泊面临主要问题、退化机制和生态修复机理研究，建立了受损水体生态修复技术评估指标体系和技术评估方法，完成了河湖生态修复技术评估，突破了缓冲带调蓄湿地低污染水净化等关键技术，形成了平原河网-大堤型、富营养化初级湖泊典型湖湾修复等技术模式；提出了《受损湖泊生态修复技术导则》

等10多项技术团体标准。河湖生态修复技术已在长江流域、黄河流域等大型河流（流域）以及太湖、巢湖、滇池等大型湖泊的生态修复工程进行了推广应用，其中受损河流水质提升技术推广应用规模近300 km，河道生态修复与生态完整性恢复技术应用约200 km^2；缓冲带与湖滨带生态修复技术推广应用岸线超推广岸线超80 km，湖湾及浅水区生态修复技术推广工程区的水生植被增加20%~50%，控制湖面蓝藻范围超过50 km^2，带动除藻产业产值数亿元（专栏6.8）。

专栏6.8　水生态修复技术成果

水专项在水质净化与改善、河（湖）滨缓冲带生态构建、水体生境改善、水生态修复与调控（保护）等多方面取得了技术突破。

退化湖泊水生态修复技术。水专项“竺山湾湖泊缓冲带生态建设与功能修复技术集成研究及工程示范”以入湖河流水质净化、湖滨缓冲带生态修复及湖内水体水质改善为重点，开展生态修复关键技术研究，突破了低成本的支浜水质净化与生态修复、适度人工强化的湿地恢复、缓冲带草林系统建设等关键技术，集成了湖泊缓冲带生态建设与功能修复的“线-点-面”成套技术。“太湖富营养化控制与治理技术及工程示范”等课题，针对重污染湖泊水华蓝藻及底泥内负荷污染突出，蓝藻打捞效率低的难题，研发了有毒有害及高氮磷污染底泥环保疏浚与处理处置技术、水华蓝藻的拦截浓聚技术、水华蓝藻的处理处置与利用技术、新型水华蓝藻去除及生态防护与水质改善技术等，并形成多项成套技术和装备。

退化河流生态修复技术。水专项“东江高度集约开发区域水质风险控制与水生态功能恢复技术集成及综合示范”课题，针对生境受损水生态重建及流域水生态功能恢复目标管理支撑需求，以优先保障河流生态服务功能为主，兼顾河流生物多样性恢复，研发集成了高度集约化开发区域多源生态水量调控、健康水系统的陆域生态景观格局构建和优化、尾水多级强化净化水质改善、污水截排与生境受损水生态重建等多项成套技术并开展示范，为高度集约开发区域生态水量安全保障、水质风险控制、河流生态与陆域生态建设联动的水生态健康及流域水生态功能恢复目标管理提供技术支撑。

城市水体修复技术。水专项“城市水污染控制与水环境综合整治技术集成”课题，确定了“控源为本，调配优先，多元为辅，强化应急，景观共建”的城市水体的水质改善与生态修复的总体技术思路，研发了包括城市河流水动力调控技术、污水厂尾水多点放流生态拦截技术、城市河道底质改善技术、城市河道生态修复技术、城市河水强化净化技术等的多项关键技术。

为实现水生态环境保护战略目标，要按照“保护优先、绿色发展，流域统筹、系统修复，技术创新、综合治理”的思路，大力推进流域水生态保护和修复。一是加强生态空间管控，建立基于控制单元的水生态环境空间管控体系。结合水功能区划和“三线一单”监管要求，明晰水生态功能定位和空间分区，划定河流、湖泊及河湖滨带的管理和保护范围，划定水生态环境敏感区和脆弱区等水生态环境控制单元，切实维护水生态空间。二是从流域生态系统出发，针对不同流域特点，在充分调查评估基础上，科学制定重点流域水生态保护和修复目标，实施河（湖）滨缓冲带生态修复、湖滨带/河流堤岸修复、受损河流生态恢复、重污染河道底泥修复、河口湿地水质净化与生态修复等工程方案。三是建立健全黑臭水体监管机制，高效多元消除黑臭河道和城镇黑臭水体，以有效改善水质、恢复水生态系统功能[41]。

3. 推进山水林田湖草综合治理，实现“流域统筹、区域落实”

流域综合治理是将“山水林田湖草”各要素作为一个完整的生命共同体来看待，统筹上下游、干支流，通过系统控源、水生态修复和流域监控预警等治理和管理技术的支撑，进行系统治理、整体保护。根据流域主要水生态环境问题，综合考虑产业结构调整方向、水生态功能保护修复要求，以问题为导向，从时间和空间布局上多维度统筹修山扩林、调田节水、治水保湖等各类保护修复措施，实现流域水生态系统格局优化、系统稳定、功能提升目标。

水专项在重点区域流域进行了山水林田湖草综合治理研究，开展了全过程污染控制、城市农业面源污染控制、河道生态修复及湖泊富营养化控制、饮用水全流程安全保障等关键技术研究，并在京津冀、太湖、淮河、辽河、洱海等流域开展了示范，创新了流域治理管理技术体系，可为形成流域上下游配合、各区协同治水的新局面提供有效支撑。

为实现“十四五”及中长期水生态环境保护战略目标，要遵循山水林田湖草生命共同体理念，按照“整体保护、系统修复、综合治理”方针，加强重点流域区域水生态环境保护修复的整体性、协同性和关联性，完善重点区域流域水生态环境保护总体思路。一是充分考虑水资源、水环境承载能力，合理确定发展布局、结构和规模，优化产业结构和空间布局。二是推进“水陆统筹、以水定陆”，严格控制污染排放总量，优化调控水资源承载力，保障水生态安全。三是开展山体生态修复，保育水源涵养功能，实现区域生态功能恢复；发展绿色生态农业，强化小流域生态环境综合整治；构筑流域生态屏障，打造宜居生活空间；增强环境容量，保障流域生态安全，实现流域水生态环境一体化保护和修复。四是创新水生态环境一体化管理制度和跨区域生态补偿机制，做到生态环境保护与经济发展协调一致，为实现重点区域水生态环境质量改善和高质量发展可以提供重要支撑。

6.2.4 建立完善水生态环境风险防范体系

新形势下，要进一步关注水环境风险问题，提升评估预警能力，构建和完善水生态环境风险防范体系。

1.进一步完善突发性水污染事件应急管理技术支撑平台

当前，我国仍处于突发环境事故频发期，生产安全、自然灾害等引发次生环境问题依然突出。为提升水生态环境突发性风险管理水平，有效应对水环境风险事件，需要进一步加强突发性环境事故的监测预警、应急处置能力，快速掌握水污染事件污染物运移规律、污染物安全阈值，及时判别污染事故的风险水平并采取应急措施[42]。

水专项研究构建了流域水环境突发污染事故应急监测技术体系，研发了一套业务流程完整的符合我国从国家到县四级环境监测部门实际应用需求的“水环境监测信息集成、共享与决策支持平台”，构建了流域水环境突发型风险预警与控制技术体系，在流域水环境突发型风险源识别技术、突发型水污染事件水环境影响快速模拟技术、应急控制阈值确定技术、现场应急控制技术等领域取得系列成果，对提升我国水污染事件的应急处理处置能力提供了有力支撑。

为实现水生态环境保护战略目标，要注重水专项技术成果的应用，加快完善突发性水污染事件应急管理体系。一是构建全流域可实时查询的重点危险化学品信息库，明确根据危险化学品种类、泄漏水平及进入水体功能，确定应急处理方法。二是制定重点有毒有害污染物生态环境安全阈值，构建有毒有害污染物生态环境安全阈值数据库，用于指导突发性水污染事故应急风险评估。三是建立突发性水污染事故污染物运移快速模拟平台，形成重点流域和跨界河流水污染事故快速模拟能力，及时准备掌握污染物时空分布特征。四是完善水污染突发事件应急体系，根据污染事故级别，快速制定应急监测方案，分级、分类指导突发性水污染事故控制。

2. 构建和完善累积性水生态环境风险长效管控体系

我国在逐步解决常规水污染物造成环境问题的同时，持久性和累积性环境污染带来的健康危害正在逐渐显现，暴露出有毒有害物质在生产、使用、储存和废弃以及修复等方面存在薄弱环节。需要加快构建完善流域累积性生态环境风险评估、预警与防范体系，提升水生态环境风险长效管控能力，为水生态环境系统健康安全提供保障。

水专项围绕污染物排放的总量核定、水环境质量评价、生态环境风险评估、流域水质安全预警等累积性环境风险管理关键技术环节开展了相关研究，取得一批技术方法成果并在辽河、太湖等流域开展示范应用，能够为水生态环境管理由常态质量管理向风险管理转变提供有效技术支撑（专栏6.9）。

专栏6.9　流域突发性水环境风险评估预警技术体系和累积性水环境风险管理技术体系

水专项“流域水环境风险评估与预警技术研究和示范”项目针对流域突发性水污染事故，开展了流域水环境风险源识别、风险监控预警、风险快速模拟、风险评估以及风险应急处置等突发性水环境风险管理技术研究，建立了流域突发性水环境风险评估预警技术体系。围绕累积性环境风险和水生态健康，开展流域水生态风险识别、重金属水生态联合风险表征、水生态系统突变风险预警研究，构建了适合我国区域特点的流域水环境风险评估与预警技术体系。

在三峡库区开展示范研究，建立了三峡库区水环境风险评估与预警技术平台，构建了具有动力学机理的、引入高效能计算技术的“空-地-水”一体化水环境模型体系，能够在2小时内预测三峡库区水体20 m精度内未来两天水环境变化趋势，5分钟内模拟预测突发事故未来两天内的演进过程，实现了对三峡库区水环境风险的高精度、高效率评估与预警。

在太湖流域开展示范研究，建立了水环境风险评估预警平台，具备了太湖流域水环境信息查询、重要风险源监管、污染事故应急响应、累积性风险评估预警等多项功能。目前已集成进入江苏省“1831”平台支撑太湖流域水生态风险评估预警业务化运行工作。

为实现水生态环境保护战略目标，建议构建流域水生态环境风险源识别和评价体系，基于健康风险的区域性、流域性环境问题识别，评价环境有害因素（如重金属、抗生素、内分泌干扰物、持久性有机污染物、农药等）环境健康效应，将风险源特征与水生态环境敏感目标相耦合，确定风险污染物控制阈值，开展风险的暴露评价以及风险表征，并建立风险源基础信息数据库，支撑污染源监督管理。开展流域水生态环境累积性风险评估和预警，注重典型水体有毒有害化学品与新污染物的水生态环境保护和人体健康环境风险评估，完善流域水生态环境风险预警预测综合模型，构建流域水环境风险评估与预警信息平台，强化现有水生态环境监测资源的开发和利用，形成累积性水生态环境风险评估与预警的智能分析和决策能力，推进流域水生态环境由事后监督管理向事先风险管理转变。

6.3　主要流域的水生态环境保护策略

我国是一个多湖泊国家，富营养化类型多，营养水平差异大。河流流域水系生态南北地域差异明显，流域经济具有不同的阶段性，资源型、水质型缺水特点各异。

太湖是长江流域下游平原河网地区大型浅水湖泊，治理因素复杂、难度大；巢湖是发展中地区湖泊；三峡水库是水库型湖泊，世界最大的人造淡水水体；滇池是云贵高原湖区的最大湖泊，缺少大额水源补给，属于半封闭性湖泊；洱海是云南省第二大高原湖泊，具有富营养化初期湖泊特点。

长江、黄河是我国最长的两条河流，两个流域自然条件、社会经济发展水平差异大，上中下游生态环境特征也各异，流域生态环境问题复杂；东江是珠江流域，也是我国最有代表性的饮用水源型河流，水环境风险管理特色鲜明；松花江是高风险污染源较多、跨国界、跨省界河流；淮河是闸坝控制、水污染事件多发、防洪防污矛盾突出的河流和南水北调东线输水湖泊生态保育区；海河是北方典型的水量紧缺、水源补给复杂、水环境严重恶化的河流；辽河是工业密集、污染负荷高的河流。

水专项针对典型湖泊、河流特点，开展水生态环境治理体系和管理体系的示范研究，研判了不同流域的水生态环境问题和特征，提出了控源减排、水环境质量改善、水生态修复的技术路径和方案。可为“十四五”流域水生态环境保护规划提供借鉴[43]。

6.3.1 长江流域

1. 流域总体分析

长江流域拥有约占全国20%的湿地面积、35%的水资源总量和40%的淡水鱼类种类，覆盖204个国家级水产种质资源保护区，是我国重要的生态安全屏障。近年来，长江生态环境保护已初见成效，但水资源、水环境、水生态、水风险等多重问题纷繁复杂、相互交织，水生态环境安全形势依然严峻[44]。

在水资源方面，气候变暖使长江源区冰川退缩、冻土层消融，导致长江源头区水资源战略储备面临重大挑战；长江流域水资源分布不均匀，存在资源型缺水、水质型缺水、工程型缺水现象；小水电过度开发导致数百条河流不同程度断流，严重影响水生态系统健康。长江流域水资源总量虽较丰沛，但时空分布不均，形成了上蓄、中调、下引的流域水资源开发利用格局，长江流域部分区域供需矛盾日益突出。水资源利用效率低下也造成了水资源浪费严重的问题[45]。在水环境质量方面，长江流域水质状况良好，2019年，水质优良断面（Ⅰ~Ⅲ类）比例为91.7%，总磷浓度比2017年下降20.1%。以总磷作为水质定类因子的断面比例最高（52.0%），总磷成为长江水体污染的首要污染物；存在有毒有害污染物与微塑料风险隐患，多环芳烃、多氯联苯等持久性有机污染物处于全球中等水平。在水生态方面，水生生物资源量和多样性显著降低，白鳍豚、白鲟、鲥鱼已功能性灭绝，长江江豚、中华鲟成为极危物种；近10年来富营养化湖库数量增加，贫营养湖库消失，轻度富营养化湖库成为主体，湖库富营养化导致水华问题突出；湿地生态功能退化，长江口整体处于亚健康状态。在环境风险方面，“化工围江”现象明显，航运污染事故风险大，尾矿库分布集中，水环境风险问题突出，饮用水安全保障压力大。

水专项在长江流域布局了大量的项目、课题研究，突破了一大批理论、技术和方法，在太湖、巢湖、滇池、三峡等流域开展示范研究，有效支撑了流域水生态环境保护工作。同时，注重成果的推广应用，汇编形成了《水专项支撑长江生态环境保护标准规范成果汇编》，包括治理类7个分册，涉及行业类、农业面源类、生态修复类、城镇污染控制类、地下水类5个领域；管理类11个分册，涉及功能分区类、排污许可管理类、水质基准标准类、监测监控技术类、风险评估与预警类、最佳可行性技术类、水质水量联合调度类、流域水环境政策工具包、水源地管理类、其他类10个领域，可为长江生态环境保护提供支撑和参考。

为实现水生态环境保护战略目标，长江流域要转变流域管理思路，加快推进流域管理从水环境质量改善为核心向水生态环境质量改善为核心转变，立足生态系统整体性和长江流域系统性，针对上中下游生态环境问题的不同特征，同时考虑上中下游问题的关联性，加强流域统筹协调管理，科学设定目标，精准施策。一是坚持走生态优先、绿色发展之路，上游地区筑牢生态安全屏障，严守生态红线，加大生态产业培育；中下游地区加快产业结构调整和优化布局，着力优化和规范沿江产业发展；加快探索流域生态补偿机制，推动上中下游优势互补、错位发展。二是强化磷污染点面源综合管控，持续推进长江流域水环境质量改善，继续加强点源污染全过程防控，推进汛期水质恶化河湖的面源污染综合管控，妥善处理水库群运行影响下的江-河-湖-海关系等问题，着力提升湖泊与河口生态健康水平[46]。三是强化对POPs、环境内分泌干扰物（环境类激素）、微塑料等新污染物的监测调查、生态效应评估和污染防控。四是着力提升长江流域水生态健康水平，树立全流域“一盘棋”的思想，加强河流、湖泊、河口的氮磷（总氮/总磷、各形态氮/磷）污染控制目标和措施的统筹，开展长江流域江-河-湖-海水生态健康调查联合评估。五是加快长江流域水环境安全风险隐患排查整治，构建以饮用水安全保障为核心的水环境风险监控预警与应急管理体系。

2. 太湖

太湖流域是我国经济最发达的地区之一，也是环太湖城市的主要饮用水水源。流域人口高度密集、城市化程度高、产业结构复杂、土地开发强度大、生态空间被挤占，带来了较大环境压力。2007年因氮磷污染负荷远超过环境容量，水质急剧恶化，蓝藻水华频发并引发饮用水危机，严重影响流域居民生活，具有浅水湖泊治理因素特别复杂、难度很大、周期很长、反复也多的特点。

近十年来，太湖流域入河污染负荷呈明显下降的趋势，2007~2017年，总氮、总磷负荷分别下降38%、43%；随着工业点源和城镇生活源的大幅下降，农业农村面源的问题逐步凸显。入湖河流总氮浓度持续下降，湖泊水质改善明显，总磷“十二五”以来变化缓慢，但近年有所抬头，蓝藻水华情势未有改善，甚至有所恶化。主要原因是太湖水体中总磷浓度依然维持在较高水平；2019年初水温偏高，导致太湖水体中蓝藻种源丰富，蓝藻暴发提前；长江引调水入太湖水量的增加导致入湖氮磷污染负荷显著增加[47]。

太湖流域是水专项研究的重中之重，研究了水污染治理成套技术和流域环境管理模式。从流域整体出发，阐明了太湖水环境变化特征，提出了太湖氮磷营养基准与标准，确立了基于蓝藻水华控制的太湖氮磷控制阈值；提出了“控源截污-生境改善-恢复生态系统”的太湖富营养化治理策略，制定了以“水源涵养林-湖荡湿地-湖滨带-缓冲带-太湖湖体”为构架的“一湖四圈”治理理念。研发了工业污染源-生活污染源-农业面源的清洁生产、污水处理、资源化利用等污染源治理成套技术，构建了平原河网水质水量综合调度、河网湿地生态修复等成套技术，以及湖滨带生态拦截-湖滨带生态修复-湖泊生境改善为一体的太湖富营养化治理整装成套技术（专栏6.10）[48]。

为实现水生态环境保护战略目标，建议积极推广水专项技术成果，一体推进“控源截污-生境改善-恢复生态系统”富营养化治理策略。一是实施“控磷为主，协同控氮”的流域控源策略。目前太湖湖体的总氮已达到2020年2.0 mg/L的控制目标，而总磷距离0.05 mg/L仍有一定差距。重点区域为上游西北部小流域，重要抓手是提高污水处理厂的污水截留率及提标改造，强化一级保护区内农村面源治理及入湖河道支浜的淤积污染治理。二是通过控制引调长江水规模、实施调水沿线的水质净化工程，强化流域节水和污水资源化利用。加强水资源调控，实施长江流域减磷控氮措施，开展太湖流域水利工程生态化建设，进一步优化太湖运行水位。三是构建“一湖四圈”的流域生态修复空间构架，推进流域生态修复策略的实施。四是推进太湖流域水生态环境智慧监管平台建设，完善流域水环境管理的大数据分析，提升水环境管理效率和水平[49]。

专栏6.10　太湖流域水污染及富营养化综合控制研究

水专项太湖项目开展了太湖流域水污染及富营养化综合控制研究。针对太湖流域的生态环境问题，通过全面系统的多学科流域综合调查与研究，从流域层面把握流域社会经济、土地利用格局、污染源结构、太湖及其流域生态环境特征，解析流域污染源从“排放量入河量-入湖量”的水污染全过程及太湖水环境承载力，创新提出了涵盖“水源涵养林-湖荡湿地-河流水网-湖滨缓冲带-太湖湖体”的流域“一湖四圈”治理理念，研究形成了以流域“一湖四圈”为主线，包括流域产业结构调整优化、流域污染负荷削减、“一湖四圈”修复与保护及流域综合管理在内的太湖流域水污染及富营养化综合控制中长期方案，可为太湖流域综合治理与战略决策提供科学依据。

针对太湖河网湖荡密集的流域特征及流域生态系统严重退化问题，提出了“保护-修复-利用-管理”方案，以期提升流域生态系统健康水平和生态环境承载力，促进太湖水环境质量改善。

（1）保护：持续减少外源负荷，严格保护现有河网湖荡湿地生态系统。提高城镇污水收集率和处理效率，加大工业企业提标改造的力度，着力加强面源综合治理。严格保护现有河网湖荡湿地和滨岸缓冲带不受破坏。

（2）修复：增加湖荡湿地面积和河网水系连通性，开展流域河网湖荡湿地生态修复工程，恢复河网湖荡湿地生境完整性、提升生物多样性，增强生态系统的服务功能，使其具有更大的接纳能力和净化能力，即“扩容”。

（3）利用：合理利用河网湖荡湿地群的自净能力，深度净化城镇污水厂尾水。实施“引江济太”输水通道的湖荡湿地水系联通与生态修复工程。

（4）管理：建立符合太湖流域实际情况的法规条例、治理技术规范和监控体系，推动实现流域湖荡湿地管理规范化、科学化。坚持生态优先，加强空间管控，保护生态用地资源；强化流域湖荡河网水质水生态监测。

3. 巢湖

巢湖流域位于江淮分水岭南侧，属长江下游左岸水系，是我国五大淡水湖泊之一。由于巢湖流域主要污染物的排放量超过水环境承载能力，湖泊水体水质严重恶化，到20世纪90年代中期，巢湖氮磷浓度达到近30年的峰值。近年来，由于采取了一系列综合治理措施，巢湖水质得到了持续改善。2018年，巢湖全湖平均水质为Ⅴ类、中度污染、呈轻度富营养状态。环湖河流总体水质状况为轻度污染。

近年来，巢湖水质恶化趋势得到遏制，但氮磷浓度仍在较高水平波动，造成蓝藻水华暴发常态化问题仍然突出，2018年夏季就发生了蓝藻水华大面积暴发。分析表明，2012~2018年巢湖西部湖区总磷和总氮浓度略有下降或持平，中部和东部湖区总磷浓度显著升高，西部3条主要入湖污染河流（南淝河、十五里河和塘西河、派河）水质明显改善，但仍处于较高污染水平，中东部入湖河流（兆河、双桥河和柘皋河）总磷浓度明显升高，是中东部湖区水体营养盐升高的主要污染来源[50]。

水专项在巢湖研发了适用于发展中地区大型湖泊富营养化治理与控制的适用技术，突破了巢湖湖滨带与圩区缓冲带生态修复技术、重污染河道旁路净化与河口湿地生态重建技术。基于减排方案，集成了多元面源污染综合管控、污水厂提质增效与尾水品质提升、缓流水体生态补水与黑臭水体消除技术，建立了耦合模型并系统了测算水质目标–目标容量–入湖限排量，完成了巢湖流域水质目标污染减排、管理分区划定，以及污染优先治理单元识别、分区减排方案、分区减排技术选择与方案编制，形成了《巢湖流域氮磷污染控制方案》和藻类水华全过程控制对策。研究成果在巢湖流域污染治污与管控、河长制管理和地方面源污染及藻类水华控制等方面起到了有力支撑。水专项“十三五”项目“巢湖派河小流域水污染综合治理与湖体富营养化管控关键技术应用推广”以流域数字化精准化管控、小流域综合治理、巢湖水华控制为重点，对小流域水污染综合治理与湖体富营养化管控的各类单项技术、集成技术进行评估与分类，形成了巢湖污染管控、污染治理和生态修复3大技术包，构建的巢湖流域水环境目标水质管理平台在地方“数字巢湖”中得到示范应用（专栏6.11）。

为实现水生态环境保护战略目标，巢湖流域水污染与富营养化综合控制要遵循“优化城市发展模式–控源减污与拦截–清洁水源保育–调水引流扩容–修复与改善湖体生境–生态服务功能提升”的总体思路，构建“城湖共生”的生态安全管理格局，综合解决环境保护与经济发展之间的矛盾，实现全流域经济与环境的协调发展。一是统筹全流域污染源头治理工作，在强化西部入河污染治理的同时，加大南部和东部入河污染治理的力度。加强南淝河、杭埠河等主要入湖河流综合治理，降低氮磷入湖总量。二是加快城镇污水处理厂的建设和提标改造，有效提高污水处理厂的处理能力和处理效率；严格控制养殖污染，加快推进农业面源污染治理。三是持续做好河道与湖体生态修复工作，以小流域为单元，推进河道及河道周边湿地的修复工作，在推进黑臭河道治理的同时增加梯级湿地建设；加强湖滨带生态保护和综合治理，提升湖滨清水产流及湖体自净能力；加快推进湖体生态系统修复，提升湖泊生态系统净化能力与环境容量。四是完善巢湖水华预测预警和应急防控体系及评价指标体系，提高蓝藻水华评判准确性和应急处置能力。

专栏6.11　巢湖流域水环境目标水质管理平台的应用研究

水专项“十三五”课题“水环境目标水质管理平台集成技术巢湖流域验证应用与推广”致力于构建全流域水环境目标水质管理业务化大平台，形成了一套全流域污染管控的关键模拟技术、一套全流域污染精准减排综合管控方案和一套可推广水质目标管理业务化平台。通过集成蓝藻水华预测预警模型（预报指标包括巢湖全湖总氮、总磷、氨氮、溶解氧和藻类生物量等5项指标），实现了巢湖蓝藻水华未来一周的预测预警。构建了跨部门、跨行业的多源异构数据库，初步实现了湖泊-流域数字信息“一张图”，实现了数据与模型的耦合。

巢湖水专项平台被地方确定为“数字巢湖”基础版。一是实现流域水质、水量、污染物总量的管控，实现湖泊流域国省控断面水质超标报警、入湖污染通量或水质指标超标报警、各河段断面超出分配指标报警、乡镇排放量/水质指标超标报警等，助力河长制管理。二是支撑未来方案的制定，包括巢湖水质目标制定、分区水环境容量计算、允许入湖污染通量计算、河段污染削减量分配、允许入河负荷计算、流域空间管控方案。“数字巢湖”（基础版）建设得到了安徽省领导的充分肯定，强调信息化、数字化，是治理巢湖的有效手段，应在巢湖综合治理中发挥重要作用。

4. 滇池

滇池是我国第六大内陆淡水湖，是云南省最大的高原湖泊。由于没有河流之外的大额水源补给，滇池水生态安全和水质状况受城市污染影响较大，污染物持续输入以及围湖造田、直立堤岸和水量交换缓慢等是生态系统退化的直接外因。20世纪80年代末，滇池草海和外海水质迅速恶化，主要污染物浓度持续增大。2001年以后，随着滇池治理力度的加大，滇池治理的效果逐渐呈现，草海和外海的水质恶化趋势得到遏制。2010年以后，滇池治理进一步提速，工程成效渐显，滇池湖体水质明显改善。草海2016年实现脱劣，2018年改善至Ⅳ类；外海水质存在波动，2016~2017年在Ⅴ类至劣Ⅴ类之间波动，2018年达到Ⅳ类。2018年滇池水质明显好转，由中度富营养好转为轻度富营养。滇池水质明显改善的同时，湿地、河流、湖泊等自然生态系统的恢复尚未实现，高成本的外力维护难以恢复滇池湖泊生态系统功能，需要尊重自然规律，持续、科学地开展环境治理和生态修复工作[51]。

水专项针对高原重污染湖泊水污染治理问题，开展了一系列科学研究，提出了滇池水质持续性改善和滇池生态系统草型清水稳态的中长期规划目标，提出了“五区三步、南北并进、重点突破、治理与修复相结合”的滇池分区分步治理思路和理念及“南部优先恢复、北部控藻治污、西部自然保护、东部外围突破”的总体方案，形成了“源头控制-途径削减-湖体修复”的高原重污染湖泊富营养化治理思路与技术体系。整合“生境改善-水草恢复-浊清转换”技术环节，构建了高原重污染湖泊草型清水生态修复关键技术，在高原湖泊率先实现了高氮磷浓度下的水生态恢复；提出湖体-水系-流域-区域四级水资源优化配置集成技术，推进滇池水质的持续和整体提升。研究成果支撑规模化生态修复，开创了高原浅水富营养化湖泊规模化修复新模式（专栏6.12）。

滇池生态修复与健康恢复是个长期的过程。“十四五”期间，要坚持生态指标与水质指标并重，科学制定水生态环境保护目标，稳步实现从水质改善到生态系统管理的过渡。一是进一步完善产业结构调整，严格控制滇池流域内产业发展，依法开展滇池流域内工业生产企业搬迁、改造及关闭停产工作，引导工业退出主城向工业园区集中。二是针对截污体系雨季混合污水溢流严重，造成污水处理厂污水收集率下降的问题，推进截污系统效能核查，进一步完善污水收集系统，通过优化运行、联合调度，着力提高污水收集效率；优化流域已建调蓄池的运行，提高对雨污混合水的调蓄作用；大力削减农业面源污染负荷，完善流域截污治污系统。三是以循环、减负、改善滇池水质为目标，推进湖体-水系-流域-区域四级水资源优化配置；加强牛栏江补水水源区的保护与治理，提升补水的环境效率。四是按照“一区一策”思路，推进湖滨修复与水位调控、分区生态修复、水动力条件改变及内负荷清除与资源化，有效改造和构建滇池水体生态系统的结构和功能，促进生物多样性的增加。

专栏6.12 滇池草海水生态规模化修复关键技术

水专项“滇池草海水生态规模化修复关键技术与工程示范”课题以草海生态修复为目标，以改善生境、恢复水草、构建草型清水态为主线，开展高原富营养化湖泊湖滨带扩增保育、入湖低污染水高效脱氮、草型清水态构建与维持等关键核心技术研究，形成了“生境改善-水草恢复-浊清转换”的成套技术体系，在滇池草海成功实现规模化生态修复，开创了高原浅水富营养化湖泊规模化修复新模式。

（1）湖滨带扩增保育技术。该技术由受损湖滨带防浪堤生态处置技术和湖滨植被扩增保育技术组成，主要适用于湖泊受损湖滨带防浪堤生态化处置工程及湖滨地形地貌改造及生态修复工程。

（2）低污染水强化脱氮技术。该技术由水体脱氮和底泥脱氮两项关键核心技术组成。该技术可间接影响底泥中微生物的丰度，从而改变底泥中养分的生物可利用性，改善由于湖泊底泥疏浚造成的底泥营养缺失状态，提高水体的透明度，促进深水区沉水植物的生长，有助于受损种子库及沉水植被的恢复。

（3）草型清水态构建与维持技术。针对滇池草海水体透明度低、底泥的有机质含量高、还原性强等特点对恢复草海水生植被的可能影响，完成了透明度快速提高、水质底质改善与生态调控技术的研发，阐明了高营养负荷条件下实现系统向清水态转换的关键阈值条件，种子库恢复的可能性等。

通过示范项目建设，示范区水质和自然生态景观得到明显改善，水生植被盖度达40%以上，总氮、总磷下降30%以上，为滇池水生态系统的修复提供了有力支撑。不仅在滇池大规模生态修复中具有推广应用，而且对其他类似水体的修复具有参考价值。

5. 三峡水库

三峡水库是我国目前最宝贵的战略淡水资源库，对保障国家水安全和调节长江生态具有关键作用。库区干流蓄水前后水质类别总体稳定，但水文情势发生改变库区支流局部水域形成不利环境条件，消落区生态环境状况堪忧，三峡水库上游及库区入库污染负荷形成较大环境压力。自2003年三峡水库蓄水运行以来，库区水质总体保持稳定。2018年，干流9个断面水质全部达到Ⅱ类标准。库区水体氮、磷营养盐浓度偏高，叠加上水库运行后带来的水流流动滞缓因素，造成水库支流回水区富营养化和水华。

2018年，三峡库区长江38条主要支流77个水质断面中，Ⅰ～Ⅲ类占96.1%，Ⅳ类占3.9%，无Ⅴ类和劣Ⅴ类。总磷、COD和氨氮出现超标，断面超标率分别为2.6%、2.6%和1.3%。重庆库区36条主要支流中有27.8%的回水区监测断面呈富营养状态。水色异常的河流主要包括梅溪河、大宁河、神女溪、澎溪河、苎溪河、桃花溪和龙河等；湖北库区的香溪河等支流回水区同样存在富营养化问题。水华的优势种主要为硅藻、隐藻和甲藻等，影响三峡水库水生态安全。

水专项根据三峡水库生态环境状态调查和评价结果，提出了三峡水库流域水污染防治与富营养化控制的“着眼整体、控干强支、生态优先、稳定发展”中长期工作思路。明确三峡水库生态环境保护，应采用系统治理的方法，采用控制污染源和生态治理相结合的优化流域产水环境、强化水库水体自净能力和污染直接净化的全流域水环境整治的新理念，依托技术进步和应用，才能逐步有效地治理水库的水环境污染问题（专栏6.13）。

专栏6.13　三峡库区及上游流域水环境风险评估与预警研究

水专项“三峡库区及上游流域水环境风险评估与预警研究”课题构建了具有动力学机理的、引入高效能计算技术的“空-地-水”一体化水环境模型体系，能实现两小时内预测三峡库区水体20 m精度内未来两天的水环境变化趋势、5分钟内模拟预测突发事故未来两天内的演进过程；实现了对三峡库区水环境风险的高精度、高效率评估与预警，可以实时准确地模拟预测水环境风险的“发生时间、发生区域、影响范围以及影响程度”，解决了水专项实施前环境风险预警局限在局部区域和小尺度，且模型模拟精度无法满足业务需求的问题。

研究构建了包含数据中心、计算中心、控制中心和业务中心的流域水环境风险评估与预警智能云平台。智能云平台涵盖了环境大数据下多源异构数据的融合、集成、挖掘、共享技术体系和空-地-水一体化模型及其高效能计算方法，能为流域水环境风险评估提供实时化、自动化、智能化、服务化和业务化的支撑。平台能按需进行模块组装和集成，实现业务化部署和运行。

该研究实现了三峡库区及上游流域水环境风险评估与预警业务化高精度模型“从无到有”的突破和业务化系统平台“从有到优”的进步。在四川、重庆、湖北等地进行了示范应用，能及时、准确、有效地辅助业务部门进行风险处置。

为实现水生态环境保护战略目标，要从总体上把握三峡水库水环境状况，把库区支流作为三峡水库水污染防治与藻华控制的重点。一是以“控干强支”为原则，干流水质控制以水利工程生态调度为重点，小流域治理以库区支流污染负荷削减为重点。二是针对库区小城镇生活污染源，加快集镇水污染治理设施升级改造；三峡库区集镇水污染治理设施数量多，单体规模小，区域分布散，需要加强水污染治理设施的规划、建设与运行管理[52]。三是针对农业面源污染，开展植被缓冲带、水塘-湿地系统等湿地工程建设，强化面源控制，促进生态修复，有效控制农业面源的入库负荷量。四是坚持“生态优先”，大力实施“天然林保护工程”“退耕还林还草工程”，以遏制毁林开荒和陡坡垦殖等不合理开发利用方式，强化三峡库区生态屏障地位，加强消落带和次级河流生态修复，促进库区消落带生态系统的健康发展。

6. 丹江口水库及汉江中下游

丹江口水库是南水北调中线工程的水源地，为京津冀豫和汉江中下游地区几千万人口提供饮用水，其水质安全保障工作非常重要。“十一五”以来，我国先后实施了三期丹江口库区及上游水污染防治和水土保持规划，取得了显著成效，丹江口水源地水质总体良好。但2005年以来，丹江口水源地仍存在总氮浓度持续偏高、部分库湾富营养化风险较大等问题，主要原因在于丹江口库区农业生产模式与面源污染控制存在矛盾[53]。

2005~2019年，丹江口水库坝上中断面总氮浓度年均值在1.0~1.5 mg/L之间波动。16条主要入库支流中，神定河总氮浓度年均值最高，为11.98 mg/L，最大值出现在2018年，浓度为35.74 mg/L；滔河和淘谷河总氮浓度均值最低，但平均值也分别达到1.27 mg/L。总氮浓度过高导致丹江口水库营养盐不断累积，容易诱发水体富营养化甚至暴发水华，对水源地的水质安全产生较大的影响。丹江口水库入库总氮负荷总量为3.56万t，来自面源的总氮负荷量为2.15万t，占总氮总入库负荷量的60%，面源污染已成为丹江口水源地总氮污染的主导因素。

目前，南水北调中线工程的后续水源工程——引江补汉工程正在加紧推进，从长江三峡库区引水入汉江，在提高汉江流域的水资源调配能力、增加中线工程北调水量的同时，不能忽视长江干流磷污染物超标会对丹江口水库带来的水生态环境风险，应采取有效措施防止富营养化和水华。

为实现水生态环境保护战略目标，要以面源污染防控与引水条件下水质改善为重点，确保丹江口水质的持续整体提升。一是治理模式由“综合治理”向“生态调控”转变，推进农业种植结构调整和生态养殖，实现斑块层面种养平衡调控，改造库周小流域沟塘水系，恢复库滨生态屏障带，通过控制面源污染，破解总氮浓度持续偏高难题。二是注重引江补汉工程实施初期水生态环境质量的顶层调控，借鉴水专项在滇池、洱海等流域取得的经验和技术成果，开展清水态构建与维持，在早期及时控制磷污染及由此引起的局部生态系统失稳的问题，确保丹江口水库的水质安全。

6.3.2 黄河流域

黄河流域大部分位于我国中西部地区，水资源短缺、水土流失和生态脆弱；流域城镇化率约为40%，经济社会发展相对滞后，发展质量有待提高。流域地跨青藏高原、黄土高原和华北平原等三个台阶，上游的青藏高原是黄河径流的主要来源区、年均贡献约57%的径流；中部的黄土高原不仅是黄河泥沙和污染物的主要来源地，其水资源消耗量也约占全河的70%；黄河下游是地上悬河、河势游荡多变，洪灾风险形势严峻。经过70多年的努力，尤其是2000年以来，黄河治理取得了巨大成就，水土流失防治成效显著，流域生态环境明显改善。

黄河流域产业经济粗犷发展、竞争性用水矛盾突出，水资源过度开发问题尖锐。长期形成的用水结构不合理、水资源利用低效浪费、污染防控能力低，相互交织产生了流域极为复杂的水资源、水环境与水生态累积复合影响，成为流域经济社会和生态保护的重大瓶颈。水资源人均占有量仅为全国平均水平的27%，而水资源开发利用率高达80%，远超一般流域40%生态警戒线，一些支流处于自然意义上的断流状态。污染负荷大，35%的主要纳污河段长期处于入河污染负荷超载状况，现状黄河呈不健康状态。2018年，黄河137个水质断面中劣V类占比达12.4%，兰州以下入黄支流水功能超标和功能性断流，35%的主要纳污河段长期处于入河污染负荷超载状况。黄河自然生态萎缩和功能结构破坏趋势持续和加快发展。据调查，30年间黄河鱼类物种减少约一半，土著和濒危保护鱼类资源减少超六成。2007年与1986年相比，黄河流域湿地面积减少了15.8%，流域湿地面积总体上呈萎缩趋势。

为解决黄河流域生态环境保护难题，国家加大了投入，组织实施了水专项等一批重大科研项目。原黄河流域水资源保护局、有关科研院所等长期开展黄河多沙水体污染物监测与环境迁移转化规律、多泥沙水体水源地特征污染物环境行为研究、黄河生态流量与功能性不断流研究、黄河生态系统健康指标与生态修复技术研究、黄河河口生态需水研究、黄河主要河段生态健康评价、黄河干流水污染预警预报研究、黄河流域及西北诸河水功能区划，以及黄河流域水资源保护规划。黄河资源环境与生态问题也得到了国内外的高度关注，多次召开黄河国际论坛，开展了中欧流域一体化管理项目等国际合作。一大批成果已经在黄河流域生态环境保护中发挥了重要作用（专栏6.14）[54,55]。

专栏6.14　黄河上中下游生态环境问题差异性分析

（1）青藏高原（包括三江源、祁连山和甘南等高海拔地区）和尾闾三角洲：生态保护重点区域。其中，青藏高原面临气候变化背景下冻土及冰川融化、沼泽和湖泊湿地持续萎缩、草原退化沙化问题，需密切关注其对流域水资源的影响，实施国家重大生态保护修复工程。黄河三角洲生态系统主要面临河口区水沙减少、河流固化渠化、部分地区海岸线蚀退、淡咸水自然湿地保护生境面积萎缩和功能退化、滩涂自然生态系统损害等问题，需以三角洲自然生态良性发育和生物多样性保护为目标，建立基于河口生态功能和多样性保护定位的流域与区域保护格局，推进河口各类保护湿地生态修复和生物多样性保护。

（2）黄土高原：水土流失治理重点区域。目前生态系统仍然脆弱。北部人工植被退化、草地植被面临再次破坏的风险；坡面侵蚀大多已被控制，但部分地区沟壑产沙仍然严重，流域产沙量仍然超过黄河冲淤平衡的沙量阈值和土壤允许流失量；生态产业薄弱、缺乏绿水青山提质增效途径。需破解水土流失区的生态保护与经济发展矛盾，并维持黄土高原入黄沙量在2亿~3亿t/a的低位水平。

（3）流域干支流：要关注累积污染和环境风险问题。水资源与水环境复合影响加剧，水沙变化和水库调控下的水污染时空分布格局发生重大变化，对城市集中饮用水构成安全风险。11个能源化工基地和城镇化的快速发展，导致水体污染形势日益严峻。需要研究黄河水沙与水库调控变化下黄河水环境时空变化与分布规律，推进流域清洁生产、循环经济和污染综合治理，缓解流域经济尤其是能源布局发展与生态环境保护的矛盾。

（4）宁蒙灌区：重点关注农业用水浪费、土地盐碱化、耕地质量退化与土壤面源污染等问题。现代农业体系也远未形成，日益扩大的景观水面更与干旱缺水的背景极不相称。在水资源刚性约束下，如何兼顾节水控盐、经济发展、生态保护和退水水质改善等多目标，协调推进灌区节水和绿色发展，是目前急需解决的问题。

（5）黄河下游洪泛区和宁蒙河段：随着小浪底等骨干水库投运、黄河水沙锐减和下游标准化堤防建成等，显著缓解了黄河下游洪泛区和宁蒙河段的洪（凌）灾风险，扭转了主槽萎缩的局面，但水沙调控的后续动力不足，299 km游荡性河段河势仍未完全控制，悬河和二级悬河仍未明显改观，黄河滩区190万群众生存和发展环境仍未根本改变。需要科学调控水沙和河势，合理区划滩区功能及其防洪标准、改善河道湿地生态状况。

为实现水生态环境保护战略目标，黄河流域要坚持山水林田湖草综合治理、系统治理、源头治理理念，强化水资源、水环境和水生态的综合统筹与协同管理。一是加强空间管控，明确生产、生活、生态空间开发管制界限，加强流域“三线一单”等重要生态空间的监督管理，重点实施河源区、三角洲区域生态保护和干支流黄河廊道等生态空间的自然服务功能保护与修复。二是强化“三水统筹”落实，突出黄河复合承载能力的研究与科学管理，推进以生态保护为统领要求的资源开发刚性约束，科学制定流域生态环境保护战略、重大规划与工程布局，强化生态环境的统一监督。三是加快构建完善黄河生态保护政策与法规体系，出台黄河流域的国家资源开发与生态保护政策，推进《黄河保护法》立法，出台流域水资源综合调度与生态保护调控管理办法，推进黄河流域生态补偿机制，强化以水资源和水环境为核心的流域生态补偿工作。四是补齐科技支撑短板，组织开展黄河流域生态环境保护联合研究，实现多领域、多学科、多层次联合攻关、共同保护，打通地上和地下、岸上和水里、陆地和海洋、城市和农村，打造定制化科技服务模式，实现黄河流域生态环境监督管理的创新。

6.3.3 珠江流域

珠江流域是由西江、北江、东江及珠江三角洲诸河等四个水系所组成的流域。水专项重点在东江开展了研究。

东江流域

东江是我国最有代表性的饮用水源型河流，肩负向粤港澳大湾区核心城市供水的重任。流域社会经济快速发展与水生态环境保护之间矛盾突出，呈现典型的高经济密度、高发展速度、高功能水质要求及高强度控污特征，是风险管理模式中最重要的流域之一。东江流域人口密度高，开发强度大，挤占了生态空间。目前东江的水资源利用程度已接近临界水平，流域的系统生态流量，包括必要的压潮流量得不到保障；梯级电站开发造成生态系统碎片化。

近年来，东江流域COD_{Mn}、氨氮明显下降，但入海总氮和总磷通量仍然维持在较高水平。面源治理缺乏有效手段，面源逐步成为东江水质安全的主要影响因素，导致COD_{Mn}与总磷在流域大部分断面的洪季输送通量明显大于枯季。淡水河、石马河等重污染支流水质还未根本性好转。存在大量表面处理、电路板制造、印染印刷行业，产生的东江干流、支流与企业的排水生物毒性，对生态系统和饮水安全潜在较大健康风险（急性毒性检出率在13%~18%）。

水专项针对东江日益显现的危及优质水源风险，着眼于确保粤港“东深供水”工程水质安全开展研究，从水质风险、生态风险、健康风险三个方面集成建立了包括风险管控、维护生态、保水甘甜在内水源型河流水环境风险控制工程技术体系和水环境综合管理技术体系，促进了流域高质量发展，形成了水源型河流水环境风险防控的“控、维、保、发”新模式，保障了水源型河流高速发展过程中生态环境质量的持续改善，推动了我国环境管理从被动治污到主动控险的战略转变（专栏6.15）。

为实现“十四五”及中长期水生态环境保护战略目标，东江流域要进一步提升水环境风险全过程管控能力，推动水源型流域高质量发展。一是制定实施流域绿色发展规划，加强流域国土空间精细化管控，完善饮用水源保护区和生态保护红线国土空间管控措施，建立“一区一策”水源安全保障制度，促进粤港澳大湾区保护和发展相协调。二是完善流域水质风险综合管理体系，规划建设超标污染物、优控污染物、生物毒性等风险特征指标监测与调控体系，实施流域环境痕量污染物全过程风险防控，逐步实现“源头-过程-末端”及“生态风险识别-评估-调控”的全过程风险防控；进一步完善水环境风险实时监控、预报和优化控制体系，提升全流域水环境风险管控精细化、信息化、智能化水平。三是完善“藻类-底栖生物-鱼类”生物完整性为目标的水源型河流生态健康评价与生态保护体系，维护饮用水源河流生态健康。四是依托东江水专项优控污染物、生物毒性和水华水生态防控研究基础，加快出台水质风险管控技术标准，完善以排污许可制为核心的固定源排放管控机制，对固定源的高风险污染物排放实施有效管控。

专栏6.15 东江流域水环境风险系统控制管理战略

水专项"东江流域水污染控制与水生态系统恢复技术与综合示范"项目提出了东江流域水源保护"控制风险、维护生态、保水甘甜、发展持续"（简称"控、维、保、发"）的总体策略，实现了从"水质管理"向"水生态管理"、从"静态管理"向"实时过程管理"、从"达标管理"向"风险管理"的战略转变。

控制风险：系统识别流域经济社会发展演变构成的水质风险，以主动有效保护流域水源为目标，从发展布局防险、产业结构避险、工程控源减险、排水再净化消险、综合管理化险等五个方面构建流域水环境风险控制总体策略，研发相应各环节控制风险的成套技术并逐步示范、实施、推广。

维护生态：遵循健康的河流生态系统既能全面地反映水质异常变化，又有助于恢复水体自然状况的规律，构建以生物指标为核心的生态健康监测评估体系，对东江进行长效生态监测与评估，全面实施"上游保护、中游恢复、下游修复"的生态维护工程整体措施，建立东江流域水生态长效维护管理制度，以实现维护生态健康以保水源的治本之策。

保水甘甜：以保障流域水源处于自然甘甜状况为目标，全面控制流域排水综合毒性风险以确保水源无毒性，控制排水中所有痕量污染物以确保水源无损害风险，实时监控流域水质波动以确保水源无时不达标，以甘甜的水源从根本上保障人类健康长寿。

发展持续：根据区域发展定位和流域水源保护要求，将东江流域划分为若干功能区域；按"一区一策"的思路，合理划分各区维护自然、限制干扰、集约开发的区划比例，引导和调整主导产业结构，实施排水再净化减害、受纳排水河道持续净化、生态功能维护等组合措施。

6.3.4 松花江流域

松花江流域是我国重要的重工业基地和农林牧产业基地。流域石化企业众多，属于高风险河流，松花江汇入中俄界河黑龙江，其水质安全非常敏感。近年来，随着流域污染防治力度加大，松花江干流、支流水质和生态环境明显得到改善，水质优良（Ⅰ~Ⅲ类）比例由2006年的24%增加到2019年的66.4%，劣Ⅴ类比例从21%降至2.8%，松花江水系整体水质由中度污染变为轻度污染，其中干流由轻度污染变为优，支流由重度污染变为中度污染，有机污染物检出种类和浓度降低。

松花江流域长期以来形成的布局性和结构性污染问题依然突出，工业废水对松花江有毒有机物污染贡献率超过80%，流域分布大量高风险污染源；工农业生产和水利工程建设使松花江水生态系统结构和功能受损，生物多样性保护的形势依然严峻；作为国家商品粮基地，农业面源污染愈加凸显，在松花江水污染构成中，以COD污染为主的面源污染贡献率为71.11%，成为丰水期污染的主要原因；松花江流域地处高寒地区、河流冰封期长，造成冬季水污染加剧，特别是有机污染突出，春季融雪期面源污染的产生量较大，融雪期面源产生的COD和总氮分别占全年产生量的36%和27%。

水专项针对松花江流域特点以及有机污染物风险，开展了风险源识别筛选、水环境风险预测预警、监管和风险区划研究，开发了跨境水环境综合管理与谈判决策支持平台。围绕“高风险、出境河段、冰封期长”等流域特征，提出了“双险齐控、冬季保障、面源削减、支流管控、生态恢复”的治理模式，突破了一批石化行业废水有毒有机物全过程控制、重点行业清洁生产与污染负荷削减、高寒地区农业面源污染全过程控制、寒冷地区近城水体污染分散点源污染控制技术、流域风险综合防控关键技术，支撑了流域有毒有机物减排和常规污染物达标排放，以及示范流域的水质改善和水生态恢复（专栏6.16）。

为实现水生态环境保护战略目标，松花江流域要统筹“水资源、水环境、水生态”，科学确定流域中长期规划目标和各项任务[56]。一是进一步削减点源和农业面源污染负荷，严控有毒有机物，降低流域生态风险。重点关注沿江中大型城市城镇生活氨氮排放和工业点源（石化、煤化工、制药等）有毒有机物排放，流域平原区的高锰酸盐指数负荷（农业种植、畜禽养殖等）输入。二是以水体水生态改善为核心，进一步梳理山水林田湖草之间的内在系统关系，推行流域水生态恢复，提升松花江水生态完整性，实现“三花五罗”珍稀鱼类恢复的目标。三是完善流域水环境管理与监控预警体系，确保出境水质安全。构建适宜于松花江流域的水环境质量标准、有毒有机物排放标准，推进“一河一策”，实现精准治污。进一步强化吉林石化、哈药集团等重点污染源特征污染物监控管理，完善风险源风险防控管理平台，优化流域栖息地、产卵场等重点生态功能区和出境河段水质监测方案和监测体系，建立污染源和水环境质量综合管理平台。

专栏6.16 松花江流域水生态完整性评价与生态恢复研究

水专项“松花江水生态完整性评价与生态恢复关键技术研究及示范”课题建立了松花江水生态完整性评价技术方法，形成多目标-多情景-分阶段的松花江水生态恢复关键技术，为寒冷地区河流生态系统恢复提供技术支撑。

1）寒冷地区河流水生态完整性评价技术方法。

立足于开展松花江水生态完整性评估和恢复健康水生态系统的技术需求，针对我国当前缺乏完善的寒冷性河流水生态完整性评价体系现状，分别从物理完整性、化学完整性与生物完整性方面入手建立了适用于松花江的多尺度、多层面水生态完整性评价方法。

结果表明，松花江流域水生态完整性整体为Ⅲ级（中，生态系统的自然生境和群落结构发生了较大变化，部分生态功能丧失），其中嫩江上游支流甘河、呼兰河上游为Ⅱ级（良，基本功能完好且状态稳定），水生态完整性较好；干流哈尔滨段、伊通河为Ⅳ级（差，生态系统发生显著改变，生态功能大部分丧失）。导致水生态完整性退化的原因除了水环境污染，还包括滨岸带受损、水体连通性破坏、水生生物繁殖栖息地丧失等。

2）松花江生态系统恢复技术

针对松花江生物多样性降低、河滨原生植被受损、面源污染严重、珍稀鱼类减少等诸多问题，研发了寒冷地区受损水体生态恢复技术、动物栖息地近自然恢复技术、滨岸带农业面源污染控制技术、珍稀鱼类生态恢复技术，在河流生物多样性提高、滨岸带植被恢复、水质改善等方面具有显著效果。示范湿地植被覆盖率（含水面）由47%提高到61%，地上生物量增加了31.1%，净化能力明显提高，有效缓解了区域沿江湿地生态功能和生物多样性退化问题，示范江段也发现了多年未见的土著鱼类鳌花和东北七鳃鳗，湿地水禽鹭科、鸥科、鸭科种类和个体数量增加。松花江同江段示范区施氏鲟和达氏鳇的资源量恢复达到10%以上，鲟鳇鱼资源得到较好的恢复。

6.3.5 淮河流域

淮河流域是我国最重要的农业生产基地之一，改革开放以来，淮河多次发生重大突发性水污染事故，引起国内外广泛关注。近二十余年来，经国家和地方政府持续不懈的治污，淮河干流水质已有明显好转，2018年，监测的180个水质断面中，Ⅰ~Ⅲ类优良水体占57.2%，Ⅳ类占30.6%，Ⅴ类占9.4%，劣Ⅴ类占2.8%，干流水质为优，主要支流和山东半岛独流入海河流为轻度污染，其中，流域中游平原区是污染较重区域，主要污染类型是氮污染（地表水是氨氮，地下水是“三氮”）与毒害污染。

淮河流域水质整体已呈现持续改善局面，但部分支流仍水质不达标、河流生态受损严重、水环境安全隐患多等问题依然十分突出。流域闸坝众多、天然径流缺乏，水回用率低，河道内源污染严重；2017年淮河污废水入河量达79.56亿t，COD和氨氮入河排放量为33.34万t和2.91万t，是限排目标的1.25倍和1.53倍，表明淮河水环境污染压力仍处于高位，进一步改善水质难度大；结构型污染问题突出，农业伴生型行业分布广泛、污染物浓度高、毒性风险大，农业面源污染问题急需有效控制；2017年淮河地表水资源开发利用率达64.3%，远超过国际公认的内陆河流水资源合理开发利用率上限水平（30%），河流水生态明显退化，物种以耐污种为主；水环境安全隐患多，突发性和累积性风险并存。研究发现，淮河地表水、饮用水等水体普遍存在重金属、内分泌干扰物、抗生素、农药等毒害污染物，部分区域呈现较高累积性环境风险。近年来，长三角地区的化工、印染等重污染行业加速向洪泽湖中上游地区转移，淮河累积性环境风险问题将更为严峻[57]。

水专项针对淮河流域水生态环境质量改善需求，开展了“淮河流域重污染河流深度治理和差异化水质目标管理关键技术集成验证及推广应用”“淮河流域水污染治理技术研究与集成示范”“淮河流域水质-水量-水生态联合调度关键技术研究与示范”等研究，创新并实践了基流匮乏型重污染河流“三级控制、三级标准、三级循环”的“三三三”治理模式，制定了污染源、河道、管理与流域综合调控的“点-线-管-面”综合施治路线，有效提高淮河流域“水质-水量-水生态”联合模拟、分析评价、预警和防治、联合调度和综合决策的能力，实现流域内国控断面Ⅰ~Ⅲ类水质比重从2006年的26.0%提高到2020年的78.9%，劣Ⅴ类水质完全消除，为淮河及沙颍河流域水质改善与生态系统健康恢复提供了有力的科技支撑（专栏6.17）。

为实现水生态环境保护战略目标，应大力推进从污染控制与治理向水生态环境保护和修复转变，解决突出生态环境问题，推动淮河流域绿色发展。一是借鉴水专项研发的“三三三”治理思路，针对淮河流域污染重、难达标的河流、湖泊等水体，以地方行业和小流域排污标准为管理抓手，并结合排污许可制度，建立水质目标与入河排污口和污染源响应关系，推进实施流域生态补偿政策，构建小流域水质目标精细化管理体系。二是大力推进农业面源及伴生工业的污染控制、废水资源化、能源化与无害化处理，支撑淮河流域农业及其伴生工业绿色转型升级。三是开展“水质-水量-水生态”联合调度，提高水回用率，缓解工农业、生活与生态用水的突出矛盾，保障河流生态流量；大规模建设城镇污水再生回用和河流生态修复工程，推进再生水安全生态补给，实现河流生物多样性恢复。四是加强河流毒害污染风险管理，提升支流水质，强化水污染事故预警与应急能力，实施重大输水工程调蓄湖泊“治、用、保”治理模式，保障饮用水源与南水北调东线水质安全。

专栏6.17　淮河流域闸坝型重污染河流“三三三”治理模式

淮河流域人口高度密集，闸坝众多，水资源短缺，囤集于闸坝上游的污水下泄是造成淮河水污染事故频发的直接原因。针对这一突出的环境问题，水专项创新了闸坝型河流治理模式，研发了一批水污染治理、风险控制与安全利用的关键技术，并选取贾鲁河进行示范。

水专项提出了基于水质目标管理与生态健康恢复的多闸坝基流匮乏型重污染河流治理模式（“三三三”模式）：

三级控制：通过工业与工业园区废水处理与资源化、能源化利用，形成点源-区域-流域的“三级控制”。

三级标准：以“行业间接排放标准、区域排污标准、流域排污标准”的“三级标准”为管控手段，使工业废水和城市污水逐级净化处理与资源化能源化利用；在河南省编制实施了化工、制药、酿造、合成氨等行业地方排污标准以及贾鲁河、双洎河、清潩河等小流域排污标准，构建了“三级标准”控制体系，使污染物排放标准与河流水质标准得到科学衔接，有效解决了“污染排放达标、但水质不达标”问题，为河南省水环境生态补偿政策实施提供科技支撑，保障了沙颍河-贾鲁河的水质达标。

三级循环：通过构建“工业园区(企业)内部废水循环利用-区域污水再生利用-流域水资源生态利用”的水资源“三级循环”再生利用技术体系，实现废水资源最大限度的再生利用，维持了河流的基本生态流量，保障河流水体达到水生态功能区划的水质目标，实现流域环境容量与排污总量的科学衔接。

6.3.6 海河流域

海河流域是我国重要的工业基地和高新技术产业基地，在国家经济发展中具有重要战略地位。海河河流断流干涸问题突出，呈现干涸范围广、时间长的特征，流域人均水资源仅为全国平均水平的10%左右，属于极度缺水地区；水资源开发利用率高达106%，远超生态警戒线（40%），造成对生态用水的大量挤占。极度缺水条件下的非常规水源补给带来的复合污染问题，是海河流域水污染的典型特点。污废水来源复杂，河流多种污染并存，河流水质风险问题突出；河流物种结构单一，生物贫化，耐污种为主，自净能力弱。

海河流域水质总体显著改善，但仍是全国水污染最重流域。2019年，海河流域Ⅰ~Ⅲ类断面比例为53.8%，较2010年升高19.1个百分点；劣Ⅴ断面比例为4.7%，较2010年降低31.3个百分点。白洋淀入湖河流水质明显改善，但入湖区、湖心区无明显变化，分别为Ⅴ类和Ⅳ类；白洋淀、衡水湖、于桥水库仍维持轻度富营养，于桥水库蓝藻水华暴发风险长期存在。水生生物完整性评价表明，滦河、北运河、大清河、永定河流域均处于不健康状态，各水系大型底栖动物的生物多样性指数范围为0.00~3.30，整体处于轻度污染至中度污染水平。

水专项开展了“海河流域水污染综合治理与水质改善技术与集成示范”“海河流域河流生态完整性影响机制与恢复途径研究”“海河干流水环境质量改善关键技术与综合示范”等项目/课题研究，完成京津冀地区水生态环境问题及成因分析，初步确定京津冀地区“三水”指标目标，突破了非常规水源补给河流生态湿地工程系列关键技术与集成技术，创新了COD流域减排新模式，实现了低污染水再生资源化利用，提出了海河流域生态完整性影响机制与恢复途径，有效支撑了京津冀高度缺水区域生态文明建设（专栏6.18）。

为实现水生态环境保护战略目标，海河流域要围绕“水环境质量持续改善，断流干涸河段、湖库数量明显减少，河湖水生态系统功能初步恢复”目标，大力开展生态环境保护工作。一是以问题突出城市为重点，尽快补齐污染减排短板。进一步调整优化产业结构布局，转变粗放生产方式，促进工业污染减排；完善城市污水管网建设，着力解决城镇生活污水处理能力不足问题；加强畜禽废水处理设施建设，推进农业面源科学治理。二是加快“治、保、用”并举的区域再生水循环利用体系建设，通过污水处理厂治理、人工湿地净化工程、调蓄储备设施建设，实现污染物减排、增加环境容量、节约水资源。三是针对重点水体，开展河湖缓冲带、河湖水域的生态保护修复，针对重点河流入海口，建设河口人工湿地。四是建立永定河流域生态补偿机制，实现水质、水量双补偿。五是以分区分类管控目标为约束，推进流域水质目标管理，建立污染排放与水质响应关系，研究制定流域排放标准与排污许可管理制度。

专栏6.18 海河流域河流生态完整性影响机制与恢复途径

水专项"海河流域河流生态完整性影响机制与恢复途径研究"课题基于河流治理与恢复需求，构建了包括河流生物、河流生境（包括河岸带生境和河道生境）、邻岸土地利用等方面的河流生态评估指标体系和方法，用于诊断海河流域河流生态质量状况。该方法运用预测模型法的思想，以河流底栖动物为指示生物，以河流生境为辅助指标集，综合诊断河流生态质量。对海河流域九大水系的生态评估结果表明，海河流域半数以上河流生态状况较差，其中上游山区段状况较好，中部平原段和下游滨海段较差。

针对海河流域平原段河流闸坝众多，河流环境流量不能得以保障的问题，在对海河流域平原段河流现状进行系统考察和研究的基础上，参照国内外通用的模型，分别研发了海河流域平原河流环境流量保障技术和平原河流闸坝生态调度技术，并创新性地提出了以植被、鱼类恢复作为闸坝运行和管理的关键指标之一。研发了水生植物群落恢复技术、典型鱼类生物群落恢复技术和底栖生物群落恢复与生境修复技术，并进行了技术示范。

针对河流水生态问题具有多样性和复杂性的特点，提出海河流域河流生态完整性修复策略，包括：建设流域尺度的河流水生态环境监测体系；生态化利用流域的非常规水源；恢复海河流域中部平原退化的湿地；恢复海河流域河流水生态空间；实施海河流域河流闸坝生态调控；逐步改善海河流域河流水环境质量；重建河流重要水生物种与功能群。

6.3.7 辽河流域

辽河流域经济社会发展和城市布局的特点，致使辽河流域重化工行业积聚、水环境污染严重、历史欠账多、污染治理难度大，具有结构型、复合型、区域型污染的特点。辽河流域的一个突出问题是水资源短缺，生态用水不足，水生态脆弱水生生物多样性单一。全流域水资源开发利用程度已达77%，浑太河流域已达89%，水资源利用中生态用水占比仅为2.2%。辽河流域丰、枯水年降水量比值可达2.1~3.5倍，近五年辽河流域降水偏少导致地表水资源量不足，是水质反弹的原因之一。由环境污染带来的物种缺失和外来物种的入侵，成为植物多样性恢复的主要威胁因素。

近年来，随着环境保护力度加大，特别是“水十条”的实施，水环境质量得到显著提升，到2019年水质优良比例达到56.4%，但仍未达到水十条考核目标（70%）。辽河流域16个地级市在2019年全国地表水环境质量状况三次排名中总体较差，9个地级市在排名倒数30名中出现22次，城市水环境保护压力较大。流域水生生物多样性单一，近年来流域内鱼类物种丰富度明显提高，但仍以环境耐受性强、杂食性的小型鱼类为主，缺乏大型肉食性鱼类，河流生境有待进一步提高[58]。

水专项针对辽河流域环境问题特点，按照“流域统筹、分类控源、协同治理、整体修复、产业支撑”的研究思路，构建“管-控-治-修-产”五位一体的治理模式，突破辽河流域重化工业等行业污染治理技术瓶颈，支撑流域“三大减排”和“摘帽行动”，引领了国内第一个大型河流保护区-辽河保护区的建设，在辽河流域水污染治理中发挥了重要科技支撑作用。为我国开展同类型工业密集、污染负荷高的河流水污染防治提供了成套技术与管理经验（专栏6.19）。

为实现水环境保护战略目标，辽河流域要合理确定中长期规划目标指标，落实“三水统筹”，完善体制机制，保障河流健康发展。一是严守环境质量底线，精准开展水环境治理。准确分析辽河流域水污染的特征、成因和机制，严守环境质量底线，精准系统实施治理。二是科学制定生态用水的时空优化调度方案。制定面向北方寒冷地区河湖健康的生态流量确定方法与标准，建立重要控制断面生态流量与重要水利工程下泄生态基流的监测评估制度，开展生态流量综合监管。三是加强水资源涵养措施和项目的设计。推进上游水源涵养林建设，提高流域水资源供给能力。统筹考虑流域水资源现状，设计中水回用工程项目及配套政策。利用用水价格机制，促进节约用水，推动水环境容量的合理调配和提升。四是建立并完善跨省生态补偿机制，大力推广应用辽河流域水环境管理与水污染治理技术成果，形成辽河流域“体系+模式集+创新平台”模式的标志性成果。

专栏6.19　辽河流域水污染治理战略

水专项研究表明，辽河流域产业结构调整促进结构减排、河流有毒有害物控制及生态环境修复与保护是辽河水污染治理的首要战略任务，治理对策分别以辽河干流段生态修复策略、浑太平原段点源治理策略、浑太山区重点保护与生态建设为主。

（1）辽河干流段生态修复。辽河干流主要由辽河、浑河、太子河和大辽河构成，由于长期受到区域社会经济发展到压力，流域生态系统退化严重、水质环境恶化是已经成为亟待解决生态问题，实施流域生态环境综合整治、构建人工湿地不仅是实现流域生态系统恢复的手段，也是保障支流入干水质的重要措施。通过实施河道湿地保护与建设工程，将形成由不同规模、错落有致的湿地构成的具有自我修复功能的河流湿地生态系统，发挥其调洪蓄洪、净化水质、水源涵养、增加生物多样性、调节小气候、增加景观多样性等多重作用，成为野生动植物、鱼类和鸟类的栖息地。

（2）浑太平原段点源治理。结合全国主体功能区划和产业发展战略实施，制定辽河流域分区域分阶段的环境保护标准，加强对产业布局、结构和规模的统筹。加强污染物减排工作，通过污染减排的”倒逼机制”传导到结构调整和经济转型上来，促进辽河流域经济发展方式转变和产业结构调整。加强有毒有害污染物治理技术评估和集成，形成控制技术体系。针对具体行业，进行污水处理技术研发与管理，实现污染源风险控制。

（3）浑太山区段重点保护与生态建设。推进源头生态环境保护，保障源头水环境安全。分区段识别流域污染特征，开展系列水环境修复与生态保护措施。针对源头区生态环境的主要问题，以拦污蓄水为目标，开展河流生态恢复工作；针对浑河上游水环境状况，推进浑河上游水污染控制与水质改善；针对北方地区城市重污染支流特点，推进城市重污染支流生态水面扩增及景观构建；针对辽河的重污染支流水文水质特征，研发污染支流复合人工强化生态系统。

6.3.8　其他

洱海流域

洱海是大理市主要饮用水源地，又是苍山洱海国家级自然保护区和国家级风景名胜区的核心。随着流域城镇化、工业化、农业产业化进程加快，旅游业快速发展，人口增加，流域经济社会粗放发展导致了洱海湖泊水质恶化及生态退化。洱海作为高原湖泊，拥有水深较深、滞留时间较长、水资源相对不足，水质响应具有一定的延迟性；气象条件适合藻类生长；人类活动的密集区，污染输入源近流短，治理难度相对较大等特点。洱海是典型的农田面源污染型湖泊，2017年流域农田面源污染总氮和总磷入湖负荷占比达29%和22%，成为洱海最主要的污染来源。入湖河流水质污染严重，2017年洱海27条主要入湖河流中，断面水质符合Ⅱ类的仅有1条，而Ⅴ类及劣Ⅴ类14条，水质较差的河流占比较大。

洱海水质1999年后由Ⅱ类下降到Ⅲ类，2003年后总体稳定在Ⅲ类，呈波动性变化。2017年洱海总氮浓度升高至0.55 mg/L，达到2010年后的最高水平；总磷浓度仍维持在0.028 mg/L的高位水平。2018年，大理市推进“八大攻坚战”，洱海水质下滑趋势得到有效遏制，2018年洱海的水质恢复至Ⅱ类。洱海虽处于中营养状态，但富营养化转型期特征明显，藻型富营养化问题突出，脆弱的水生态系统使水质维持能力弱，在水质剧烈波动下，夏秋季藻量较大，规模化蓝藻水华暴发风险仍较高。从洱海流域水生态环境状况未来发展趋势来看，湖区藻类及藻华压力仍然较大，湖区生态系统的恢复是一个漫长的过程，清水资源不足是制约洱海水质恢复的重要原因。

水专项针对富营养化初期湖泊特点，从污染源控制、流域生态修复、湖内生态修复、结构控污等方面开展了研究与示范，实现洱海蓝藻生长限制因子的定量识别，进一步提升了洱海的藻华风险管理能力；完成洱海湖区、湖滨带和水生态保护区核心区的蓝、绿、红“三线”保护管理体系；突破了基于富营养化初期湖泊保护的流域污染控制与生态修复成套技术、湖泊（洱海）流域结构控污与生态文明体系构建成套技术、农田面源控制-种养一体化农业废弃物循环利用技术体系等多项核心技术（专栏6.20）。

为实现水生态环境保护战略目标，洱海流域要根据流域产业经济发展现状特征、功能定位和区位特点，以提升流域水质为核心，立足流域山水林田湖生态保护与修复的整体性、协同性和关联性，开展水生态环境保护修复工作[59]。一是遵循分区保护治理原则，优化流域生态空间格局，促进流域生态健康，划定并保护洱海流域生态空间，以洱海为核心，构建“一湖三圈九区”的湖泊流域生态安全格局。二是以体系化、系统化为主旨，推进截污治污体系建设。以集镇污水收集处理为骨干，根据各村落条件将农村生活（旅游）污水分别纳入集镇污水管网或进行分散处理，集中收集处理后的尾水因地制宜地实施深度处理或回用，实现流域截污治污体系全覆盖。三是按照“修山育林-净田治河-修复宜居-增容保水”的思路，以恢复流域水循环健康和氮磷循环平衡为轴线，实现洱海流域“山水林田湖草”一体化保护和修复。加强山体生态修复，保育水源涵养功能；发展绿色生态农业，强化入湖小流域环境综合整治；构筑流域生态屏障，建设宜居生活空间；增强环境容量，保障洱海生态安全。四是建立和完善基于水生态功能分区的流域水质目标管理，根据洱海流域水污染防治和蓝藻水华防控需求，加强基于蓝藻对水文、气象、水质定量响应关系的蓝藻水华动态监控，实现洱海流域生态环境“一张网，一中心，一平台”的管控机制。

专栏6.20　富营养化初期湖泊退化生境综合改善技术体系研究

水专项“富营养化初期湖泊（洱海）防控整装成套技术集成及流域环境综合管理平台建设”课题针对洱海水生态系统先于水质恶化的问题，攻克了生境诊断、沉水植被面积扩增、生物控藻、水华去除等关键技术，形成了富营养化初期湖泊的综合治理技术体系。

该技术体系包括三项关键技术：一是对洱海生境退化特征、成因和关键指标阈值进行深入分析，科学研判洱海水生态系统仍可逆转，处于水体生境改善的关键时期；二是优化洱海水位运行，同时采用物理-化学联控措施阻控底泥氮磷释放，为沉水植被恢复创造条件，并通过繁殖体和幼苗补充等措施实现水生植被面积扩增与群落优化；三是建立科学禁渔和放捕鱼机制，优化鱼类结构以增强鱼控藻效率，并配合其他措施达到控藻除藻效果。

该研究创新了洱海水位调控的思路，即从以水资源和防洪为主向以生态水位优先转变；从以往基于经验的模糊水位调控，向基于沉水植被适合度数值模拟的精准水位调控转变。针对洱海农业农村面源和农村生活、种植、养殖为主的污染特征，研发了种养一体化农业废弃物循环利用、农田清洁生产、村落区域污染控制等技术。针对水生态遭受破坏、具有一定恢复力的特征，研发了入湖河流中游湿地恢复、湖滨缓冲带构建与低污染水净化、湖泊退化生境改善等技术。

6.4　工业源、城镇源和农业面源全过程管控

我国水污染物排放量大面广，超过环境容量和环境承载力，控源、减排、截污仍然是水生态环境保护的最基本的有效手段。要以山水林田湖草系统治理理念为引领，统筹开展区域工业污染源、城镇生活源和农业面源水污染的综合控制和再生水循环利用，打造系统治理的最佳效果，形成生态文明建设的新型区域综合管控模式。突出流域特色，坚持问题导向与目标导向，加强源头控制、过程控制和综合管控，全面控制污染物排放，系统削减水环境污染负荷，推进水体生态环境质量持续改善。

6.4.1　工业污染源

1. 加强重点行业污染物源头控制和过程控制，深化水污染物排放总量削减工作

工业污染防治一直是我国生态环境保护工作的重中之重。近年来，随着污染防治攻坚战和“水十条”的大力推进，主要工业行业加强产业结构调整、技术升级和污染治理力度，水污染排放在总的污染排放中的占比不断降低。但工业行业污染物排放具有总量大、种类多、毒性强、风险高、难降解的特点，工业污染防治面临的形势依然严峻。特别是有色冶金、电镀、钢铁冶金等行业的重金属废水，石油化工、煤化工、制药、电力等行业的高盐废水，稀土、新能源、煤化工等行业的高氨氮废水等，由于处理难度大、成本高、资源化利用困难，是亟须重点解决的污染问题。目前我国在源头减排、过程控制方面的技术装备水平和工业生产过程控制水平仍然不高，导致工业废水治理成本居高不下，企业负担沉重。如钢铁行业三废治理成本超过200元/t钢，占总生产成本大于8%。毒性难降解污染物先进适用控制技术缺乏，成为工业可持续绿色发展的“卡脖子”技术问题。

水专项针对钢铁、石化、制药、有色、造纸、皮革、印染和农副产品深加工等重点行业，开展了行业内部各产污节点和污染物排放水平研究，明确了基于“问题识别-过程减排-末端无害化-优化集成”全过程综合控污技术模式，在辽河、松花江、海河、淮河等重点流域建立了一批产业化示范工程。其中，焦化行业废水全过程高效低成本处理、造纸行业化学制浆氧脱木素/无元素氯漂白

等关键成套技术行业覆盖度分别已达到15%和10%以上[60]。

为实现“十四五”及中长期水生态环境保护战略目标，要进一步加强重点行业污染物源头控制和过程污染控制，推进工业行业绿色发展，为经济发展腾出更多的环境容量空间。一是针对缺水地区、生态脆弱区等重点区域，选取煤化工等重污染行业，构建基于生命周期的废水绿色评价体系，形成相应的行业废水超低排放绿色新标准，引导工业水污染治理从末端治理向源头清洁生产减排、资源能源循环、提高水资源回用等全过程绿色可持续方向转变。二是根据区域流域生态环境、产业结构和污染特征，针对重点行业高浓度、高盐度、高毒性、难降解的工业废水，以及含难降解有机物、重金属的复合污染型工业废水，推广应用去除效能高、经济性好的最佳实用处理技术。三是以“源头控制、过程控制”为指导思想，推广运用水专项创新集成的各重点行业全过程控制技术模式和控制路线，实施差别化、精细化的精准治理。落实“污染者付费”等市场手段，为工业废水治理提供有效激励机制，以最低排放成本实现特定量污染减排。

2. 加强工业园区污染控制，以清洁生产化实现节水减排

工业园区已成为我国经济发展的引擎，工业园区工业产值已占一些地区工业总产值的50%以上，是我国经济发展和工业升级的重要承载平台，但同时是资源消耗和污染排放的大户，工业园区面临耗水量大、水污染重、环境风险高等环境问题。由于入园工业企业排放的工业废水总类复杂，具有不稳定性、复杂性、高危害性等特点，在高含盐难降解污水分类收集与集中处理、非常规水源再生与多途径回用、接纳众多类型废水园区集中污水处理厂实现稳定达标等方面存在突出问题。

水专项针对化工、制药、农副产品加工、冶金以及综合工业园区，开展了工业园区污染控制与清洁生产技术体系研究，突破高含盐废水资源化利用的清洁生产技术、高生物毒性难生物降解化工园区节水控源减排集成技术、冶金工业区非常规水源再生与多途径回用技术等一批关键技术，提出“工业园区环保公用工程一体化模式”。技术成果在天津经济技术开发区、宜兴经济开发区、沈阳制药工业园区等园区进行应用示范，实现节能减排、降低水资源开采、污泥资源化等环境和经济效益。

为实现“十四五”及中长期水生态环境保护战略目标，应从源头削减、全过程控制及多途径回用等角度，构建工业园区清洁生产及水污染治理体系，推动我国典型工业园区可持续发展。一是进一步开展基于水资源与水环境约束的工业园区布局调整与优化，以水环境质量目标推动园区升级转型。二是加强工业园区非常规水源的深度处理与再生回用，采用多水源供水平衡调度技术，提高水资源的利用效率。三是加强工业集聚区水污染的集中治理，通过新型工艺路线的完善和应用，推动接纳众多类型废水园区集中污水处理厂实现稳定达标，进一步实现重点流域主要污染物总量减排和水体污染趋势的有效控制。

6.4.2　城镇生活源

1. 持续推进提标改造，实施城镇生活污水深度治理

我国城镇污水厂排放标准有逐步加严的趋势。“水十条”要求，敏感区域（重点湖泊、重点水库、近岸海域汇水区域）城镇污水处理设施应于2017年底前全面达到一级A排放标准；建成区水体水质达不到地表水Ⅳ类标准的城市，新建城镇污水处理设施要执行一级A排放标准。

与此同时，北京、天津、太湖、滇池等地方标准相继颁布，污水处理开始面临超高排放要求，不仅要满足再生水的生产与综合利用，还需要通过处理水提高接纳水体的水环境容量，最终实现水环境质量的改善（表6.1）。为了稳定达标排放，进一步催生了膜过滤与反渗透、高标准除磷脱氮、化学高级氧化与脱色等工艺单元技术的工程应用。由一级A升级至类Ⅳ类水的新地标A，大幅度增加的药耗极大地改变了污水处理厂直接成本的构成比例。但也有观点认为，在水环境质量改善方面，简单利用污水处理厂提标对水环境质量进行改善可能是杯水车薪；将污水处理厂的排放标准提到准Ⅳ类后再排到其中，是一种投资浪费。总的来讲，城镇生活污水治理应树立系统治理的理念，从传统的“末端治理”转向“源头减排、过程控制、系统治理”。按照差别化管理的思路，根据当地的水生态环境质量要求和环境容量，确定排放标准，避免“一刀切”。

表6.1 污水处理厂排放标准限值（mg/L）

	COD	氨氮	总氮	总磷	悬浮物
国标一级A	50	5	15	0.5	10
地表水GB 3838四类水	30	1.5	1.5	0.3(0.1)	
北京DB 11/89—2012	30	1.5	10(15)	0.3	5
天津DB 12/599—2015	30	1.5	10	0.3	5
太湖排放限值DB 32/1072—2018	40	3(5)	10(12)	0.3	
巢湖排放限值DB 34/2710—2016	40	2(3)	10(12)	0.3	

水专项针对现有典型污水处理模式及单元工艺技术达标难度大，能耗物耗成本高问题，攻克了我国特有的动态复杂多变条件下城镇污水的高排放标准稳定达标处理与再生利用重大技术难题，从整体工艺技术系统、预处理单元强化、生物除磷脱氮功能强化、深度处理功能强化、过程监管与优化运行、城镇污水处理新兴技术等关键环节着手，构建形成了城镇污水高标准处理与再生利用成套技术，开发并大规模示范应用一级A稳定达标及节能降耗省地成套工艺技术，支撑了1000余座城市污水处理厂出水稳定满足一级A及更高排放标准要求，推动了我国城镇污水处理行业的跨越式创新发展。

为实现“十四五”及中长期水生态环境保护战略目标，要推动城市污水处理提标改造，着力解决污水管网不配套、收集能力不足，以及污泥减量化、稳定化、无害化处理处置问题，全面提升城乡污水处理能力。一是推动城市污水处理提标改造、污泥处理处置与资源化利用，进一步提高污水处理率和处理的深度，强化末端生态处理，普及脱氮除磷三级处理，稳定满足一级A及更高排放标准要求。二是在我国特有的动态复杂多变条件下，全面实现城镇污水的高排放标准稳定达标处理与再生利用。三是完善排水系统优化与管网改造等环境基础设施，提升小城镇水污染物减排与水环境综合治理水平。以尾水去向、经济发展水平、环境条件等作为主要考虑因素，根据区域、服务对象、排放特点的不同，因地制宜探索区域农村生活污水处理模式，资源化与达标排放相结合、分散处理与集中处理相结合的治理模式。深入推进污水处理市场化改革，依法实施特许经营，促进新形势下污水处理行业提质增效[61]。

2. 开展城镇水环境综合整治与修复，提升城镇水环境质量

2019年年底，全国2899个城市黑臭水体消除比例达到了86.7%，基本消除了

旱天污水直排。随着城市黑臭水体治理进入“深水区”，一些城市对溢流污染和初期雨水污染控制不力，部分雨污混合污水通过溢流排入河道，因冲刷而排入水体的污泥量甚至超过污水处理厂污泥总产量。如果不采取有效措施对溢流污染和初期雨水污染进行控制，会导致较高的二次污染风险，河道容易返黑返臭，甚至影响城市下游水质考核断面的稳定达标（专栏6.21）。因此，实施城镇排水系统优化与面源污染控制，开展城镇水环境综合整治与修复，对中长期巩固黑臭水体治理效果、保障城市水体“长制久清”至关重要。

专栏6.21　城市排水管网问题是黑臭水体治理面临的挑战

城市黑臭水体治理是一项长期的系统性工程。经过多年的持续努力，我国城市排水管网架构基本形成。同济大学徐祖信院士团队研究认为，城市排水管网建设规划不成体系，总管、干管比较完整，支管和收集管网残缺不齐，施工质量比较粗糙，由此，严重影响了污水截污纳管，大量污染直排河道。我国城市的管网问题导致的水体黑臭可以分成3类。

一是污水管网高覆盖背景下的城市水体黑臭。只重污水总管和干管建设，忽视收集管网建设；强调主要河流污染治理，不按水系截污治污是我国城市污水管网高覆盖率背景下水体黑臭的根本成因。我国城市排水管网覆盖率已经达到90%以上，与欧美国家和日本相当，但收集管网不完善，城市排水管网密度远远低于日本、美国等城市。

二是污水高处理率背景下的城市水体黑臭。各地污水处理率基本都在90%以上，污水收集处理率和欧美国家接近，但是城市水体水质差距较大。原因是大量地下水和雨水排入污水处理厂，增加了污水处理的水量，降低了进水浓度，侵占了污水管网输送容量，虚高了城市污水处理率，高处理率数字后面隐藏了污水未经处理直接排放的真相，导致河道受到严重污染。

三是雨天黑臭。随着黑臭水体治理措施加大，许多城市水体晴天消除了黑臭，但伴随而来的是雨天河道黑臭，合流制系统初期雨水排放和分流制系统雨水管网溢流是我国城市河道雨天黑臭的重要成因。这种现象在我国东南沿海城市尤为严重，也是我国城市黑臭水体治理中最难攻克的难关。在我国南方地区，合流制系统雨天排水时，COD高达1200 mg/L，均值高达540 mg/L；分流制系统的溢流污染浓度，无论是最大浓度或者中值，均比表中所列的国家严重，甚至高出2倍以上。

水专项开展了城镇排水管网优化与改造、城镇降雨径流污染控制、城镇污水高标准处理与利用、城镇污泥安全处理与处置、集镇水环境综合治理、城市黑臭水体治理、海绵城市建设与管理、城镇水体修复与生态恢复等关键技术研究并取得突破，成果在京津冀、环太湖、滇池、粤港澳、巢湖和三峡等流域的城镇进行应用示范，使城市水环境状况得到显著改善，有力支撑了黑臭水体治理和海绵城市建设。

为实现水生态环境保护战略目标，要继续推动城镇水环境综合整治与修复，深入推进海绵城市、城市黑臭水体治理，全面改善城市水生态环境质量。一是全面建立污染源和水质的响应关系，开展城市水环境分类整治与修复，不断改善城市水环境质量。二是从源头减量、过程控制、末端处理全过程，健全城市排水系统，加强溢流污水及初期雨水面源污染治理，通过“硬件-软件”组合提高“管网-泵站-调蓄池-污水厂”的匹配性，优化污水处理设施在雨季充分发挥最大能力。三是开展“调查评估-方案制定-工程实施”的全过程底泥污染治理，防治底泥二次污染。四是制定黑臭水体生态修复措施标准规范，建立海绵城市建设与黑臭水体整治监管平台，支撑城镇水环境综合整治管理决策。

6.4.3 农业面源

1. 实施种养平衡、种养生结合面源污染综合控制，削减水环境污染负荷

农业面源是总氮、总磷的主要来源，具有发生时间的随机性、发生方式的间歇性、机理过程的复杂性、排放途径及排放量的不确定性、污染负荷时空变异性，以及监测、模拟与控制困难性等特点，给环境治理带来很大难度。根据二污普公报，我国农业面源和农村生活源的排放已经成为流域水污染的最主要来源，流域面源污染治理的重要性愈加凸显。

水专项针对农田种植业、养殖业、农村生活等污染特征，布局了一批农业面源污染控制治理技术项目（课题），研发了一大批最佳适用技术和模式，创新了大通栏原位发酵床和异位发酵床畜禽养殖模式、养殖场固体废弃物一体化发酵技术、种养结构调整优化减污控制、畜禽养殖废弃物资源化模式、生物生态组合农村生活污水处理技术、种-养-生面源污染一体化控制模式等成果，可供推广应用（专栏6.22）。

专栏6.22　种养耦合、种养生一体面源污染综合控制技术案例

养殖废水强化脱氮除磷及废弃物高值化利用（种养）。养殖废水处理提标改造，脱氮除磷要求提升以及养殖固体废弃物氮磷资源利用附加值低。以区域为尺度，以氮磷养分生物生态净化和高值化利用为核心，系统集成微氧曝气SFAO4同步脱氮除碳技术、多级生态位生物生态净化技术、固体废弃物适度发酵与高值化基质专用肥生产技术、畜禽固废蝇蛆生物转化与饲料蛋白生产技术，有效减少养殖废弃物养分流失对水环境影响。

构建种养氮磷全过程控制技术与应用（种养）。针对氮磷排放无序（乱）、分布散、废水处理低效、种养脱节、治理难问题，提出了流域农业污染源头控制收集、过程生物转化、末端多级利用和区域结构调整的联控策略，集成养殖业“收转用”和种植业“节减用”技术体系，实现养殖过程污水零排放和废弃物无害化循环利用及种养一体化，削减养殖污染负荷90%以上，减少农田NP流失25%~35%。累计应用5322万亩和2100万头当量猪，创造经济效益23亿元以上。

农田氮磷流失综合治理“源头减量–过程拦截–养分再利用–末端修复”“4R”技术体系（种植）。研发了高产环保的稻麦农田养分精投减投、流失氮磷的多重生态拦截、环境源氮磷养分的农田安全再利用及污染水体的生态修复等关键技术，有效实现了减氮减排、增产增效及区域水环境质量改善的三赢。该技术模式已在太湖、巢湖、滇池、辽河等流域得到了推广应用，在化肥减量、保证粮食生产的同时有效减少了氮磷向水体的排放，农田排水总氮浓度可低于2 mg/L，大大推动了农业清洁小流域建设。

流域种养生污染一体化控制方案与推广应用（种养生）。形成太湖、巢湖、辽河典型农业流域面源污染一体化控制方案，在三大流域建立六大示范区，覆盖面积超2500 km^2，示范区总氮削减25%~35%，总磷削减20%~40%；推广应用至淮河沙颍河、洱海洱源县、海河（北运河、徒骇马颊河小流域）、松花江流域以及辽河（大伙房和水丰湖水库），覆盖面积超1000 km^2，氮磷污染负荷削减超25%，为流域水质持续改善作出贡献。

例如，水专项团队对太湖流域稻麦轮作系统氮磷流失规律进行了研究，结果表明，氮磷在迁移过程中可通过物理沉淀、植物吸收、反硝化脱氮等途径而被去除。其中水泥沟渠和传统土沟对排水中氮的拦截率为8%~23%，塘浜和小河等小微水体对氮的消纳系数为33%和43%。最终农田排放的氮有一半左右在迁移

过程中被消纳净化掉，太湖流域农田氮的入河系数约为化肥氮投入量的5.8%。为此，研究团队提出了精确施肥、前氮后移、缓控释肥深施、有机替代减量、轮作制度调整等技术措施。

为实现水生态环境保护战略目标，要加强区域流域种植业、养殖业和农村生活污水的综合控制，着力构建“生态、循环、综合、经济、实用”为原则的农业面源污染控制系统。一是调整种植业结构布局与养殖业布局，落实种养殖业减氮控磷、畜禽养殖废弃物资源循环利用与污染减排。二是加强农田氮磷控制，推行以合理施用化肥减少农田氮磷投入为核心、拦截农田径流排放为抓手、氮磷回用为途径、水质改善和生态修复为目标的“源头减量-输移阻断-养分回用-生态修复”的农田种植业面源污染治理集成技术体系。三是依据农地利用类型、规模和水环境生态功能区划分等，建立以畜禽粪污养分管理为基础的准入制度，依法科学划定禁养区、限养区和适养区。四是针对农村生活污水产排污特征，推广应用适合于我国农村特点的生物生态组合技术，建立适宜于农村小型、分散生活污水生物生态处理、剩余污泥就近还田、氮磷经济型植物资源化利用、近自然污染净化型农业可持续发展的模式，实现尾水农业种植工程的园林化和景观化。五是落实“种养结合、以地定畜”的要求，强化规模化畜禽养殖场粪污综合利用和污染治理，推广种养平衡、种养生一体化等系统控制与治理模式[62]。

2. 推进构建农业清洁小流域，助力乡村振兴战略实施

因农村生活污染、农业面源污染、畜禽与水产养殖业污染等原因，一些农业小流域地表水水质难以持续保持稳定。建设生态空间合理、产业绿色有机、资源高效利用、生态环境优良、群众满意认可的农业清洁小流域，是基于传统流域综合治理基础上更高层次的提升，能够有效助力乡村振兴战略实施。

水专项研究在国内首次提出农业清洁小流域理念，以全流域生态环境改善和水质改善为目标，建立以水资源、水环境、水生态统筹为核心的一体化面源污染控制机制；提出了农业清洁小流域建设标准，编制了《流域农业面源污染防治技术方案编制指南》，在我国重点流域实施了覆盖面积超过2800 km^2农业面源污染控制与治理示范工程，构建太湖苕溪流域分类分区系统管控的“安吉模式”及海河流域生态循环与流域统的“滨州模式”等，推动了县域农业农村面

源污染防治。

为实现水生态环境保护战略目标，建议开展重点流域农业面源污染综合防控，推广构建农业清洁小流域。一是围绕投入减量与替代、种养一体化物质循环、新型塘坝系统建设、沟渠、河岸生态拦截等主要方面，构建“源头削减、过程拦截、末端循环”的流域农业面源污染防治模式，全面治理小流域农业面源污染。二是控制思路从“单点防控”向“流域统筹”转变，构建“基于上游水源涵养、中游污染削控、入湖口减负修复”的水体功能恢复体系，建成农业清洁流域。三是建立县域农业农村面源污染防治长效机制，提升农业农村面源污染一体控制成效（专栏6.23）[63]。

专栏6.23　农业清洁小流域的发展

早在2006年，水利部就启动了生态清洁小流域建设，当时全国有79个县（市、区）的81条小流域开展试点2013年发布了《生态清洁小流域建设技术导则（SL 534—2013）》。到2014年年底，全国已有30个省的335个县开展了生态清洁小流域建设，实施小流域约800条。全国生态清洁小流域建设进程不断加快，建设力度不断加大。探索了一批生态清洁小流域建设模式，主要有四类：一是在重要水源地保护区，以水源涵养、水质保护为目标的面源污染防治型小流域建设模式，如湖北丹江口水库、北京密云水库周边的小流域项目；二是在具有山水、民俗旅游资源优势的地区，以保护原生态和水环境为重点的生态环境型小流域建设模式，如浙江安吉县的深溪小流域、湖南韶山冲的韶北河小流域；三是在资源环境承载力较好的地区，以发展绿色产业为重点的生态经济型小流域建设模式，如宁夏六盘山腹地的隆德县清流河小流域，河南、山东等省的生态清洁小流域；四是在山洪灾害较为严重的地区，如广东深圳、江苏宜兴等地，以确保人民生命财产安全为重点的生态安全型小流域建设模式。生态清洁小流域建设从源头着手，对农业农村面源污染进行全程控制和治理，探索出了解决面源污染的有效途径。2018年1月，中共中央、国务院《关于实施乡村振兴战略的意见》明确提出，加强农村水环境治理和农村饮用水水源保护，实施农村生态清洁小流域建设。

水专项研究积极倡导农业清洁小流域理念，以全流域生态环境改善和水质改善为目标，建立以水资源、水环境、水生态统筹为核心的一体化面源污染控制机制。水专项“松干流域粮食主产区农田面源污染全过程控制技术集成及综合示范”课题，研发并集成了农田氮磷流失污染全过程控制技术体系与模式，构建起了清洁小流域落地方案，研发并集成了稻田肥水一体化精准控制、冻融坡岗地水土与氮磷流失综合控制等技术模式，并在120 km^2示范区开展了工程化示范与辐射推广。巢湖项目“多元重污染小流域综合治理技术集成及应用推广”课题，集成了点源、面源高效收集与处理技术、缓流水体水力水文调控技术、重污染水体强化净化与水生态修复等关键技术，做到源-网-厂-站-河一体化的综合调控，突破了传统污染治理和水环境改善模式，实现了小流域水资源充沛、水环境安全和水生态健康的平衡发展。

6.5 水生态环境与温室气体协同治理

“十四五”时期，我国生态环境保护将进入减污降碳协同治理的新阶段。水污染治理、水生态修复是温室气体减排不可忽视的领域，相关协同控制机理和技术尚处于探索阶段。建议相关部门加强政策联动，鼓励开展基础研究、技术研发与推广应用，大力推进水污染治理与水生态修复的协同，以及两者与温室气体治理的协同，在水污染防治各项行动中落实温室气体减排要求，将减污降碳协同作用落实到水生态环境治理全过程各方面[64]。

1. 大力推进区域/流域“水-能-碳”多要素协同治理机制研究

开展区域/流域“水-能-碳”耦合关系和多要素协同治理的基础研究，研究水环境系统碳排放核算方法，建立水环境承载力、碳承载力及污染物排放、能耗、碳排放绩效评估方法，评估不同行业、不同治理方案的水、能、碳综合绩效，提出碳中和背景下区域水生态环境治理优化调控机制。

2. 加强城镇污水处理厂碳中和技术研发、实践探索和政策指导

一是加强城镇污水处理厂CH_4和N_2O等非CO_2温室气体释放控制的机理研究和技术研发，研究污水处理工艺升级改造技术路线，研发“水-碳”协同的新型污水处理工艺和技术，特别是要提升污水厂的脱氮除磷能力。

二是尽快出台城镇污水处理厂温室气体控制和碳中和技术政策和技术指南。温室气体未来污水处理的发展方向是朝着营养物、能源及再生水“三厂合一”模式转变。通过出台相关技术政策或指南，明确温室气体控制的适用范

围、工艺路线、运行参数、监测方案和管理措施。同时，适时制订《城镇污水处理厂温室气体排放标准》，建立相关统计核算方法和监测体系，强化监管措施。开展污水厂碳减排运行潜力评估，识别存在的问题，制定优化方案，将污水处理厂纳入到强制碳减排行业。

三是加强污水处理厂设计、运行的能耗管理，降低污水处理厂能耗，减少CO_2间接排放量。结合流域水质目标，因地制宜地制定相应的排放标准，据此优化污水处理工艺设计。研发并推广高能效的水力输送、混合搅拌和鼓风曝气等高效机电设备，促进污水余温热能回收、再生水回用。

四是改善能源结构，探索推广“光伏+污水处理厂”发展模式，逐步扩大清洁能源和再生能源在能源消费中的比例，减少一次能源尤其是煤炭燃烧产生的温室气体排放量。

五是推进绿色低碳技术研发和应用，提升污泥处理处置的碳减排水平。通过污泥处理处置技术创新，降低过程能耗、控制逸散性温室气体，回收生物质清洁能源；开发环境友好型脱水药剂及高效脱水技术，提升干化脱水设备的智能化水平；加强干化焚烧系统能量优化，同时考虑与厌氧消化技术的耦合，实现系统能量水平的整体提升。

3. 开展畜禽养殖粪污资源化利用与温室气体协同控制

加强技术创新，通过“源头减量-过程控制-末端利用”的全链条技术研发与应用，推进畜禽粪污减量化、能源化和肥料化利用，协同控制CH_4、N_2O等温室气体，实现低碳养殖和畜牧业绿色发展。实施种养平衡、种养生结合面源污染综合控制，推行“源头减量-输移阻断-养分回用-生态修复”的农田种植业面源污染治理，控制农业面源污染，削减水环境污染负荷。

通过技术创新和集成，提升和应用畜禽干清粪工艺技术，从畜舍贮存源头最大限度地减少污水产生量和温室气体排放；研究厌氧发酵新工艺，提高厌氧发酵产气效率；研发沼气提纯和发电技术，实现沼气的能源化利用；研发密闭式快速好氧堆肥技术等，减少堆肥过程中的温室气体排放；研发轻简化的固体和液体粪肥还田利用设施，实现粪肥方便快捷还田，缩短粪肥贮存时间，进一步降低温室气体排放。

4. 统筹推进水污染防治各项行动中实施温室气体减排

在水污染防治的同时开展温室气体排放与控制的分析评估，最大限度地推进温室气体减排。

一是减少工业过程的温室气体排放。在造纸、农副食品、化工、食品饮料、纺织、医药、石油加工等重点行业，推进采用先进适用清洁生产技术，从源头实现水污染物和温室气体的协同减排；加强工业废水处理技术研发和应用，减少温室气体排放。

二是高度关注水生态修复对温室气体减排和碳中和的影响。开展富营养化湖泊、黑臭水体等的温室气体排放规律和影响因素研究，评估控源减污、基础生境改善、生态修复重建、群落结构优化等水生态修复措施对温室气体排放和增汇的影响，提出水生态修复与温室气体协同控制的措施。

5. 研究制定促进水环境与温室体系协同控制的经济政策

一是鼓励污水处理、畜禽养殖等企业参与自愿减排交易市场。目前国家已经发布了有关自愿减排量方法学（CCER），涉及污水厂处理污水减排温室气体、从污水或粪便处理系统中分离固体避免甲烷、工业废水处理中的甲烷回收等环节，相关企业可据此参与全国或区域碳排放交易，通过出售碳抵消项目获取减排收益。

二是适时推动将污水处理、畜禽养殖等行业纳入碳排放权配额交易市场。由政府设定排放基线，对相关企业发放排放配额，实现温室气体的直接控制。

三是通过国家污染防治资金、绿色发展基金等，支持水环境与温室气体协同控制项目。鼓励金融机构开展绿色信贷业务，支持水环境与温室气体协同控制项目建设。

6.6 水生态环境治理市场化政策创新

环境经济和市场化政策是流域生态环境综合治理中的重要手段。水专项通过三个五年计划的研究，突破了工业污染控制、城市污水控制、农业污染控制、水生态文明等经济政策制定的关键技术，形成了环境税费税率核定、水污染控制技术费用效益评价、流域水污染防治投资绩效评价、水污染防治政策评估、流域生态补偿政策绩效评估指标体系与评估等一批支撑技术，构建了流域水环境经济政策工具包，建立了水环境质量目标为导向的流域水环境经济政策体系，为流域水环境管理提供了政策选择与组合依据，促进了我国水环境产业发展战略，为《水污染防治行动计划》等的编制提供了支撑[65]。

当前，我国基本形成了流域水环境经济政策体系，对构建流域生态文明建设长效机制发挥了重要作用。但国家流域水环境经济政策仍不完善，需要继续深化改革与创新，强化政策机制的长效调节功能，有效促进实现流域水质目标管理，助推生态文明和现代环境治理体系建设[66]。

6.6.1　完善生态补偿机制　推进水生态产品价值实现

1. 完善重点流域区域生态补偿机制

生态补偿是我国生态文明建设的重要制度保障，市场化、多元化的流域区域生态补偿，是水生态产品价值实现的重要途径[67]。中共中央办公厅、国务院办公厅印发的《关于建立健全生态产品价值实现机制的意见》《关于深化生态保护补偿制度改革的意见》，为完善生态产品保护补偿机制提供了方向指引[68]。

我国省内流域生态补偿已在全国全面铺开，都取得较好的成效，流域水环境质量呈现改善趋势，并促进流域上下游政府构建相互协作、共同行动的环保格局。但是，我国跨行政区域的江河众多，30%的国土面积分布在跨行政区的大江大河流域，将省内流域生态补偿扩大至跨省层面十分必要。目前，除了国家推动的新安江流域、汀江–韩江流域、九洲江流域、东江流域、引滦入津等跨省流域上下游横向生态补偿试点以及陕西与甘肃自发建立的跨省渭河流域环境保护协议以外，其他实践依然止步于省行政辖区内。

水专项按照“有入有出、有补有罚”的思路搭建跨省流域生态补偿模拟技术平台，突破省际经济责任关系难界定的困境；构建了质量改善导向的跨省流域双主体生态补偿方案，明确共同但有区别的责任，推动上下游省份从竞争走向合作共荣；构建了基于协商的跨省水源地经济补偿方案，为国家建立跨省水源地经济补偿提供更多政策模式选择；建立跨省流域生态补偿绩效评价体系，系统评估了辽河等六个典型试点流域的生态补偿进展成效与问题特征，为我国跨省流域生态补偿政策框架设计提供支撑；选择跨省汀江流域、跨省于桥水库流域和跨省东江流域作为案例区开展研究，推动形成具有示范意义的运行机制（专栏6.24）。

专栏6.24 跨省汀江流域、跨省于桥水库流域和跨省东江流域的案例研究

推进跨省流域生态补偿机制中最大困难是生态补偿经济责任关系问题，地方省级政府出于经济上的“自利性”只会对自己辖区内的“地方利益”负责。水专项“跨省重点流域生态补偿与经济责任机制示范研究课题（2013ZX07603003）”选择跨省汀江流域、跨省于桥水库流域和跨省东江流域作为案例区开展研究，推动形成具有示范意义的运行机制。

提出了跨省汀江流域生态补偿实施框架。课题在传统水足迹核算的基础上引入污染水足迹的概念，根据流域上下游水资源盈余/赤字情况进行流域水资源环境保护责任分担。综合当前中央财政体制和地方配套情况，以生态保护投入成本法（龙岩市作参照区）作为生态补偿基准，采用生态保护效益与水质水量耦合模型测算综合补偿系数P，提出生态补偿考核方法。构建汀江流域水质监测制度，研究建立上下游省份政府认可的监测机构，研究跨省界上下游间的水质监测断面的优化布局方案，设计透明的水质监测数据公开程序。根据《福建省重点流域生态补偿办法》，结合本课题建立了汀江流域生态补偿绩效综合评价指标体系。

提出了跨省于桥水库流域生态补偿实施框架。采用3S技术、Invest模型和生态完整性等理论构建了跨省流域生态补偿范围、生态补偿资金核算和生态补偿资金分配方法。设置两项考核指标，一是跨界考核断面水质指标，二是于桥水库流域源头水污染综合治理年度任务指标，以这两项指标确定河北和天津两地的补偿关系。用PLOAD模型和最佳管理模型（BMP）构建流域生态补偿绩效预测和评估方法，核算了不同流域管理和补偿方法可能对于桥水库流域产生的社会、经济和环境效益。设计了面向对象的于桥水库流域生态补偿管理平台，实现了流域生态补偿政策和数据公开。

提出了跨省东江流域生态补偿实施框架。以东江流域水源涵养与水文调蓄功能为依据，分段核算流域各区域水资源贡献率，界定了东江流域生态补偿主体与客体范围，以生态系统服务功能为基准，构建了东江流域基于生态保护效益与水质水量耦合的生态补偿标准测算模型。在此基础上，提出了“纵向补偿与横向补偿相结合”的生态补偿实施路径。为保障试点方案切实可行，对流域内已有监测条件优化整合，提出了水质水量监测能力建设方案和资金管理实施机制。建立了水质预测模型，对实施生态补偿后源区内经济社会环境效益定性评估和水质改善潜在贡献率定量评估。

实施生态补偿机制是调动重点流域沿线各省（市）生态保护积极性的重要手段之一，建立健全生态补偿与保护长效机制，强化流域生态环境保护修复的协同性。建立健全生态补偿政策，按照贡献大者得补偿多的原则，根据生态要素、资源禀赋特征和发展要求确定生态保护红线生态补偿标准计算方法，对生态保护红线的生态保护、资源保护、科研监测、民生保障等内容进行分类补偿。与国家公园、自然保护区、文化自然遗产等禁止开发区域的生态补偿政策相结合，按照中央关于财政资金统筹使用的要求，用足用活已有资金，优先解决生态保护红线重大突出问题，提高资金的使用效益。根据各红线实际需要，积极拓展多元化的生态补偿形式，探索公共服务均等化投入模式和特许经营模式，开展生态系统服务付费试点，根据水质和水量、森林、碳、土壤侵蚀等不同要素，选择直接市场交易、许可证交易、生态标签和生态认证等方式，探索生态产品价值实现的市场化机制。

2. 建立国家重点流域生态补偿与保护基金

生态补偿取得积极进展，但总体来说省内补偿多，跨区域补偿少，且补偿领域单一，横向生态补偿侧重于关注跨省断面水质，对其他生态系统涉及较少，更是受限于补偿方式、资金来源单一，市场化机制不足，仍然主要依靠政府资金进行资金补偿，社会资本撬动不足，多元化的补偿形式尚未拓展。

以改善流域水环境质量、保护流域水资源、促进流域生态保护和提高居民生活水平为主要目标，探索构建重点流域生态补偿与保护PPP基金，形成政府引导、市场运作、社会参与的多元化生态补偿投融资机制。由于生态环境保护项目（营利性、非营利性）的资金需求量大，持续时间长，要选择适宜的具体运作模式和机制设计。明确基金的资金来源，例如结合环境保护税、资源税等税费改革的有关政策，研究设计如何发挥政府的引导性投入，并利用政府的信用为杠杆吸引社会资本进入基金。确定基金的资助方式，例如低息或无息贷款、融资担保、无偿拨款向水环境保护项目提供支持的具体做法等，通过基金运作稳定流域生态环保项目建设。

3. 促进生态补偿与精准脱贫项目的有机融合

重点流域一般覆盖多个省、市、县区，上下游发展的层级差很大，经济规模、人口数量、资源禀赋、产业类别等差异较大，一般有较发达的区域，也有贫困区县。建议根据流域上下游贫困现状及发展制约因素，探索贫困地区围绕自身特色资源条件和区域生态功能定位可拓宽发展的路径，从产业承接、发展优势产业、共建园区等方面建立流域“优势耦合、互动共赢”的产业补偿机制。根据“谁受益、谁补偿”的原则创新农业生态补偿扶贫模式，探索以绿色生态为导向的农业资源保护、生态修复、环境治理的补偿制度，形成农业生态补偿的产业化扶贫途径，注重农户参与，探索通过土地流转等方式为农户带来持续性收入来源的造血式、引导式生态补偿机制。

6.6.2 优化水资源价格政策

1. 继续推进阶梯水价改革

自2018年国家发展改革委发布《关于创新和完善促进绿色发展价格机制的意见》以来，青海、河南、云南、内蒙古等多个省份推出相关政策，提出按照污染者付费和补偿成本并合理盈利的原则深化绿色发展价格改革，多地在污水处理费、水价等收费政策推动上有所进展，向环境信用表现良好的企业以及生态型项目倾斜，对促进地方向高质量发展转型、发挥壮大生态环境保护市场、利好生态环境保护企业发挥了重要作用。2019年4月，国家发展改革委、水利部印发关于《国家节水行动方案》的通知，进一步提出全面深化水价改革，适时完善居民阶梯水价制度。全国31个省份已全部实施了居民阶梯水价制度，建议进一步推进阶梯水价改革，在继续完善落实居民阶梯水价的同时，实施并完善城镇非居民用水超定额、超计划累进加价制度，全面推动城镇水资源节约行动。

2. 加快推进农业水价综合改革

《国务院办公厅关于推进农业水价综合改革的意见》发布后，各地大力推进农业水价综合改革，2018年新增改革实施面积1.1亿亩左右，累计超过1.6亿亩，2019年新增改革实施面积1.3亿亩，2020年计划新增改革实施面积1.1亿亩。2020年底，农业水价综合改革实施面积将超过4亿亩。但改革实施面积占比仍较小，需加大推动力度，深入贯彻“先建机制、后建工程”，因地制宜精心设计改革具体操作方案，抓住工程建设有利时机，利用设施节水、农艺节水和管理节水腾出的空间，通过完善用水计量观测、落实改革自信、做好宣传培训、强化考评机制等，协同推进农业水价形成机制、工程建设和管护机制、精准补贴和节水奖励机制、终端用水管理机制建立。争取到2025年年底，实现合理反映供水成本、有利于节水和农田水利体制机制创新、与投融资体制相适应的农业水价形成机制；农业用水价格总体达到运行维护成本水平，农业用水总量控制和定额管理普遍实行，可持续的精准补贴和节水奖励机制基本建立，先进适用的农业节水技术措施普遍应用，农业种植结构实现优化调整，促进农业用水方式由粗放式向集约化转变。

3. 完善再生水水价机制

再生水利用价格体系构成中，既包含再生水价格对自身生产成本的体现，也包含不同用水户再生水价格水平的结构合理性，同时也包含再生水价格与其他水源供水价格之间的比价关系。其中，在再生水价格对自身生产成本的体现层面，考虑财政等各种补贴之后，再生水价格能否涵盖再生水生产成本，直接关乎再生水生产企业能否可持续运营下去，关乎再生水生产的可持续性。再生水价格结构的合理性反映出不同用水户对再生水水质的要求，即分质供水的市场需求价格。再生水与其他水源供水之间的价格关系，直接影响到用水户对再生水的使用意愿，影响到用水户对再生水利用的积极性。相比于其他水源供水，再生水的水质要低许多，为了让用水户对低品质水有较强的使用意愿，有必要使再生水价格保持在一个比其他水源供水价格相对较低的水平上。

当前许多城市都是根据自来水价格进行一定下浮来确定再生水基准价格的。这种定价方法使再生水与自来水价格拉开档次，有助于强化用水户使用再生水成本低的印象，从而培养更多再生水用户。但是，由于多数城市自来水没有形成合理的水价机制，自来水价格偏低，再生水与自来水之间的价差难以拉大，再生水与自来水难以形成合理的价差，这不仅限制了再生水的合理定价，也造成再生水的价格优势难以显现，抑制了用水户使用再生水的积极性，一些地方的工厂企业宁可使用物美价廉的自来水而不愿意使用再生水，严重制约了再生水市场的培育和发展，影响了再生水利用工作的开展。

水专项“十一五”期间，研究建立了不同用途的差别水价和阶梯水价制度，提出了全国统一水价定价方法思路以及多种用户差别定价和阶梯定价政策；“十三五”期间，建立以水价为核心、消费者付费与政府补贴相结合、市场机制充分运用、多方共赢的城镇生活源水污染防控经济政策体系。

因地制宜推进差异化水价政策，通过理顺各类用水价格，充分体现水资源的稀缺性，完善再生水水价机制，进一步加强水价在产业结构调整的作用。一是建立再生水分质分类供水价格体系。再生水水质越高，对所采用的生产工艺和技术要求越高，相应地，再生水生产的单位投入就越多，再生水的生产成本就越高。在制定再生水价格时，对于不同类型的用水户，既要参照自来水的价格，又要兼顾用水户的承受能力与支付意愿，按照“质优价高、优质优用”的原则，对不同供水水质的再生水分别进行定价。二是因地制宜适当提高再生水使用价格。根据自来水价格水平，结合当地水资源条件，兼顾再生水生产成本，优化再生水的使用价格，建立再生水水价与自来水价格挂钩的浮动机制，在提升用水户利用再生水积极性的同时，给予再生水生产企业一定的盈利空间。三是改革再生水价格的政府管理模式。将再生水价格由政府定价管理调整为政府最高指导价管理，即由现在的物价主管部门直接对再生水进行定价改为由物价主管部门对再生水销售提出最高指导价，具体的再生水价格则由供需双方在限定价格水平之内协商确定（专栏6.25）[69]。

专栏6.25　统一定价方法，全面提高排放标准和工商水价标准，建立差别水价和阶梯水价

我国水价政策是由中央、省级、市级3级政府制定的，包括水资源费、供水价格、污水处理费和污水排污费4项政策，主要针对居民生活、行政事业、工业、经营服务业、特种行业5类用水户制定，涉及价格、财政、环境保护、市政建设、经济贸易和水行政6个部门的框架体系。对用水户取水、用水和排水征收的价格加总构成了综合水价。我国现行工商水价远低于用水成本，水价政策的目标未实现。水专项课题“中国水环境保护价格与税费政策示范研究”在我国进一步深化水价改革的背景下，通过制度创新、改进和完善水环境价格和税费政策，实现控制水污染、节约水资源、保护水环境的政策目标。构架出了我国水环境保护价格与税费政策框架，建立了水平衡模型和相关理论，提出了水环境保护收费价格定价原则和水价定价方法。选择巢湖流域、太湖流域和海河流域的5个省市开展了试点示范。

明确水的公共服务和商业服务功能。确定水的公共产品和商品属性，明确水的公共服务和商业服务功能，是制定水价政策的原则和依据。用于商业和盈利活动的水，必须基于包括环境成本在内的全成本制定征收价格，将外部成本内部化，不会产生资源退化和环境污染，也不应有财政补贴，并保证水费收入全部用于支付水环境保护和水污染治理。用于居民基本生活需求的水，征收价格低于全成本，由公共财政提供补贴，建立基于全成本的支付（服务）价格，用于支付水环境保护和水污染治理。

统一定价方法。我国水价政策由四个收费项目组成，由三级政府、六个部门分别制定，针对五类用水户，具有公共服务和商业服务两种服务功能，为了实现水价政策目标，发挥水价政策收入、调节和服务三项基本功能，需要制定统一的定价方法，而不是制定全国统一的定价标准。统一水价定价方法，就是每一项水价标准都基于水的全成本制定，由不同的成本要素构成，包括建设和运行成本、机会成本、环境成本等。

全面提高排放标准和工商水价标准。为了实现水价政策的目标，要基于环境质量要求，全面提高国家污水综合排放标准、行业污水排放标准和城镇污水处理厂排放标准。根据提高后的排放标准制定水价。①出水排入国家和省确定的重点流域及湖泊、水库等封闭、半封闭水域、地表水Ⅲ类功能水域（划定的饮用水源保护区和游泳区除外）、稀释能力较小的河湖、海水二类功能水域，执行地表水Ⅳ类水排放标准。②出水排入地表水Ⅳ、Ⅴ类功能水域或者海水三、四类功能海域，执行一级A排放标准。③在已经没有地表天然径流的水域，排放标准应等于地表水功能水域的环境质量标准。④基于以上排放标准和技术工艺确定建设和运行成本，制定收费标准。

实施差别定价和阶梯定价。用水户分为生活用水、行政事业用水、工业用水、经营服务用水和特种用水五类。五类用水的基础水价根据用水的服务功能实行差别定价。其中居民基本生活用水行政事业基本用水属于公共服务，工业、服务经营和特种行业用水属于商业服务。

6.6.3　深入推进绿色税收政策

环境保护税征收以来，排污单位纳税遵从度逐步提高，环保税纳税人户数和收入均逐渐递增。环保税减税措施调节企业节能减排和技术创新进步效果显著。例如，环保税正式实施两年以来，上海市已有400余家企业受惠，减免税收超过一亿元，2019年一季度，全国3000余户城乡污水处理厂通过加强管理或提标改造，实现了达标排放，享受免税红利11.3亿元；3.3万户纳税人通过补齐环保设施短板、更新生产工艺，享受税收优惠9亿元。水资源费改税试点取得积极进展，9个省（区、市）水资源税改革试点加快建立配套征管制度，出台多项专门管理措施。各地方试点的深入探索为全国进一步推开水资源费改税提供了经验积累[70]。

水专项对水环境税费税率核定技术开展了研究，以企业生产的生命周期基础，对其在生产过程之中产生的环境成本进行核算，由此估算其环境税率合适范围，为各地水环境保护的税率的设定提供了相应的理论依据（专栏6.26）。

专栏6.26　基于污染治理成本的环境税费税率核定技术

区域环境税费税率差异化系数确定。通过构建包括企业所属行业、规模大小、所有制结构（分国企、私企及其他外资企业）、企业被关注程度（国控、省控、市控及非重点污染源）等企业属性特征和经济发展水平、产业分布、污染减排目标等区域特征等在内的环境和经济绩效综合指标，利用双重差分法（difference-in-differences，DID）评估税率发生变化和不发生变化这两种情况下不同区域企业水污染物排放水平响应系数，以此作为区域环境税费税率差异化系数。

坚持水环境质量改善为目标导向，在考虑经济发展水平、产业分布等区域特征以及企业规模、所属行业类型等属性特征基础上，估计税费设计对于水质改善作用的影响，确定企业水污染物排放对环境税费税率变化的响应系数，以体现不同地区行业企业的水污染物治理成本，形成具有区域差异性的环境税费税率调整系数。在此基础上，结合不同地区“五年规划”设定的主要水污染物减排目标，形成不同区域不同水污染物环境税征收优化税额标准，实现对区域水污染物排放的有效控制和区域水质目标的改善。

环境保护税出台，但各地税率还在调整阶段，对于水环境税费税率的制定和落实需进一步完善。一是进一步深化污染防治相关企业税收优惠政策。在继续推进环境污染第三方治理行业、环保企业进口大型设备等方面的税收优惠政策的同时，扩大税收优惠覆盖范围，提高企业精准治污的积极性。二是完善水资源税改革。结合资源税改革，将水资源税改革成果纳入相关法律法规，明确水资源税改革的政策措施，解决水资源税试点期间存在的标准不统一、界限不明确、能力不匹配等问题，提高征缴效率，确保试点工作取得预期成效，优化水资源税税额标准，建立合理的税额分类体系[71]。

6.6.4　构建多层次绿色金融体系

2019年3月，国家发展和改革委员会等七部门联合出台《绿色产业指导目录（2019年版）》，是我国绿色金融标准建设工作中的新进展，是对属于绿色金融标准体系中“绿色金融通用标准”范畴，有助于金融产品服务标准的全面制定、更新和修订。2019年6月，江西省赣江新区成功发行3亿元绿色市政专项债券，期限30年，为全国首单绿色市政专项债。湖州市发布绿色金融发展指数，这是首个由试验区发布的区域性绿色金融发展指数。截至2019年末，我国本外币绿色贷款余额10.22万亿元，余额比年初增长15.4%，余额占同期企事业单位贷款的10.4%。2019年中国境内外绿色债券发行规模合计3390.62亿元人民币，发行数量214只，较2018年分别增长26%和48%，约占同期全球绿色债券发行规模的21.3%，绿色债券市场呈现井喷态势。但绿色金融的发展仍未扭转绿色产业面临的融资难、融资贵局面，绿色产业多属于新兴产业，普遍具有风险高、资产轻、投资回报期长、抵押物不足等特点，绿色产业面临的降成本、补短板需求更为强烈。

水生态环境保护正逐步由政策驱动向政策法规、市场需求、经济利益多方驱动的转变，推行灵活多样的经济政策，鼓励绿色金融体系多元化，建立绿色信贷长效机制，为水生态环境保护修复企业通过贷款、基金、债券、股票、项目融资提供政策便利。一是提升绿色金融要素供给。在完善资源环境价格形成机制的同时，完善绿色金融基础设施，设立专业性绿色信贷银行、绿色产业投资基金、绿色保险机构、绿色资本市场以及金融衍生品市场等，并积极推动金融机构差异化定位，鼓励大银行开展绿色金融业务，同时促进农商行、城商行、农信社等中小金融机构聚焦绿色产业和三农，构建多层次、广覆盖、有差异的绿色金融体系。二是加强绿色金融产品供给。要创新绿色金融产品，推动绿色证券、私募股权投资、绿色债券、绿色保险以及生态补偿抵质押融资等创新型绿色金融产品加快发展。三是细化绿色金融认定范围和标准，包括绿色项目（企业）认定标准、绿色金融专营机构标准、绿色金融产品服务标准和绿色金融评估认证标准，完善绿色金融专项统计体系。四是改善金融与绿色产业供需结构。加快构建“政产学研用金”六位一体的绿色产业创新体系，提高节能环保等绿色技术成果的转化率，同时促进实体经济绿色转型，围绕绿色产业创新开展绿色科技创新，带动形成绿色产业体系，推动绿色发展、高质量发展[72]。五是大力推进生态环境导向的开发（EOD）模式试点。继续探索将流域治理、水环境治理项目与资源、产业开发项目有效融合，解决生态环境治理缺乏资金来源渠道、总体投入不足、环境效益难以转化为经济收益等瓶颈问题，推动实现生态环境资源化、产业经济绿色化，提升环保产业可持续发展能力，促进生态环境高水平保护和区域经济高质量发展。

6.6.5 推动水生态环境保护修复多元共治

水生态环境治理是一项系统工程，需要充分调动各方力量，综合利用多种手段，形成合力、破解难题。我国环境污染治理投资总额呈现波动增加趋势，2017年，环境污染治理投资总额9539亿元，环保投资占GDP的比例为1.15%。各地积极推进第三方治理，如河北、江西、上海、贵州贵阳等省（市）颁布实施了第三方治理的相关政策。排污权交易试点进入新阶段。截至2017年年底，全国共有28个省份开展了排污交易权使用试点，其中12个省份是国家试点，其余的都是各自行试点，随着排污权交易试点工作的进一步深化，二级市场将逐步得到发展。

生态环境市场机制需要进一步调整和优化，进一步提升市场经济政策在生态环境政策体系中的地位和作用，更加注重经济政策的完善、政策手段组合优化调控，增进政策调控功能和实施效能。一是完善生态环境财政制度。健全生态环境财政预算支出制度，改革节能环保财政账户，全面建立水生态环境质量改善绩效导向的财政资金分配机制，补贴从生产端为主逐步调整到消费端为主，补贴方向调整为针对生态环境技术创新应用。二是健全生态环境权益市场交易机制。在全国范围内继续推动排污权交易、资源权益交易，建立健全归属清晰、权责明确、流转顺畅、保护严格、监管有效的自然资源产权制度。三是不断推进政府与社会资本合作模式（PPP），探索建立水权配置和交易体制、积极探索水权交易流转平台建设，推动第三方服务的环境市场建立，不断加强环保服务企业培育，鼓励发展包括系统设计、设备成套、工程施工、调试运行、维护管理的环保服务总承包模式。

6.7　国家水生态环境保护实施路线图

围绕国家中长期水生态环境管理和治理需求，针对我国水体污染控制与治理的关键问题，根据水生态环境保护战略目标在不同时间节点上的要求，合理安排战略的实施顺序，形成国家水生态环境保护实施路线图（表6.2和图6.1），以提高水生态环境管理系统化、科学化、法治化、精细化、信息化水平，确保水生态环境目标如期实现。

表6.2　国家水生态环境保护实施路径

目标类别	2020~2025年	2026~2030年	2031~2035年
河流水生态环境保护修复	削减入河污染负荷，控制耗氧污染； 增加生态流量； 实施退化河流水生态修复	全面建设生态流量保障机制，实现生态流量基本保证； 重建水生态系统	保障生态流量； 生物多样性得到有效恢复，全面实现河流生态完整性
湖泊水生态环境保护修复	实施控源截污，控制入湖氮磷总量； 改善湖泊生境，修复生态系统； 主要湖泊富营养化趋势得到遏制	开展“防治结合”“生态保育”，主要湖泊富营养化得到有效改善	开展“生态保育”； 有效恢复湖泊生态系统功能
城市水体生态环境保护修复	构建适合不同区域城市水环境特点的综合整治技术体系； 城市建成区黑臭水体控制在5%以内	城市黑臭水体总体得到消除	形成城市水体生态良好局面
饮用水水源保护	加强饮用水源地保护，城镇集中式饮用水水源地安全得到保障； 开展城镇及农村水源地保护与治理； 构建饮用水全过程风险保障体系	巩固城市饮用水源地保护与治理； 加强农村水源地规范化管理； 饮用水安全保障水平持续提升	城乡饮用水水源水质优良； 饮用水安全保障体系得到健全
水资源保护	开展水资源优化配置和区域再生水循环利用，开展试点工程； 探索保障生态流量的方法体系；	全面建立生态流量保障机制； 推进污水再生利用水平	完善落实最严格的水资源管理制度，开展常态化管控
	大力发展节水技术和工艺，提高单位水资源效益； 调整产业结构和空间布局，使经济社会发展与水资源承载力相匹配		
水生态保护修复	推进水生态监测和健康评估，夯实水生态管理的技术基础； 开展重点流域区域水生态保护修复先行先试	开展流域水生态环境目标差别化、精细化管理，提升水生态保护修复管理水平	实现由水质管理向水生态管理的全面转变；流域生物多样性得到有效恢复，实现“有鱼有草”的“美丽”目标
	加强水生态空间管控，支撑流域水生态系统及健康保护		
工业源污染治理	加强重点行业污染物源头控制、过程控制，开展清洁化生产； 推进污染源全面达标排放	进一步优化行业结构和产业布局，提升清洁生产比例，推进生态工业园区建设	全部实现工业园区生态化建设
城镇生活源污染治理	推进城镇生活污水厂提标改造； 完善排水系统优化与管网改造等环境基础设施； 开展城镇水环境综合整治与修复	开展城镇水环境综合整治与修复，提升城镇水环境质量	进一步提升城镇水环境质量
农业源污染治理	开展基础调查，摸清底数； 初步实施种养平衡、种养生结合面源污染综合控制，削减污染负荷； 推进农业清洁小流域建设	深入推进面源治理，并纳入考核； 全面推进农业清洁小流域建设	深入推进面源治理，全面推进农业清洁小流域建设

续表

目标类别	2020~2025年	2026~2030年	2031~2035年
减污降碳协同控制	加强城镇污水厂碳中和技术研发、探索实践；开展畜禽养殖类污资源化利用与温室气体协同控制；统筹推进工业过程、水生态修复中温室气体减排		
管理保障体系建设	建立和完善“三水”统筹制度体系； 建立和完善水环境风险防范制度体系； 建立和完善水生态环境保护社会治理体系和经济政策		

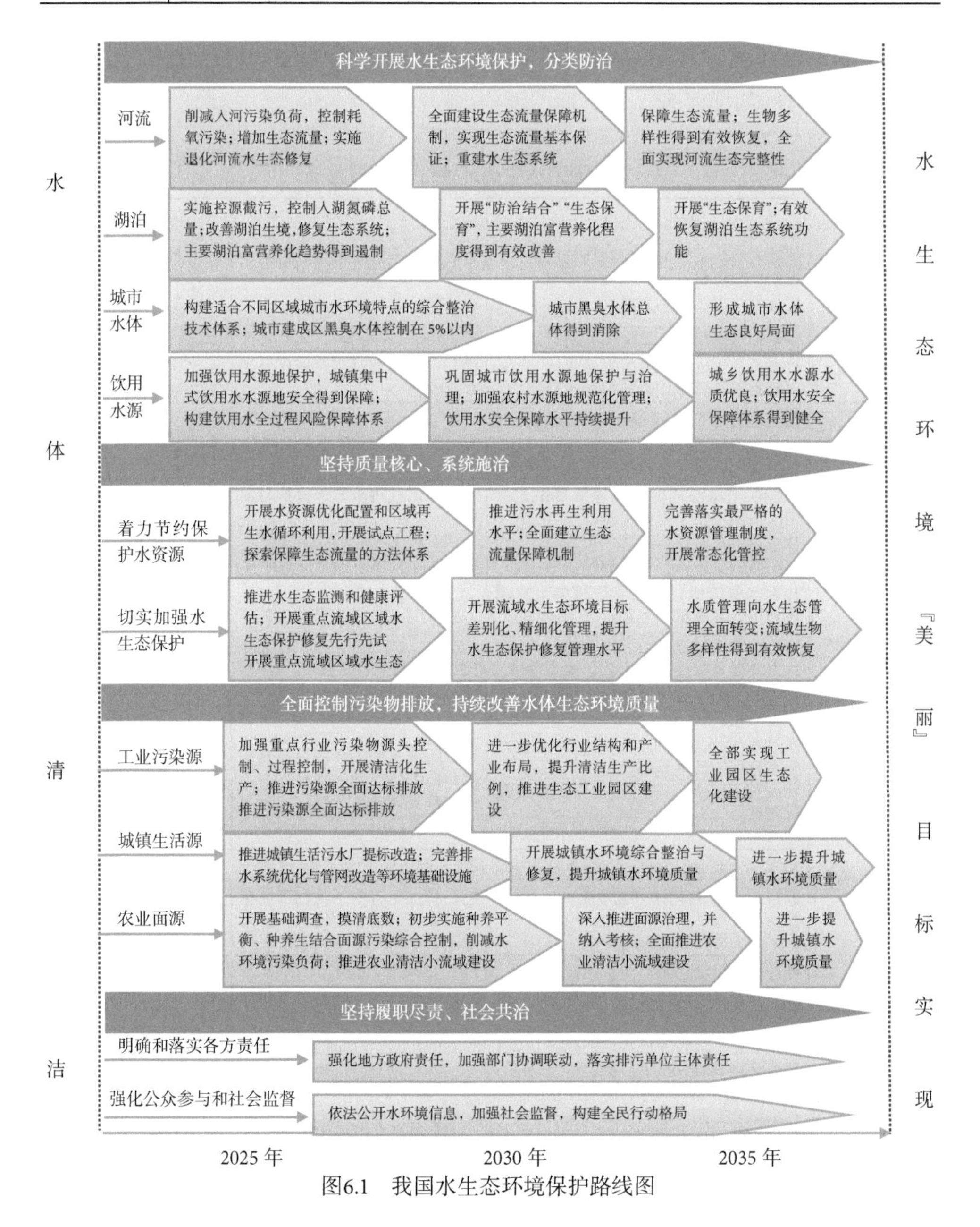

图6.1　我国水生态环境保护路线图

第 7 章　流域水生态环境保护科技发展战略

水专项自2007年启动实施以来，总体上贯彻了“三步走”的技术路线。“十一五”期间，重点突破水体“控源减排”关键技术，建立了水环境监控指标体系与水污染防治长效机制，支撑了示范区消除劣V类水体。“十二五”期间，重点突破水体“减负修复”关键技术，形成了水环境监控业务化运行成套技术与管理示范，支撑了重点流域水质明显改善和保障饮水安全。“十三五”期间，重点突破“综合调控”关键技术，形成了系列化、标准化、规范化的技术体系，在京津冀区域和太湖流域进行重点示范。

党的十九大报告提出，到2035年实现我国生态环境根本好转，美丽中国目标基本实现。实现水生态环境管理目标，要打好升级版的污染防治攻坚战，“精准治污、科学治污、依法治污”（“三个治污”）成为主旋律，科学技术在环境治理中的作用将愈加凸显。要以山水林田湖草生命共同体理念为指引，加强科技创新与环境治理的融合，推进水生态环境保护逐步进入“生态保护修复”的新阶段[73,74]。

7.1　国外水生态环境保护技术进展及经验借鉴

自20世纪80年代起，强调以追求人体健康和水生态系统安全为水环境目标的流域水质目标管理陆续成为发达国家水环境管理的主要模式，面向水环境管理科技需求，发达国家在水生态环境保护技术研究和应用方面也取得长足的进展和经验。

7.1.1 水污染治理领域

1. 重点行业水污染全过程控制技术系统与应用领域

欧美等发达国家已经走过了末端治理的道路，推行以清洁生产工艺技术为核心的“绿色制造”，生命周期分析（LAC）技术在行业废水处置与循环利用过程中发挥重要作用，清洁生产和循环经济成为工业环保的主要方向。目前，欧美国家关注多产业循环链接的工业生态模式，在人工智能、信息化等领域处于领先地位。

2. 城镇水污染控制与水环境综合整治领域

从历史发展的角度来看，不同时期所针对的不同目标驱动着技术的不同发展方向。19世纪初，活性污泥法对有机物的去除和氨氮消化起到重大作用；20世纪后半叶，氮磷营养物的控制成为当时面对的主要问题；如今，新污染物、资源化等一系列问题，成为引领一波技术改革的新潮流，国际上也出现了一批可以实现能源自给的先进污水处理厂。

欧美城镇污水处理厂国家级排放标准总体上松于我国，部分流域实行差异化的季节性排放标准。但欧美基本不存在我国普遍存在的碳氮比低、惰性悬浮固体含量高、冬季明显低温等因素叠加的复杂水质环境问题，因此，国外的技术与设备产品通常难以适应国内的实际情况与需求。当前，欧美城镇污水处理运行管理与设备产品持续优化提升，总体上仍然处于国际领先地位。

3. 面源污染治理与水体生态修复领域

发达国家河流已经完成了污染治理的过程，水质得到很好的改善，莱茵河、泰晤士河的污染就是很成功的案例。目前，欧美等发达国家河流的水质改善技术总体上呈现出多元化、集成化和系统化的发展趋势。面源污染治理技术方面，集中在利用大数据、遥感等多手段监测技术实现污染源监管等方向。

生态修复方面，重点开展大流域生态完整性修复和生态健康维护；河流水污染治理技术已由单纯的“污染控制”技术发展为“水生态的修复与恢复”，实现由以“水污染控制”为目标向以“流域水生态系统健康保护”为目标的转变。同时，陆续开展了生态河床、生态堤岸等生态恢复技术工作，如日本的多木川、淀川等多条河流的生态修复，取得了良好的生态效益和环境效益。欧美国家生态修复多集中在水体多样性的恢复和外来物种入侵等方面，尚未开展成套链条技术的研究。

7.1.2　水环境管理领域

水专项启动之时，欧美国家已经基本完成了重污染河流治理的构架和部署，泰晤士河、莱茵河等治理基本完成，欧美国家湖泊污染问题及富营养化问题治理基本结束，对水质目标管理的方向已经逐渐转向生态领域，水体营养物和水生生物完整性等指标被加入标准参考系中，构成了包含生物完整性、物理完整性和化学完整性的管理技术体系。

当前，发达国家基本完成了考虑水环境、水资源和水生态等多因素统筹的河流污染治理，非常规指标的监测常态化，水质目标管理体系得到广泛应用，遥感监测技术和水环境管理大数据智慧化平台等发展较快，进入人工智能数据分析与遥感数据相结合的湖泊保护与预警研究阶段。

1. 流域水环境基准标准方面

国际上，美国与欧盟、经济合作与发展组织（OECD）的主要成员国的水环境质量基准与标准研究及实践应用相对先进与成熟，其国家层面的水质基准体系建设主要以美、欧等发达国家的成果经验为主导，发展至今已较为成熟。许多发达国家如美、日、澳大利亚及欧盟国家等，主要针对本国或本地区水体生态功能健全及人体暴露健康等风险特征，开展了包括保护水生生物、保护水生态系统（含营养物）、保护底泥沉积物、保护人体健康用水及食用水生物等水环境质量基准的技术研究，并有效实施了基于水质基准的水质标准管理体系。如美国EPA在国家层面上发布了国家水环境质量基准，在州或部落保护区的层面上，则大多直接采用国家水质基准值或经地方水环境特征参数校验后，制定发布地方性水质管理标准。

2. 控制单元水质目标和排污许可管理方面

流域控制单元水质目标与排污许可管理，是以实现人体健康和流域水生态系统健康为最终目的，以流域总量控制为基础，以排污许可证制度为管理手段，在“分区、分级、分类、分期”水环境管理理念指导下，立足于控制单元、面向污染源的水质管理体系。这种管理方式已成为发达国家水环境管理的主要模式，如美国TMDL计划、欧盟莱茵河总量控制管理、日本水污染物总量控制计划等。其共同点都是建立了有效的技术规范、配套政策及监督考核管理技术体系，实现了水污染管理从目标控制向总量控制的战略转型。

3. 基于分区的流域水生态健康保护方面

近年来，基于水生态分区、以保护水生态系统健康为目标的流域水坏境管理引起人们的关注，并成为当前研究的热点领域之一。“针对水生态环境特点，实施区域差异性管理”是国际水环境管理的成功经验。美国是世界上最先制定水生态功能分区的国家之一，并且形成了水生态区划为基础的水环境管理方法与技术体系：分区-水陆数据库建立-水质目标确定-水生态健康评估-覆被变化及响应研究。美国从1987年开始划分了全国的水生态区划方案，将美国大陆划分为15个一级区，50个二级区，85个三级区，791个四级区，目前在大多数州都已经划分到五级区。在分区的基础上，美国对各分区建立了详尽的自然地理、野生动物、本土植物等数据库；根据水生态区的实际情况，制定了各分区不同类型水体的营养物标准，建立了不同区域的生态系统恢复标准；以水生态分区为基础开展河流、湖泊的生态系统完整性评价；基于水生态分区，建立土地资源和水资源变化的响应关系，预测土地利用变化的效应。欧盟在2000年通过《欧盟水框架指令》（Water Frame Directive，WFD），作为其水环境管理的法律文件，提出“使欧盟境内所有地表水和地下水达到良好状态”的管理目标，其中不仅包括水环境质量，也包括水生态质量达到良好状态。为实现管理目标，指令明确提出，欧盟建立了其水体分区分类的管理体系，基于海拔、地质和集水区面积等要素划分水生态区，将其识别水体类型的基础，在此基础上制定生态保护目标，欧盟开展了生态环境质量评价、流域综合管理规划制定等一系列管理工作。

4. 流域水环境风险管理方面

欧美等发达国家对于环境风险管理相关研究较早，发展到现在基本建立了相对完整的风险管理体系，涵盖了从风险识别、风险评估、风险预警，风险管控到损害鉴定评估等的全过程。欧盟通过《塞维索指令Ⅰ~Ⅲ》《水框架指令》《化学物质注册、评估、授权和限制条例》等法律法规对风险管理进行支撑，并形成了一套相关的导则、指南体系指导工作。建立了莱茵河国际预警系统（The Rhine International Alert and Warning System），经过不断地更新和改进后，逐渐成为多瑙河突发性污染事故风险评价和应急响应的主要工具。美国通过《化学品事故防范法规/风险管理计划》《清洁水法案》《有毒物质控制法》等法律法规支撑风险管理等，并形成了一套相关的导则、指南体系指导工作，并且结合先进技术，建立流域风险预警系统。

5. 重点行业水污染防治管理方面

欧美发达国家在20世纪90年代环境管理转型中不断强化了最佳可行技术在环境管理和许可证管理中的作用和地位，规定工业设施必须获得许可证才能运行，最佳可行技术是制定许可证条件和排放水平的基础。欧盟综合污染预防和控制局（EIPPCB）是专门负责制修订可行性技术（BAT）的部门，截至目前，欧盟发布了氯碱、钢铁、有色金属、制革、水泥等35个行业最佳可行技术参考文件（BREFs）。美国在清洁水法（CWA）和清洁大气法（CAA）框架下实行分解管理，制定基于技术的排放标准是美国工业污染控制体系最为突出的特点。此外，美国发布了采煤、制药和有色等58个行业或设施的技术文件。

6. 流域水生态环境监测与预警方面

环境监测是物联网应用的一个方向，欧、美、日等少数发达国家的研究起步较早，注重监测指标研究，制定监测网络覆盖面、监测项目和频率的技术规范，提升现场应急监测和移动水质分析监测能力，在水环境监测方面拥有较多的技术方法和经验。同时，发达国家较早开展流域水环境多模集合模拟技术研究，构建了水文-水动力-水质等多种模型耦合并在预测预警方面得到较广泛的应用，目前，常用的有EFDC和WASP模型的耦合，SWAT模型与QUAL2E模型等成熟商业软件的耦合，提升了模拟效率和精度。此外，大数据挖掘技术国外方面起步较早，自2014年就先后成立大数据标准化研究工作组，研制大数据定义、相关术语、需求等方面的标准。目前在数据管理与交换方面、基础性标准方面、大数据需求标准化方面已经趋于成熟。

7.1.3 饮用水安全保障领域

欧美日等发达国家也曾经历过饮用水源严重污染的时期，对饮用水水源水质评价开展了大量的研究，提出了比较完善的水质指标体系、标准和评价方法。美国将水源水质保护-预处理-水厂处理工艺-安全消毒-输配过程的水质保证进行了系统的技术研究和应用实施。因此在水源保护、水质净化、管网水质稳定、关键设备材料制造等方面率先形成了较为完整的技术体系，相关技术均领先我国。

在饮用水深度处理技术方面，发达国家在水处理膜技术、自然氧化技术领域更具优势，美日等国家在发展超滤膜和反渗透膜的同时，研发的复合膜具有能耗低、膜使用寿命长等优势，并具备较强的抗污染能力；美国GE公司经过多年技术研发，在水处理方面有成熟的工艺技术，特别是液体零排放技术，在膜制备领域占比高达90%；荷兰、奥地利等国研发的七孔超滤膜技术、膜生物反应器技术等创新技术产品，进一步优化水处理工程效果。

7.2 我国流域水环境治理和管理技术进展

随着我国对环境质量改善的重视，构建面向精准化、信息化的环境治理和管理技术体系就成为当务之急。水专项适应国家水污染防治和水环境管理的科技需求，经过“十一五”、“十二五”以及“十三五”三个时段的发展，形成了有我国特色的系列化、规范化、标准化的水污染治理、水环境管理和饮用水安全保障技术体系，可为我国“十四五”和中长期水污染控制与治理的相关规划决策提供技术支撑。

7.2.1 水污染治理技术体系

水专项实施以来，我国水污染治理技术领域突破一批关键技术，形成涵盖行业、城镇、农业和生态修复四大领域的水污染治理技术体系，并在600多项工程中开展技术示范。我国水污染控制技术的实验室研究水平得到了显著的提升，达到国际先进水平。在工艺理念、关键技术、材料与装备设计等研究方面，我国与发达国家已处于同一水平，特别在某些领域，如吸附剂、催化剂和膜分离等环境功能材料研发等方面处于领先水平。水专项针对重点行业、城镇、农业面源三方面污水治理技术以及配套产业化，形成水污染治理技术体系。

1. 在重点行业污水治理方面

水专项已研发了化工、轻工、冶金、纺织印染、医药等5个重点行业的污水处理关键技术，在造纸和食品等行业废水的资源化处理技术方面也取得了突破，研发了钢铁、焦化、印染等重点行业的相关成套技术与关键技术。

在钢铁行业，完成了焦化废水深度处理优化集成技术、含盐有机废水资源化处理与近零排放、钢铁园区水网络全局优化及智慧管理技术，支撑发布了《炼焦化学工业污染防治可行技术指南（HJ 2306—2018）》《钢铁行业综合废水深度处理技术规范（YB/T 4699—2019）》等技术文件，研发的技术在鞍钢、武钢等企业开展应用，实现低成本稳定达标及资源回收，引领工业水污染控制技术新方向。

在石化行业，完成了电脱盐废水电絮凝强化除油技术、ABS树脂装置水污染全过程控制技术、微氧水解酸化-缺氧/好氧-微絮凝砂滤-催化臭氧氧化集成技术，显著降低后续综合污水处理厂处理负荷和冲击影响，支撑流域水污染减排和水环境质量改善。

在制药行业，完成了头孢氨苄酶催化合成技术、粒子产品晶体形态调控共性关键技术，推动了高端原料药、食品和饲料添加剂等产品质量的跃升，实现了三废减排和高盐废水绿色资源化回收。

同时，完成了造纸水污染全过程控制优化集成技术、锌电解整体工艺重金属废水智能化源削减技术、有色行业重金属废水生物制剂法深度处理与回用技术等，弥补了重点行业的水污染治理技术短板。

2. 在城镇污水治理方面

水专项突破城镇污水治理瓶颈，研发了城镇排水管网优化与降雨径流污染控制、城镇污水高标准处理与污泥安全处理处置、城镇水环境综合整治与修复等成套技术，构建形成4条技术链条。

其中，“城市雨水-降雨径流污染控制-海绵城市建设与管理的技术链条”突破基于模拟与实测耦合的雨水调蓄设施效能评估技术、绿色建筑小区雨水湿地径流控制技术、基于降雨排水特征的溢流污染控制调蓄池设计技术、无线广播式自动初期雨水弃流技术等关键技术，有力支撑了我国海绵城市建设与管理工作的顺利进行。

“城市污水-排水管网优化与改造-污水高标准处理与利用-污泥安全处理处置”技术链条突破真空排水技术、管道机器人检测技术、混接诊断技术以及管网优化运行与调度控制技术，研发形成由整体工艺系统、强化预处理、强化生物脱氮除磷、强化深度处理、过程监管与优化、新型处理技术等方面构成的城镇污水高标准处理与利用成套技术，突破污泥低温真空脱水干化、城镇污泥厌氧消化+土地利用等多项污泥处理处置技术，对实现我国污水管网全覆盖、全收集、全处理起到了积极的推动作用。

“集镇污染-收集-处理设施-运维管理”技术链条开展集镇污水收集处理、污水处理设施运行维护及集镇河塘整治等关键技术研发，攻克了适合不同地区的集镇污染控制工艺路线及单元组合，创新了基于物化-生物-生态协同处理的集镇污水处理经济适用性技术，实现集镇污水处理以及河塘治理技术效能的提升。

“城市水系-城镇水体修复与生态恢复-城市黑臭水体治理”技术链条构建形成了城镇水体修复技术与生态恢复成套技术、黑臭水体治理成套技术，技术成果在太湖流域、三峡库区、滇池流域等地区的大规模应用使城市水环境现状得到显著改善。

3. 在面源污染控制方面

水专项基于污染物迁移转化规律的理论突破，按照流域山水林田湖草一体化的思路，突破了污染物源头削减技术、村镇生活污水收集技术、处理生活污水资源化利用技术等关键技术，研发了种植业氮磷全过程控制成套技术、农村生活污水处理成套技术、面源污染控制政策与管理成套技术、城郊径流旱季旁路和雨季调蓄治理技术等成套技术，支撑农业面源污水治理。

构建了种植业氮磷全过程控制技术模式，集成“源头减量-输移阻断-养分回用-生态修复”的农田种植业面源污染治理技术，实现了种植业面源污染的全过程控制、全空间覆盖，推动了农业清洁小流域建设。

构建了基于无害化微生物发酵技术的种养加污染一体化控制模式，提出了“种植秸秆垫料化-养殖粪污异位发酵控制-有机废物兼性厌氧肥料化-还田养分控流失-基质种植资源化”等的种养加一体化系统控制与治理模式。

构建区域水多阶循环生态再生梯级利用模式，突破可持续发展的生物生态组合农村生活污水处理技术、生活污水兼氧膜生物反应器技术等关键技术，研发农村生活污水可持续控制设备；研发重污染河流原位污染物削减技术、闸坝区湿地构建及生态维护技术、极端流态河流深潭-浅滩-台地空间格局优化技术、典型湿地植物快速恢复技术、多自然型湖滨带浅堤消浪与生态修复技术等，推动区域水生态修复、水资源可持续管理，保障水环境安全。

7.2.2　流域/区域水环境管理技术体系

我国流域水环境管理技术体系涵盖质量管理、总量控制、风险管理以及政策保障四个方面。通过水专项研究，突破了水环境基准、天地一体化监测、水环境风险预警等关键技术40余项，推进中国特色的水环境基准标准、流域控制单元水质目标管理技术进步，形成了“基准标准-水质目标-管理模式-监控预警与大数据平台-环境经济政策”全链条流域水环境管理综合技术体系，有力推动水环境管理向3.0版本升级，支撑水环境管理现代化。水专项研究成果有效提升了水环境管理的精细化、科学化水平，研究水平与国际基本接轨。

例如，“京津冀区域水环境质量综合管理与制度创新研究”项目，开展管理体系集成研究，集成了水专项“十一五”以来区域内水质目标管理核心技术5项、关键技术30余项。从永定河、大清河、北运河三条廊道出发，总结京津冀区域水生态环境问题诊断与治理策略、水质目标管理技术体系、水生态功能分区成果、生态水量确定技术、环境容量与污染物总量控制技术示范、水质水量联合调度技术示范，管理政策制度等成果。从“水资源、水生态、水环境”出发，分析流域水质目标管理主要技术环节在京津冀区域的适用性，提出区域水质目标管理技术框架体系，形成京津冀区域水质目标管理技术模式与实施指导方案及政策制度改革路线图[75]。

1. 流域水环境基准标准制定技术

水专项在系统识别了我国本土和国外水生生物的物种敏感度分布特征差异

的基础上，提出水环境基准制定的“国家-流域-区域”三级技术方案，为促进我国水环境基准制定技术的跨越式发展提供技术支持；筛选出我国水质基准“6类24种”优先研究污染物，已制定了全国6个湖区营养物基准阈值，并采用基于硅藻群落响应和陆域生态系统健康进行了基准值验证，初步构建中国特色的水环境基准技术体系；研究构建了流域水环境基准试验技术平台，大幅提升了我国流域水环境基准的研发试验技术水平；研发了流域水环境基准向标准转化技术，积极为我国水环境标准制修订提供基准科学支撑，服务于环境保护标准/基准管理与科研部门，对我国流域水质目标的改善发挥有力的支撑作用。

2. 流域控制单元水质目标管理技术

水专项突破了复杂变异环境下河湖水质目标多层次精准管理理论，在流域控制单元水环境问题诊断、污染源解析评价、水质目标确定、污染源-水质响应关系模拟、水环境容量总量分配、排污许可限值管理和治理效率评估等水质目标管理的多个核心技术环节取得突破，集成各环节上的关键技术；技术成果为十大流域开展与水环境总量控制和排污许可制度实施提供了技术支撑，构建的排污许可证动态管理系统和水污染物排放控制综合动态管理系统等，实现了技术、数据和管理体系的全面贯通，为地方的水环境质量改善提供了重要的技术支撑与创新思路。

3. 基于分区的流域水生态健康管理技术

水专项以流域水生态功能分区为基础，突破了水生态保护目标制定技术，为制定合理的流域水生态保护目标提供指导，并服务于流域水生态综合管理；突破了水生态健康评价标准制定技术，形成了我国规范化的水生态健康评价技术体系；揭示流域土地利用对水生态系统健康影响，研发了水生态空间管控技术；开展承载力现状与调控潜力评估，突破承载力优化调控关键技术，为我国水生态功能区综合管理提供决策支撑。

4. 流域水环境风险管理技术

水专项突破风险识别、评估、预警、管控和损害鉴定5项核心技术，建立突发风险管理技术系统。在突发风险识别方面，建立了基于敏感目标和污染源风险特征的流域水环境突发型风险源识别技术，有效识别水生态毒性效应的主要毒性贡献污染物，为环境管理和政策制定提供科学技术支撑；针对突发风险带来的问题，建立流域突发性水污染事件水环境影响快速模拟技术，针对累积性风险，建立基于水库水华暴发的风险预警技术和基于生物响应的生物早期预警技术；实现了流域突发水污染事件的快速预警，为环境保护行政主管部门的决策提供科学依据。

5. 生态流量保障和生态用水调度技术

水专项突破库群闸坝联合调度技术，通过预测和评估各种水库、闸坝调度方案的对流扩散、稀释和降解效果，为水质水量联合调度方案的制定提供科学依据和技术支撑；按照“问题解析–耦合模拟–容量总量控制–控污与生态修复–目标响应–技术体系集成”的思路，研发了径流变化与人工调控影响下河流域水质目标管理技术；研发了绿色生态廊道景观单元维持要求的生态水量核算技术，完善多水源–多目标–多情景优化配置技术体系，构建集成水循环模拟、水资源配置、多水源调度等技术的水资源保障综合决策支持系统。

6. 重点行业水污染防治最佳可行技术

水专项创新性地完成了我国BAT体系顶层设计，结合“水十条”等政策要求，重新梳理划分了BAT体系，提出了“三阶段”实施规划路线，建立了继欧盟之后第二个国家层面的BAT体系；实现了BAT与排污许可的快速迭代与集成，有力支持了排污许可证的落实与顺利实施；构建了工业行业BAT体系，完成了化工、轻工、纺织、制药、冶金五大行业425项污染防治技术评估和53项技术验证，在全国各行业推广最佳可行技术有效为我国污染控制提供有效技术支持。

7. 流域水生态环境监测与预警体系

水专项突破了流域水环境质量的多层次生物监测、评价与预警技术，揭示了我国内陆复杂水体生物光学特征及其遥感机理，揭示了城市黑臭水体生物光学特征–城市水体黑臭程度等级响应规律，创新了“共性平台+应用子集”水生态环境监测顶层架构技术，构建了适用于我国流域水环境的水质参数遥感定量反演模型，研发了具有完全自主知识产权、自主可控的水环境遥感监测业务体系及平台，在推进流域水环境管理相关数据的合理开发利用，发挥各类数据在水环境综合管理决策中的重要作用。

8. 流域水环境大数据信息挖掘平台构建技术

水专项在水环境承载力评价技术、水质目标绩效考核技术、流域生态补偿技方面取得突破，形成了“全国水环境一张图”，实现基于CWQI（水质指数）的水环境质量考核评价、断面水质7天滚动预测、构建水环境生态风险知识库等业务化支撑。构建了黑臭水体遥感监管平台、长江流域水质目标管理平台等平台并开展业务化运行，促进流域水环境智能化、精细化管理、评估与决策。

9. 环境经济政策工具包

水专项突破流域生态补偿和污染赔偿定量化技术方法，全面支撑了国家重点流域生态补偿试点工作；突破水污染物排放权有偿使用政策关键技术，支撑了国家和试点地区排污权交易工作；突破居民和工商用水梯级差别水价定价关键技术，构建了我国水环境保护价格与税费政策框架；开发了国家中长期水环境经济预测模型系统，提出了中国中长期水环境保护战略与实施路线；构建了水污染物排放许可证管理技术体系，提出水污染物排放许可证制度的政策框架。形成了水环境质量改善的环境经济政策工具包，推动了国家水质目标管理政策制度的出台[76]（专栏7.1）。

专栏7.1　创新构建流域水环境经济政策工具包（成套技术）

水专项“流域水环境管理经济政策创新与系统集成”独立课题以改善流域水环境质量为根本目的和出发点，对“十一五”以来水专项开展的环境经济政策进行评估和集成，突破了基于水生态系统服务的生态补偿核算技术、工业源差别水价技术等8 项关键技术，集成了1 项流域水质目标管理经济政策制定与评估成套技术，研发了1 项流域水环境经济政策工具包，形成了运用经济政策促进工业源污染防控的经济政策实施等4 项指导意见、工业源差别化核算方案、水环境税费税率核定方案等7 套管理方案，为生态环境部“十四五”生态环境政策思路与重点任务部署等工作提供了技术支撑。

1）环境经济政策设计和执行中问题的诊断和评估

利用污染源调查、水环境质量评价等方法诊断工业污染、农业农村面源污染、城镇源等污染防控以及流域整体生态保护中存在的问题，评估水环境经济政策现状以及对水质目标管理的支撑作用，拟定环境质量目标。

2）基于水质目标管理的环境经济政策框架与选择

建立有效的环境经济政策体系框架，基于问题和目标导向进行政策选择，包括环境税费、绿色金融等10余项环境经济政策，可分总体和工业源、城镇源、农业源、流域水生态等专题形成集成框架。

3）政策设计与实施

为了提高环境经济政策制定的科学性，提出生态环境保护补偿工业用水价格、环境税费、环保领跑者制度、城市污水处理收费政策、农村污染防治补贴机制、农村污染处理市场化商业模式等10项环境经济政策手段设计规范、实施安排与配套政策建议。

4）方法与工具选择

提供环境经济政策分析和设计的有关方法和工具，包括费用效益分析、费用有效性分析、CGE等方法。

水专项在成都流域开展了水环境经济政策工具包示范应用，在环境税费政策、环境价格政策、生态补偿、环境市场、环境财政政策等领域都取得较成效，推动成都市流域水环境质量持续改善、成都市与上游水源地得到互利双赢、协调发展，具有良好的示范效应。

7.2.3　区域饮用水安全保障技术体系

水专项以支撑饮用水水质全面达标为目标，针对我国饮用水源水质问题、水污染事件频发和供水系统的安全隐患，系统研发了水源保护、水质净化、管网输配、水质监测、预警应急和安全管理等关键技术，有效解决了藻类、嗅味、氨氮、砷等有毒有害物质去除的技术难题，建立了“从源头到龙头”全流程多层级的饮用水安全保障技术体系，并在太湖流域、南水北调受水区、珠江下游等重点地区和典型城市、典型村镇进行了技术示范和规模化应用。

我国在饮用水水质安全保障管理和评价方面积累了大量的经验，制定了一系列饮用水水源保护和饮用水水质标准，以饮用水源地水质保障为重点，进一步完善流域水环境风险预警技术体系。构建的我国饮用水安全保障技术体系包含218项应用技术组成的技术库、18个设备构成的设备库和177个示范工程组成的工程库，形成10项整体解决方案；支撑北京、上海、深圳等国际大都市的供水安全保障，全国城市供水水质抽查达标率由2009年的58.2%提高到2019年的96%以上。

“从源头到龙头”饮用水安全多级屏障与全过程监管技术体系主要由“饮用水安全多级屏障协同控制”和“饮用水安全保障全过程监管”两部分组成：

1.“饮用水安全多级屏障协同控制”技术体系

水专项围绕“龙头水”水质稳定达标的总体目标，突破水源原位净化、水厂溴酸盐控制、膜法净水组合工艺、地下水除砷等关键技术，形成高品质饮用水水质净化处理集成技术，研发生产国产臭氧发生器、超滤膜、管网检漏新设备等饮用水净化材料、装备，有效支撑了水源水质净化处理；针对我国重点区域典型城市的主要水源水质特征与共性问题，形成高藻湖泊型水源、高氨氮重污染河网水源、微污染江河水源等饮用水安全保障水质净化技术集成和综合解决方案，建成100余项示范工程，直接受益人口2500余万，实现可复制、可推广、可持续的目标；突破管网“黄水”识别与控制、管网水质保障、管网漏损控制和安全运行、二次供水安全保障等管网安全输配关键核心技术，实现供水管网漏损综合控制技术方案，制定城市供水系统规划设计和运行管理相关标准化文件20部，基本建立饮用水安全保障工程技术的标准化体系，为饮用水管网安全输配提供了有力的技术保障。

2.“饮用水安全保障全过程监管”技术体系

水专项突破饮用水风险评价、监测预警、应急处置等关键技术，集成并形成了基于饮用水风险评价与水质监测预警的水厂应急与日常运行成套技术方案，构建了我国城市供水全流程、立体化监管业务化平台；建立我国饮用水水质标准制定技术，形成并发布饮用水水质监测方法标准、城市供水绩效评估技术规程、城市供水应急预案编制技术指南、城市供水安全管理技术规程、生活饮用水卫生标准修订稿等标准、规范，为我国生活饮用水卫生标准修订提供技术支撑，基本建立饮用水安全保障监管技术的标准化体系；多项饮用水质监测设备实现自主创新与产业化，支撑了饮用水全过程监管；形成我国的建立供水系统风险评估技术方法，开发水源水质预警和应急处理成套技术，水质监测预警应急技术成果成功应用于水源突发污染情况下的应急监测与处理；建立饮用水安全督察辅助决策支持系统，提高城市供水安全督察信息化和业务化水平，为推动有条件的地区供水安全督察城乡全覆盖。通过建立科学、规范、可业务化运行的饮用水安全保障全流程监管技术系统，为饮用水日常管理、监督管理、应急管理等重要需求提供了有效的科技支撑。

7.2.4　我国与发达国家水环境治理和管理技术水平比较

水专项实施以来，我国水污染控制技术稳步发展。2013年以来，中国已经超过美国成为水污染控制技术子领域SCI发文最多的国家，中国学者在论文产出方面处于领先地位。从全球范围看，我国水污染控制技术处于中上水平。欧美发达国家在水污染控制领域的核心技术和关键设备方面仍然领先我国，我国与这些发达国家约有5~8年差距。

1. 在水生态环境治理技术方面

发达国家已构建多产业循环链接的工业生态模式，在人工智能、信息化治污等领域已处于领先地位，同时在气候行动、环境及资源效率提升等方面，以约束性碳排放目标为基础，在发展过程中逐渐实现碳中和。

与欧美等发达国家相比，我国工业废水处理技术处于领跑地位，在一些专有行业如煤化工行业废水达标处理与零排放技术独树一帜；城镇生活污水处理和水环境与水生态保护技术水平处于跟跑地位。污水的资源化能源化技术是全球的研究热点，我国正处于产业应用突破的前沿，仍然借鉴和追随着欧美发达国家的成功经验和发展步伐。在水污染控制领域的技术突破往往依赖于材料、生物和信息科学与技术的进步，水处理工程效率的提升与所使用的监测仪表和传动设备紧密相关。我国亟须在高端反渗透和纳滤膜材料、精密水质传感器和分析仪器、高效固液分离设备和生物反应装置等方面进一步攻关，实现国产化。

2. 在水生态环境管理技术方面

发达国家在水生态系统保护与修复方面进行了半个多世纪的实践探索，形成了比较成熟的水环境管理技术体系。20世纪80年代，发达国家就提出“可钓鱼”(fishable)和“可游泳”(swimmable)的水质保护目标，并制定以水质为基点的“生态学-毒理学”的排放标准，以用于保护人类健康和水生物安全生存，在流域水生态保护修复方面形成了成熟的法律法规和技术标准。欧美等发达国家很早就重视大型河流生态系统的物理实验和数值化模拟，目前已经建成20余套大型河流水生态模拟实验装置，为水生态健康评估、水生态系统保护与修复提供了技术基础。

我国水环境管理的水资源、水环境和水生态“三水统筹”的理念已经上升为政策指引，依托水专项项目，水生态监测、评估和水生态保护修复的技术也进行了较为深入的研究，突破了水环境基准、天地一体化监测、水环境风险预警等关键技术；建成一批业务化运行的水环境管理及监测预警平台，提升了水环境管理的精细化、科学化水平，研究水平与国际基本接轨。但水资源、水环境和水生态协同治理的技术方法体系尚不成熟，需要加强基础理论和方法研究，自主知识产权的大型河流生态数值预测预警模型系统缺失，需要进一步深化研究。

3. 在饮用水安全保障技术方面

当前，欧美日等发达国家由于水源水质普遍较好，供水设施也相对完善，因而缺乏相应的技术需要和国内市场需求，近年来在水源保护、水质净化、管网水质稳定、关键设备材料制造等方面的技术进步较为缓慢，但在饮用水健康风险理论及其管控技术方面仍处于国际领先水平。

我国拥有全球最大的净水技术市场，依托水专项的研究成果，已经初步建立从源头到龙头城市饮用水安全保障技术体系，饮用水处理技术处于并跑地位。在水源原位净化、水厂溴酸盐控制、膜法净水组合工艺、管网水质与漏损控制、二次供水以及地下水除砷等关键技术取得突破，总体上达到国际先进水平。水专项发展形成多级屏障工程、多级协同管理和关键材料设备制造三个技术系统，整体上达到国际先进水平；推动供水材料设备的产业化发展，打破国外垄断；在处理复合污染原水和应对突发污染事故等方面处于国际领先水平，为全国供水安全规划、供水水质督察、供水应急救援基地建设等提供了系统化的技术支撑，整体提升了我国饮用水安全保障能力。

4. 在环保产业化方面

当前，欧美等国家环保技术装备趋向精细化、高端化，正在以与现代生物技术、新材料、新一代信息技术等领域的渗透融合为驱动，进一步改善强化环保产品的处理能力，促进环保技术创新突破瓶颈，产品向标准化、成套化、系列化方向发展，加速环保产业的转型升级。

依托水专项的研究成果，大幅度提升我国环保产业化水平与国际竞争力，引导和培育了一批环保龙头企业。自主研制了中空纤维滤膜材料、MBR膜反应器、超滤膜材料、大型臭氧发生器等核心技术装备112台套，部分重大装备打破了国外垄断，实现了自主可控和经济适用。例如，大型臭氧发生器系列设备国产化率达90%以上，市场占有率达60%；支持和培育10余家环保龙头企业。我国城乡污水处理、水环境保护装备制造、饮用水安全供水等水环境保护产业已经跻身于战略性新兴产业，成为新的经济增长点。

此外也应看到，欧美是水处理领域的传统强国，由于市场的萎缩导致此领域专利申请量逐渐被中国超越，但大量高价值核心专利目前仍然掌握在欧美大型环保企业手中。我国虽然在数量上有所超越，但高质量、高价值核心专利，例如MBR、V型滤池、特种菌等都还属于国外知名产业主体所拥有。例如，污水的资源化能源化技术是全球的研究热点，我国产业应用仍需借鉴和追随着欧美发达国家的成功经验和发展步伐。要持续开展典型突发有毒有害污染监控预警、处理处置、智能监管技术与设备研究，推动设备的标准化与成套化，并着力破解技术突破、产品制造、市场模式、产业发展“一条龙”转化的难题。同时，我国的产学研结合衔接问题亟待解决，要致力于将科技创新成果转化为推动经济社会发展的现实动力。

7.3　我国流域水环境治理和管理技术需求

总体来看，流域治理导向为国家需求，围绕生态环境根本好转，美丽中国目标基本实现的目标，以“重大需求-战略任务-技术重点” 为主线，综合针对水质改善、污染物质控制与风险管理以及生态修复三个方面，来明确战略任务和技术重点。

1. 统筹山水林田湖草各个要素的水生态环境协同治理技术

结合国家经济社会发展变革战略需求和新时代新理念新要求，要在水环境改善的基础上，深入开展我国建立统筹水资源、水生态、水环境的内在科学规律研究，更加注重生态要素，探索生态系统的整体性、系统性及其内在规律，构建区域水生态整体修复理论体系，提升山水林田湖草协同治理、水陆统筹生态环境整体修复等领域的科技创新能力。统筹水域和陆地系统，加强探索土地利用对水生态系统健康的影响机制，突破水生态功能区土地利用优化技术；识别筛选水生态承载力调控要素，评估承载力调控潜力，突破承载力优化调控关键技术；突破重点区域水环境协同治理和水生态整体修复的关键技术瓶颈，推进河湖治理与保护，构建流域水生态功能区管理技术体系，形成“预防-改善-修复-保护-水生态文明”的全过程区域水环境科技系统化解决方案。

2. 开展基础前沿研究，为水生态环境保护修复提供理论支持

根据我国水生态保护战略目标和污染物控制与治理的需求，开展水污染控制与生态保护修复机理研究，揭示复杂条件下流域水环境、水生态退化成因，确立我国水环境质量基准研究的优先方向和环境优先控制污染物，探索水生态系统诊断、修复与保护等基础理论。科学认知我国不同水体的生态功能区域差异，实现水质目标向水生态目标转换；确定我国水环境基准标准的关键本土参数，构建具有我国特色的流域水环境基准技术体系，制定中国本土流域的水环境基准值，防止过渡保护和保护不足；开展我国水环境复合生态效应研究，识别影响我国水生态健康的污染物耦合效应机制；建立流域多源污染排放与水环境质量的动态响应关系，科学模拟污染排放控制对水环境质量改善的效果。

3. 突破水生态环境保护修复关键技术瓶颈，形成流域水质目标管理的成套技术体系

围绕生态文明建设、水十条实施和水环境管理模式转变等国家需求，开展突破性、前瞻性、引领性、颠覆性的技术研究，攻克一大批自主可控的关键技术和装备。

我国正处于经济高质量发展阶段，工业水污染控制成功与否已成为决定我国经济可持续发展的关键要素，重化工业的水污染控制和治理是我国迫切需要

解决的难题。一方面，要不断突破重点行业水污染全过程控制关键技术，加强新兴工艺类型的环境管理；另一方面，要注重减污降碳的协同推进，提升环境和资源利用效率，以约束性碳排放目标为基础，在发展过程中逐渐实现碳中和。

我国城镇污水处理厂在特殊复杂水质环境条件和高标准提标建设方面已达到国际领先水平，随着科学技术发展，要提升对新兴问题（气候变化、调蓄、水质、不确定性等）的关注度，提高规划设计的可靠性和有效；提高管网检测技术的检测精度，应用自动化手段提升运管理水平；对于雨污控制实现源头削减类技术与过程控制类技术的交叉联用，开发高效除污介质和技术；着力突破极限碳氮磷和微量新污染物去除技术，持续突破污水资源化能源化的关键技术并实现工程化应用，开发新型绿色、廉价外加碳源和除磷药剂，切实解决我国特有复杂多变水质特征难题；优化和升级全链条工艺的污泥处理与处置技术，突破污泥稳定化、热处理、污泥安全处置和建材利用等关键技术；提升城市黑臭水体治理、城镇水体修复与生态恢复、集镇水环境综合治理技术水平。

针对我国农业面源污染治理与生态修复技术工程化水平低、流域整体解决方案不足的问题，应继续致力于解决农业面源污染一体化防控、河湖水质提升与生态系统修复及规模化推广应用中存在的关键技术，助推“山水林田湖草”生态一体化建设。

与此同时，需要解决重点流域水生态重建与功能恢复关键技术；研发先进地下水污染治理设备、先进材料和工艺技术，突破高效可持续地下水修复的关键技术，推进原位修复、协同修复、绿色修复技术的工程化应用，等等。

4. 开展管理技术和政策体系研究，推进水生态环境管理机制建设

完善水环境质量目标为导向的流域水环境经济政策体系，确定适合于水质目标管理的环境经济政策框架和手段选择；开展技术对管理和政策体系建设的支撑研究，解决水环境质量改善与水陆一体化管理、排污许可制、水环境风险管理、重点行业污染管理等的衔接关系，形成流域水质目标管理的成套技术体系。加强技术规范化和标准化，以及管理技术的模块化与集成化的研究，实现水生态环境管理技术对国家战略的支撑作用。

紧密围绕解决流域水环境综合管理的需求，集成水环境质量感知、数据传输、数据库构建、智能化管理等技术，构建国家水环境监测智能化管理综合平

台并开展平台建设与业务化运行示范，实现国家层面的水环境监测信息智能化管理；进一步根据研究水陆一体化管理技术和机制，根据生态功能区域差异和水环境容量的约束，统筹产业结构调整、点源治理、面源控制和土地利用等，实现水陆统筹和流域综合管理。

需要突破流域水环境风险管理关键技术，建立发展相对完整的，从风险识别、风险评估、风险预警、风险管控到损害鉴定评估等全过程管理的水生态环境风险管理技术体系，构建基于风险管控的污染监管与决策支持技术体系。进一步建立水环境风险识别和防范机制，实现水环境保护从被动式应急管理逐步过渡到主动风险预防管理为主，防患于未然。

5. 服务国家重大战略部署，实现水生态环境规范化精准管理

围绕在长江、黄河，以及太湖、滇池等重点流域的生态保护修复和高质量发展目标需求，构建适应系统化、科学化、法治化、精细化和信息化的流域规范化精准管控模式要求的水生态环境管理技术体系，实现水质目标管理手段与技术手段的融合。实现控制单元水质目标和排污许可管理技术紧密结合，形成系统综合的污染治理方案和流域水环境综合管理技术体系，进而实现从目标总量控制向基于流域控制单元水质目标的容量总量控制的转变。通过解决大数据平台架构、精细化大数据分析方法及智能化业务分析手段等方面的难点，构建流域水环境管理大数据平台，实现流域水环境智能化、精细化管理、评估与决策。结合流域特色发展风险预警技术，建立一个统一的风险管理的体系。

7.4 科技发展战略目标

1. 总体目标

到2035年，围绕生态环境根本好转，美丽中国基本实现的目标，针对水生态环境治理与保护领域的科学、工程技术和管理瓶颈问题，加强理念创新、共性技术、颠覆性技术和工程技术创新，构建我国水环境协同治理与水生态系统保护现代化理论技术体系，并在重点地区建立样板标杆工程和先行示范区，从而提升我国山水林田湖草协同治理、水陆统筹生态环境整体修复、监测预警管理、饮用水质风险控制的科技水平。[73]

2. “十四五”阶段目标

“十四五”期间，围绕打好升级版污染防治攻坚战的科技需求，开展水生态环境领域的基础前沿、关键技术和理论方法研究与推广应用，建立完善绿色流域科技支撑体系，为落实“三个治污”，推进国家水环境治理体系和治理能力现代化建设提供有力的科技支撑[74]。

7.5 主要任务

1. 我国“三水”内在科学规律研究和协同治理理念创新研究

针对水资源、水环境和水生态发展不均衡、不协调的问题，深入开展“三水”内在发展规律基础理论研究，破解关键科学难题，阐明关键制约因素，形成扎实的水生态环境保护和治理的基础科学和理论知识储备。结合国家经济社会发展变革战略需求和新时代新理念新要求，开展水资源、水环境和水生态协同治理和整体修复理念创新，深刻剖析和阐明未来以水环境协同治理和整体修复为核心的现代化管理和治理体系的科技内涵，形成新时代山水林田湖草协同治理和区域水生态整体修复理论体系，促进水环境管理效能、水生态服务功能、水环境风险管控和水环境治理能力和水平的提升。

2. 水污染控制与生态保护修复的基础前沿研究

针对水生态环境保护修复的理论问题，开展复杂条件下流域水环境、水生态退化成因及修复机制研究。深入开展制约河湖水质持续改善与水华暴发的内外源协同作用机制研究，开展基于流域水生态系统完整性的承载力、韧性与自适应提升机制研究，建立多稳态转换、生态阈值、生态水文学等理论与方法，揭示自然演化与人类干扰协同作用下的水生态退化及修复机制，突破流域复杂本底条件下水生态系统诊断、修复与保护等基础理论。

3. 水污染控制与生态修复关键技术研发

针对工业行业有毒污染问题，研发典型工业行业和园区污水全过程绿色防控与毒性检测技术；开展生物毒性监测技术与设备研发，构建新型绿色工业水污染控制技术体系。针对日益突出的农村环境和农业面源污染问题，研究构建农村环境和农业面源污染监测技术体系、高效生态治理关键技术；开展农村黑臭水体治理技术、装备和模式研究，研发农村生活污水、垃圾、畜禽粪便处理便携式一体化装备；研发农业面源污染产生、监测、治理全链条治理技术。研究工业源、农业源、生活源多源并治，监测、评估、治理与修复一体化的综合解决方案。针对水体生态修复技术需求，分类建立全国重点河流、湖库水华监测评估、监控预警、灾害防控、生态修复技术体系。

4. 地下水污染综合防控理论创新和治理关键技术研究

针对地下水污染机理不清、治理和修复技术匮乏的问题，精准分析地下水污染特征与生态效应，量化其生态毒性与环境风险表征，强化地下水污染成因与污染过程解析；精细识别污染物微观输移扩散过程，明晰污染物累积、分布与衰减规律，阐明污染主控因子与防控机制。突破地下水高效低耗、安全、协同治理关键技术，研发长效多功能修复材料，推动修复核心技术产业化；研发物理阻隔-化学氧化协同修复、地下水污染防治和安全利用等关键技术体系；开发具有独立自主知识产权的集约化、模块化和智能化技术与装备，推动环境修复技术市场化和产业化发展。

5. 精准高效的水生态环境管理机制和政策体系研究

针对新时代、新理念、新形势下的水生态环境保护战略科技需求，统筹水资源、水环境、水生态、水风险因素，从提标扩容、流域综合治理目标要求和急需的管理政策出发，研究适用于新阶段经济社会发展特点的水环境战略决策平台、水环境管理体制和环境政策体系。研究构建水环境标准、政策和长效保障机制，重点建立流域上下游生态补偿机制，形成上下游、左右岸、干支流协同保护、治理和修复模式，并在长江、黄河等流域开展综合示范。

6. 面向健康的饮用水质风险控制工程技术、管理技术和先行示范区建设

针对面向未来的城市水环境治理技术需求，开展污水资源回收与回用、水处理超净排放技术、污泥中能源和资源高效回收利用、污泥深度处理和品质提升研究。针对面向健康的饮用水质风险控制技术需求，建立水源和饮用水新标准，研发标准和效应引导的新技术新工艺；研发集感知-诊断-决策-控制为一体

的智能保障技术，建立现代化饮用水科技与管理平台。

7. 实施“重点流域水生态环境保护修复技术和政策综合示范”重大科技行动

围绕碧水保卫战，在长江、黄河等重点流域开展生态环境承载力及风险评估，研发山水林田湖草系统治理与生态功能恢复技术，开展陆域生态-水生态-土壤-地下水综合治理技术集成与示范，提出流域绿色高质量发展路线图。重点关注长江流域磷污染的江-河-湖-海多过程协同的流域水生态环境调控技术，在黄河流域，研发上游水源涵养、中游污染整治、下游生态修复技术；开展我国典型湖库水生态环境演变机理与生态安全保障技术研究。在长江流域、黄河流域，以及太湖、洞庭湖和鄱阳湖等开展保护修复综合示范。

第8章　重大政策建议

8.1　坚持绿色发展，推动经济结构全面绿色转型

坚持“绿水青山就是金山银山”理念，坚持尊重自然、顺应自然、保护自然，坚持节约优先、保护优先、自然恢复为主，守住自然生态安全边界。把水资源作为最大的刚性约束，坚持以水定城、以水定地、以水定人、以水定产，合理规划人口、城市和产业发展，坚定走绿色、可持续的高质量发展之路。完善可持续发展协调机制，促进产业结构、空间结构、交通结构、消费方式的绿色转型，建设人与自然和谐共生的现代化。

1. 优化调整产业结构

一是严格环境准入。根据流域水质改善目标和国土空间规划要求，逐步加严区域环境准入条件，细化功能分区，实施差别化环境准入政策。二是完善水资源、水环境承载能力监测预警体系。对于已超过承载能力的地区，实施水污染物削减方案，加快调整发展规划和产业结构。加快淘汰落后产业，结合水质改善要求及产业发展情况，制定并实施区域落后产能淘汰方案。

2. 优化国土空间布局

一是强化国土空间管控和负面清单管理，严守生态红线。充分考虑水资源、水环境承载能力，科学统筹流域上下游、左右岸、干支流生态环境保护和绿色发展，编制重点流域发展规划；科学统筹生态、农业、城镇等功能空间，划定生态保护、基本农田、城镇开发边界，编制国土空间规划；优化保护区网络建设，完善保护区空间布局，在重要水生生物栖息地划定自然保护区、种质资源保护区、重要湿地，将各类水生生物重要分布区纳入保护范畴；强化国土

空间规划和用途管控，减少人类活动对自然空间的占用，积极保护生态空间。严格控制重点流域干流沿岸环境风险项目。二是建立完善“三线一单”生态环境分区管控体系。强化“三线一单”成果在水生态环境保护中的应用，探索构建以“三线一单”为环境空间管控基础，以规划环评和项目环评为环境准入关口，以排污许可为企业运行守法依据，以执法督察为环境监管兜底的全过程环境管理框架。三是加强水域岸线空间管控。组织编制岸线保护和利用规划，根据岸线的自然属性，统筹考虑经济社会发展需求，突出岸线资源保护、生态保护和防洪安全，提出分区管控要求。严格建设项目和活动审批、监管，严禁违法违规开发利用岸线资源。

3. 推进清洁生产和资源循环利用

一是推进清洁生产。支持绿色技术创新，推进清洁生产，发展环保产业，推进重点行业和重要领域绿色化改造，降低水资源消耗和水污染物的产生和排放强度。鼓励钢铁、纺织印染、造纸、石油石化、化工、制革等高耗水企业废水深度处理回用。二是促进非常规水资源循环利用。充分利用水循环技术，提高再生水、雨水、矿井水、微咸水等非常规水资源循环利用率。在上中游各缺水支流推进非常规水资源梯级利用技术，将非常规水资源转化为生态新水源，在水的生态、社会、区域产业循环上形成多阶多元良性循环。

4. 推进生态航道和绿色港口建设

一是建设生态航道。推广应用新能源船舶，逐步实现江河航运与资源环境和谐发展；推进船型标准化，让运输装备与组织方式更环保；加强船舶污染防控，让航道生态环境更和谐。积极推动疏浚土综合利用，更好地服务区域城乡建设发展。二是推动绿色港口建设。对标国际先进水平，开展绿色港口建设工作。加强示范引领，在清洁能源应用、资源集约利用、船舶港口污染治理、绿色运输组织推广等关键领域，实行重点攻关、重点突破，形成示范效应，带动全国绿色港口建设。

8.2　坚持系统观念，构建统筹协调的综合治理体系

坚持山水林田湖草综合治理理念，以水生态环境质量改善为核心，构建综

合治理新体系，以水生态保护为核心，统筹考虑水资源、水生态、水环境、水安全、水文化和岸线等多方面的有机联系，推进长江上中下游、江河湖库、左右岸、干支流协同治理，改善河湖生态环境和生态功能，实现“有河有水，有鱼有草，人水和谐”的目标，提升生态系统质量和稳定性。

1. 优化水资源利用，保障生态流量

切实落实最严格水资源管理制度，建立生态用水保障和监督机制，国家层面建立重要水体用水清单，保障生态用水，确保断流现象只能改善、不能恶化。以解决断流河流“有水”为重点，推进高耗水方式转变、实施闸坝生态调度、完善区域再生水循环利用体系，形成以自然水循环为核心的我国河流水质水量联合调度体系。

2. 深化推进污染防治，持续改善水环境质量

聚焦突出环境污染问题，统筹考虑水环境承载能力、污水资源化利用、监管体系建设等重点领域，深化推进工业污染防治、城镇生活污染治理、农业面源污染治理，持续推进水环境质量改善。

3. 深化推进水生态监测评估和水生态保护修复

重点推进水生态监测和健康评估，夯实水生态管理的技术基础，实现水生态健康评价与水环境管理良好结合；在重点流域大力开展水生态保护修复，构建人水和谐的良好格局；推进山水林田湖草综合治理，实现“流域统筹、区域落实”。

4. 建立完善水生态环境风险防范体系，保护流域水安全

进一步完善突发性水污染事件应急管理技术支撑平台，加强突发性环境事故的监测预警、应急处置能力；构建和完善累积性水生态环境风险长效管控体系，推进流域水生态环境由事后监督管理向事先风险管理转变。

5. 大力弘扬流域水文化，促进流域生态文明建设

深度挖掘我国流域文化蕴含的生态文明内涵和时代价值，构建以生态优先为准则的流域生态文化体系，推动传统文化创造性转化、创新性发展，促进历

史文化、山水文化与城乡发展相融合，为流域生态文明建设奠定好文化基础。构建立体化水文化传播体系，讲好水生态文化故事，传承优秀传统文化精神。

8.3　加强源头管控，强化各类污染源的污染物减排

水生态环境质量改善的关键在于工业源、城镇生活源和农业源的治污减排，建议坚持问题导向与目标导向，进一步优化中长期治污减排实施路径，加强源头控制和综合管控，系统削减水环境污染负荷，推进水生态环境质量持续改善。

1. 管控工业污染源，推进绿色发展

推进工业污染防治由全面达标排放向全过程绿色发展转变，由重总量控制转变为浓度与总量控制相结合，由重分散的点源治理转变为集中控制与分散治理相结合。一是加强重点行业污染物源头控制和过程控制，深化水污染物排放总量削减。引导工业水污染治理从末端治理向全过程绿色可持续方向转变，实施差别化、精细化的精准治理；针对重点行业高浓度、难降解的工业废水，以及含难降解有机物、重金属的复合污染型工业废水，推广应用最佳实用处理技术；落实“污染者付费”等市场手段，为工业废水治理提供有效激励机制，以最低排放成本实现特定量污染减排。二是加强工业园区污染控制，以清洁生产实现节水减排。进一步开展工业园区布局调整与优化，以水环境质量目标推动园区升级转型；加强工业集聚区水污染的集中治理，实现稳定达标排放，推进工业园区非常规水源的深度处理与再生回用。

2. 推进生活污水深度治理，提升城镇水环境质量

一是持续推进提标改造，实施城镇生活污水深度治理。以排污许可为抓手实施常态化管控，推动城市污水处理提标改造、污泥处理处置与资源化利用，强化末端生态处理，推进深度治理，着力解决污水管网不配套、收集能力不足问题，全面实现城镇污水的高排放标准稳定达标处理与再生利用；补齐基础设施短板，完善环境基础设施，提升小城镇水污染物减排与水环境综合治理水平，因地制宜探索区域农村生活污水处理模式。深入推进污水处理市场化改革，依法实施特许经营，促进新形势下污水处理行业提质增效。

二是开展城镇水环境综合整治与修复，提升城镇水环境质量。全面建立污染源和水质的响应关系，开展城市水环境分类整治与修复；加强溢流污水及初期雨水面源污染治理；强化对污泥处理处置工作的政策和技术引导，加强污泥最终去向的排查和环境风险评估；开展全过程底泥污染治理，防止底泥二次污染；建立海绵城市建设与黑臭水体整治监管平台。

3. 科学管控农业污染源，构建农业清洁小流域

以面源污染影响突出的流域或区域为重点，完善农业农村污染防治政策制度，逐步在全国范围将农业面源纳入治污减排范畴，制定污染防治目标并进行考核。一是实施种养平衡、种养生结合面源污染综合控制，削减水环境污染负荷。落实“种养结合、以地定畜”的要求，调整种植业结构布局与养殖业布局，落实种养殖业减氮控磷、畜禽养殖废弃物资源循环利用与污染减排。二是推行“源头减量-输移阻断-养分回用-生态修复”的农田种植业面源污染治理集成技术体系。推进有机肥替代化肥，采用价格补贴补助方式提高有机肥施用比例；推广生态畜禽养殖模式、“零排放”型养殖模式等生态循环发展模式，“以用促治”，采用经济适用的生物转化处理工艺，推进畜禽养殖污水资源化利用；针对农村生活污水产排污特征，推广应用适宜的生物生态组合技术，建立近自然污染净化型农业可持续发展模式。三是推进构建农业清洁小流域，助力乡村振兴战略实施。构建“源头削减、过程拦截、末端循环”的流域农业面源污染防治模式，形成基于“上游水源涵养、中游污染削控、入湖口减负修复”等的水体功能恢复体系，建立县域农业农村面源污染防治长效机制。

8.4 加强制度创新，推进水环境治理体系现代化

进一步完善流域水生态环境管理体系，提升水生态环境治理能力，推进我国水环境管理由水质管理向水生态管理转变。

1. 完善流域水环境基准标准体系建设，提升我国水环境管理水平

建议进一步开展水环境基准研究，大力推进基准成果在标准修订中的转化应用，建立差异化的水质标准体系，逐步制订完善流域、地区特征的水质管理标准，协同保障水生态健康与人体健康。

2. 实施流域水质目标差别化、精细化管理，促进我国水环境管理模式的战略转型

基于水生态功能分区开展水生态健康评价，科学确定水生态环境保护目标；开展控制单元水生态承载力综合调控，以“指标筛选-路径措施确定-潜力评估-目标制定-优化调控-方案制定”为主线，构建不同类型流域控制单元水质目标管理技术体系；基于“流域-控制区-控制单元”的多级水污染物容量总量控制体系，形成以排污许可证为核心的污染物总量控制与减排体系，统筹各类水体防治要求；构建流域水生态环境保护空间管控体系，实行“结构-格局-过程”一体化管控，支撑重点流域水生态系统健康保护。

3. 搭建水环境管理智慧平台，促进水生态环境治理体系和治理能力现代化

加强顶层设计，深入推进我国水生态环境管理业务化智慧平台建设，充分应用“物联网+区块链+大数据”技术，建设“智慧环保物联网”系统；建立完善集水资源管理、水环境监测、总量控制和污染源管理、风险评估与预警应急响应等一体化的水生态环境综合管理平台，为水生态环境管理决策提供及时高效的信息和技术服务支撑；推进建立水生态保护修复制度，完善流域生态环境保护责任管理体系。

4. 创新水生态环境治理市场化政策，推动建立生态环境保护长效机制

改革和完善流域区域生态补偿机制，推进水生态产品价值实现，建立健全生态补偿与保护长效机制，强化流域生态环境保护修复的协同性，调动重点流域沿线各省（市）生态保护积极性。优化水资源价格政策，继续推进阶梯水价改革，加快推进农业水价综合改革，完善再生水水价机制，进一步加强水价在产业结构调整的作用，促进工农业用水方式由粗放式向集约化转变。深入推进绿色税收政策，促进水资源税改革，解决标准不统一、界限不明确、能力不匹配等问题。鼓励绿色金融体系多元化，为水生态环境保护修复提供贷款、基金、债券、股票、项目融资提供政策便利，加快促进水生态环境保护由政策驱动向政策法规、市场需求、经济利益多方驱动的转变。

8.5 加强科学治理，打造绿色流域科技支撑体系

坚持精准治污、科学治污、依法治污，继续开展水生态环境保护修复的科技发展布局，建立完善绿色流域科技支撑体系，支撑深入打好碧水保卫战和水生态文明建设。围绕国家水环境战略需求和重点战略发展区域（京津冀、长江经济带、黄河流域、“一带一路”等），构建针对性的、系统性的防治技术链条，支撑和打造一批先行示范区和样板区，统筹推进水污染防治和风险管理，为国家生态文明建设提供强劲动力，为世界水环境治理提供中国方案。

未来水环境领域战略研究可分三个阶段开展，分别为“山水林田湖草协同治理”、“水陆统筹整体修复”和“水生态环境系统保护”。研究重点主要包括以下12个方面：①我国三水（水资源、水环境、水生态）内在科学规律研究和协同治理理念创新；②山水林田湖草协同治理和整体修复关键技术研发与示范工程；③地下水综合防控理论创新与治理关键技术；④水生态环境质量改善关键技术与重点区域质量改善示范工程建设；⑤农业农村水环境协同治理理论、关键技术与产业模式；⑥面向健康和生态的饮用水质风险控制工程技术、管理技术和先行示范区建设；⑦陆海统筹关键支撑技术和综合示范研究；⑧水环境智能化监测与预警技术体系研究；⑨重点和新兴行业水环境风险防控技术和绿色发展模式；⑩水环境治理保护关键技术工程化和产业化；⑪我国水环境管理经济政策、法律法规和先行区建设；⑫全球变化背景下水环境风险规避对策。

8.6 聚焦双碳战略，推进水生态环境与温室气体协同治理

坚持人与自然和谐共生，坚持绿色低碳循环发展，大力推进水生态环境与温室气体协同治理，在水污染防治各项行动中落实温室气体减排要求，将减污降碳协同作用落实到水生态环境治理全过程各方面。

1. 推进区域/流域多要素协同治理机制研究

以水生态环境改善为目标，充分发挥自然修复作用，研究水污染适度治理与水生态修复间的平衡机制，减少过度治理产生的额外能源消耗及温室气体排

放。基于水环境承载力及碳中和理念，研究建立区域/流域系统的物耗能耗、水污染物及碳排放绩效评估方法，提出水生态环境和温室气体协同治理的优化调控机制。

2. 加强城镇污水处理厂碳中和技术研发、推广应用和政策指导

将城镇污水处理厂纳入强制碳减排行业。开展污水厂碳减排运行潜力评估，加强污水处理厂设计、运行的能耗管理，降低污水处理厂能耗。探索清洁能源发展模式，推进绿色低碳技术研发和应用，提升污泥处理处置的碳减排水平。结合流域水质目标，因地制宜地制定相应的排放标准，据此优化污水处理工艺设计。研究出台城镇污水处理厂温室气体控制及碳中和技术政策和技术指南，适时制订温室气体排放标准，建立相关统计核算方法和监测体系，强化监管措施。

3. 统筹推进水污染防治各项行动中的温室气体减排

在水污染防治的同时开展温室气体排放与控制的分析评估，最大限度地推进温室气体减排。开展多目标跨行业全过程的协同防控技术研发，构建“监测与预警、源头减量与绿色过程、治理修复与资源化利用”的全链条技术体系；开展畜禽养殖粪污资源化利用与温室气体协同控制；重视水生态修复中温室气体减排和碳中和技术应用。

4. 研究制定促进水环境与温室体系协同控制的经济政策

鼓励污水处理、畜禽养殖等企业参与自愿减排交易市场，并适时推动将污水处理、畜禽养殖等行业纳入碳排放权配额交易市场。通过国家污染防治资金、绿色发展基金等，支持水生态环境与温室气体协同控制项目。鼓励金融机构开展绿色信贷业务，支持水生态环境与温室气体协同控制项目建设。

8.7　加强综合施策，推进重点流域水生态环境保护

通过对不同流域的水生态环境问题和特征研判，提出“十四五”及中长期主要流域水生态环境保护战略。

1. 科学开展河流、湖泊、城市水体、饮用水水源保护

一是对河流，重点做好控源减排和保障生态流量。针对河流特征污染问题，合理安排治污途径，以控源减排为抓手，带动河流水质逐步改善，进一步开展退化河流的水生态修复；统一规划、联合调度，实施水资源综合管理，保障河流生态流量。

二是对湖泊，重点解决富营养化问题。不同水平的富营养化湖泊，采取不同策略。对生态环境质量差的湖泊，采取“污染治理”思路，以氮磷控源为主，加快实现水环境质量明显改善；对质量中等湖泊，采取“防治结合”思路，加强流域生态修复，稳步提高生态安全水平至“一般安全”状态；对质量为优湖泊，采取“生态保育”思路，建设流域健康生态系统。

三是对城市水体，重点解决黑臭水体问题。对生态基流匮乏的黑臭水体，采取污水处理厂深度处理、河道水体生态修复等措施；对未截污黑臭水体，着力提高流域污水管网的收集率及处理率；对雨污混流黑臭水体，重点控制排口溢流；对缓流、滞留水体，重点改变水动力学条件。

四是对饮用水，重点解决水源、供水两方面的饮用水安全保障问题。加强饮用水水源地保护，优先保障饮用水安全；构建饮用水全过程风险防控体系，提升饮用水安全保障管理能力。

2. 推进重点流域生态环境保护修复

（1）长江流域。坚持走生态优先、绿色发展之路，筑牢上游生态安全屏障，严守生态红线，加快产业结构调整和优化布局，加快探索流域生态补偿机制，推动上中下游优势互补、错位发展；强化磷污染点面源综合管控，持续推进流域水环境质量改善，强化对新污染物的监测调查、生态效应评估和污染防控；树立全流域“一盘棋”的思想，开展长江流域江–河–湖–海水生态健康调查联合评估，着力提升流域水生态健康水平；加快风险隐患排查整治，构建以饮用水安全保障为核心的水环境风险监控预警与应急管理体系。

（2）黄河流域。坚持山水林田湖草综合治理理念，加强黄河流域“三线一单”等重要生态空间的监督管理；强化“三水统筹”落实，突出黄河复合承载能力的科学管理，推进以生态保护为统领的资源开发刚性约束；加快构建完善黄河生态保护法律法规政策体系，推进《黄河保护法》立法；补齐科技支撑短

板，组织开展黄河流域生态环境保护联合研究，实现黄河流域生态环境监管的创新支撑。

（3）珠江流域。进一步提升东江流域水环境风险全过程管控能力，形成水源型河流水环境风险防控的“控制风险、维护生态、保水甘甜、发展持续”模式。

（4）松花江流域。针对松花江流域长期以来形成的布局性和结构性污染突出的主要问题，以及“高风险、出境河段、冰封期长”等流域特征，推进“双险齐控、冬季保障、面源削减、支流管控、生态恢复”的治理模式。

（5）淮河流域。实施基流匮乏型重污染河流“三级控制、三级标准、三级循环”的“三三三”治理模式，支撑淮河流域农业及其伴生工业绿色转型升级，开展“水质-水量-水生态”联合调度，加强河流毒害污染风险管理。

（6）海河流域。围绕“水环境质量持续改善，断流干涸河段、湖库数量明显减少，河湖水生态系统功能初步恢复”的目标，补齐工业污染减排短板，大力推进再生水循环利用，实施河湖缓冲带、河湖水域的生态保护修复。

（7）辽河流域。按照“流域统筹、分类控源、协同治理、整体修复、产业支撑”思路，实施严守环境质量底线，精准开展水环境治理；科学制定生态用水的时空优化调度方案；加强水资源涵养，提高流域水资源供给能力；建立并完善跨省生态补偿机制。

（8）其他流域。在洱海流域，按照“修山育林-净田治河-修复宜居-增容保水”思路，推进截污治污体系建设，构建“一湖三圈九区”的湖泊流域生态安全格局，实现山水林田湖草一体化保护和修复。

参 考 文 献

[1] 水专项总体专家组. 中国流域水污染控制与治理策略与应用研究[R]. 2014.

[2] 许其功, 曹金玲, 高如泰, 等. 我国湖泊水质恶化趋势及富营养化控制阶段划分[J]. 环境科学与技术, 2011, 34(11): 147-151.

[3] 刘录三, 黄国鲜, 王璠, 等. 长江流域水生态环境安全主要问题、形势与对策[J]. 环境科学研究, 2020, 33(268): 1081-1090.

[4] 李海生, 杨鹊平, 赵艳民. 聚焦水生态环境突出问题，持续推进长江生态保护修复[J]. 环境工程技术学报, 2022, 12(2): 336-347.

[5] 仇永胜, 黄环. 美国水污染防治立法研究//全国人民代表大会环境与资源保护委员会法案室, 等. 水污染防治立法和循环经济立法研究——2005年全国环境资源法学研讨会论文集（第一册）[C]. 2005: 47-51.

[6] 毛战坡, 李怀思. 美国恢复和保护水体的10项原则[J]. 水利水电快报, 2000(6): 19-22.

[7] 谢阳村, 张艳, 路瑞, 等. 美国水环境保护战略规划经验与启示研究[J]. 环境科学与管理, 2013, 38(11): 25-29.

[8] 王海燕. 欧盟流域水环境管理体系及水质目标[J]. 世界环境, 2009(2): 61-63.

[9] 谭伟. 《欧盟水框架指令》及其启示[J]. 法学杂志, 2010, 31(6): 118-120.

[10] 谢剑, 王满船, 王学军. 水资源管理体制国际经验概述[J]. 世界环境, 2009(2): 14-16.

[11] 赵华林, 郭启民, 黄小赠. 日本水环境保护及总量控制技术与政策的启示——日本水污染物总量控制考察报告[J]. 环境保护, 2007(24): 82-87.

[12] 冷罗生. 日本应对面源污染的法律措施[J]. 长江流域资源与环境, 2009, 18(9): 871-875.

[13] 张远, 孔维静, 高欣, 等. 流域水生态保护目标制定技术课题技术报告[R]. 2018.

[14] 李海生, 孔维静, 刘录三. 借鉴国外流域治理成功经验推动长江保护修复[J]. 世界环境, 2019(1): 74-77.

[15] 谢剑, 王满船, 王学军. 水资源管理体制国际经验概述[J]. 世界环境, 2009(2): 14-16.

[16] 席北斗, 张远, 全占军，等. 实施流域统一分级分区管理创新流域水环境监管机制[R]. 科技专报(中国环境科学研究院), 2019(19).

[17] 夏朋, 刘蒨. 国外水生态系统保护与修复的验及启示[J]. 水利发展研究, 2011(6): 72-78.

[18] 郑人瑞, 杨宗喜, 杜晓敏. 莱茵河流域综合治理经验与启示[N]. 中国矿业报, 2018-06-20(001).

[19] 张敏, 刘磊, 蓝艳，等. 《莱茵河2020年行动计划》实施效果评估结果及《莱茵河2040年行动计划》主要内容——对编制黄河生态环境保护规划的启示[J]. 四川环境, 2020, 39(5): 133-137.

[20] 张文静, 王强, 吴悦颖, 等. 中国水污染物总量控制特色研究[J]. 环境污染与防治, 2016, 38(7): 104-109.

[21] 陈吉宁. 以改善水环境质量为核心奋力谱写水污染防治工作新篇章——在全国水环境综合整治现场会上的讲话[J]. 环保工作资料选, 2016(4): 8.

[22] 刘琰, 乔肖翠, 李雪, 等. 关注水源微污染，构建风险防控技术体系[R]. 科技专报(中国环境科学研究院), 2019(18).

[23] 任继球. “十四五”产业高质量发展：阶段性判断、风险与战略任务[J]. 中国发展观察, 2019(10): 19-23.

[24] 张书琴. 水污染防治行动计划对温室气体的影响研究[D]. 天津大学, 2017.

[25] 孙德智. 城市污水处理厂温室气体排放特征与减排策略[M]. 北京: 中国环境科学出版社, 2014.

[26] 段亮, 钱锋, 颜秉斐, 等. 关于开展污水处理行业碳减排的建议[R]. 科技专报(中国环境科学研究院), 2021(42).

[27] 戴晓虎, 张辰, 章林伟, 等. 碳中和背景下污泥处理处置与资源化发展方向思考[J]. 给水排水, 2021, 47(3): 1-5.

[28] 任佳雪, 马占云, 高庆先, 等. 中国工业废水处理甲烷排放历史演变趋势研究[C]. 中国环境科学学会科学技术年会论文集, 2020: 4592-4596.

[29] 郭冬生. 基于IPCC排放系数估测主要畜禽甲烷温室气体排放量[J]. 家畜生态学报, 2020, 41(9): 65-68.

[30] 朱志平，董红敏，魏莎, 等. 中国畜禽粪便管理变化对温室气体排放的影响[J]. 农业环境科学学报, 2020, 39(4): 743-748.

[31] 张佩, 王晓锋, 袁兴中. 中国淡水生态系统甲烷排放基本特征及研究进展[J]. 中国环境科学, 2020, 40(8): 3567-3579.

[32] 闫兴成, 张重乾, 季铭, 等. 富营养化湖泊夏季表层水体温室气体浓度及其影响因素[J]. 湖泊科学, 2018, 30(5): 1420-1428.

[33] 生态环境部. 重点流域水生态环境保护“十四五”规划编制技术大纲[R]. 2019.12.

[34] 田英, 赵钟楠, 黄火键, 等. 国外治水理念与技术的生态化历程探析[J]. 水利规划与

设计, 2019, 194(12): 1-5,110.
[35] 夏瑞, 马淑芹, 丁森, 等. 构建流域水生态健康监测评价体系支撑长江生态保护修复[R]. 科技专报(中国环境科学研究院), 2019(22).
[36] 张列宇, 王浩, 李国文, 等. 城市黑臭水体治理技术及其发展趋势[J]. 环境保护, 2017(5): 62-65.
[37] 耿颖, 李夏. 农村黑臭水体治理与农村污水处理程度探讨[J]. 科技创新与应用, 2021(24): 144-146.
[38] 饮用水安全保障技术体系综合集成与实施战略课题组, 中国城市规划设计研究院. 国家饮用水安全保障中长期科技发展战略研究报告[R]. 2019.
[39] 邵益生, 杨敏, 等. 饮用水安全保障理论与技术研究进展[M]. 北京: 中国建筑工业出版社, 2019.
[40] 符志友, 冯承莲, 赵晓丽, 等. 加强铜、锌水生态风险防控保护流域水生生物安全[R]. 科技专报(中国环境科学研究院), 2020(13).
[41] 朱党生, 王晓红, 张建永. 水生态系统保护与修复的方向和措施[J]. 中国水利, 2015(22): 9-13.
[42] 曹国志, 於方, 王金南, 等. 长江经济带突发环境事件风险防控现状、问题与对策[J]. 中国环境管理, 2018(1): 81-85.
[43] 水专项河流主题工作组. "十四五"流域规划建议[R]. 2020.2.
[44] 刘录三, 黄国鲜, 王璠, 等. 长江流域水生态环境安全主要问题、形势与对策[J]. 环境科学研究, 2020, 33(5): 1081-1090.
[45] 涂敏, 易燃. 长江流域生态流量管理实践及建议[J]. 中国水利, 2019(17): 64-66.
[46] 王丽婧, 黄国鲜, 刘录三, 等. 长江流域磷污染态势分析与"十四五"强化治理建议[R]. 科技专报(中国环境科学研究院), 2020(15).
[47] 水专项太湖项目组. 太湖总磷与水华的十年变化及防控对策[R]. 2019.
[48] 余辉, 徐军, 牛远, 等. 太湖流域河网湖荡湿地的"保护-修复-利用-管理"建议[R]. 科技专报（中国环境科学研究院）, 2018, (23).
[49] 张丛林, 郑诗豪, 刘宇, 等. 关于推进太湖流域生态环境治理体系现代化的建议[J]. 环境保护, 2020, (Z8):84-86.
[50] 张民, 史小丽, 阳振, 等. 2012-2018年巢湖水质变化趋势分析和蓝藻防控建议[J]. 湖泊科学, 2020, 32(1) : 11-20.
[51] 李根保, 李林, 潘珉, 等. 滇池生态系统退化成因、格局特征与分区分步恢复策略[J]. 湖泊科学, 2014, 26(4) : 485-496.
[52] 秦延文, 王丽婧, 迟明慧, 等. 加快集镇水污染治理设施升级改造保障三峡水库水环境安全[R]. 科技专报（中国环境科学研究院）, 2020.(30).

[53] 王月, 吴昌永, 李鸣晓, 等. 关于丹江口水源地破解总氮浓度持续偏高难题的政策建议[R]. 科技专报（中国环境科学研究院），（待报送）.

[54] 黄河流域生态环境监督管理局. 关于加强黄河生态环境保护工作的意见与建议[R]. 2019.

[55] 中国环境科学研究院. 黄河流域生态保护与绿色发展科技创新行动方案[R]. 2019.

[56] 周岳溪, 孟凡生, 张铃松, 等. 松花江流域水污染防治进展与“十四五”规划建议[R]. 科技专报（中国环境科学研究院）, 2020,(16).

[57] 山丹, 杜虎, 徐成, 等. 研判淮河污染治理新形势迈向“十四五”绿色发展新阶段[R]. 环境发展专报（生态环境部环境发展中心）, 2019,(43).

[58] 魏健, 钱锋, 刘雪瑜, 等. 辽河流域水污染防治进展与“十四五”规划建议[R]. 科技专报（中国环境科学研究院）, 2020, (7).

[59] 储昭升, 高思佳, 庞燕, 等. 洱海流域山水林田湖草各要素特征、存在问题及生态保护修复措施[J]. 环境工程技术学报, 2019, 9(5):507-514.

[60] 山丹, 杨雯, 杜虎, 等. 狠抓关键技术突破，水专项初步建成五大重化工行业水污染全过程控制技术体系[R]. 环境发展专报（生态环境部环境发展中心）, 2019,(8).

[61] 徐祖信, 徐晋, 金伟, 等. 我国城市黑臭水体治理面临的挑战与机遇[J]. 给水排水, 2019, 45(3):1-5+77.

[62] 标志性成果三专家组. 种养生污染物产排规律与农业清洁流域构建[R]. 2020.

[63] 蒲朝勇, 高 媛. 生态清洁小流域建设现状与展望[J]. 中国水土保持, 2015, (6):7-10.

[64] 杨占红, 孙启宏, 高如泰, 等. 水生态环境与温室气体协同治理的政策建议[R]. 中国环境科学研究院, 2021.

[65] 流域水环境管理经济政策创新与系统集成课题组. 流域水环境经济政策工具包成套技术总结[R].2020.

[66] 郝春旭, 董战峰, 葛察忠, 等. 国家环境经济政策进展评估报告2019[J]. 中国环境管理, 2020, (3): 21-26.

[67] 王建华, 贾玲, 刘欢, 等. 水生态产品内涵及其价值解析研究[J]. 环境保护, 2020, 48(14): 37-41.

[68] 王金南, 刘桂环. 完善生态产品保护补偿机制, 促进生态产品价值实现[J]. 中国经贸导刊, 2021, (11): 44-46.

[69] 刘洪先. 关于完善我国再生水利用价格体系的措施与建议[J]. 水利发展研究, 2019, (6): 3-5+28.

[70] 董战峰, 龙凤, 胡天睨. 环境保护税政策实施评估: 征管技术和能力角度[J]. 中国国情国力 , 2019.

[71] 杜丙照. 水资源费改税的实践探索与对策 [J]. 中国水利 , 2019(23): 20-22.

[72] 侯晓辉, 王博. 金融供给侧结构性改革背景下的绿色金融发展问题研究[J]. 求实学刊, 2020, (5): 13-20.

[73] 吴丰昌, 等. 水体污染控制和治理科技重大专项后续（2020-2035）发展战略研究[R]. 2019.

[74] 规划编制组. 国家生态环境“十四五”科技发展规划（征求意见稿）[R]. 2020.

[75] 规划编制组. 制度创新助力京津冀区域“十四五”水生态环境保护：水专项“京津冀区域水环境质量综合管理与制度创新研究”项目取得阶段性成果[N]. 中国环境报，2021-4-8(04).

[76] 生态环境部, 住房和城乡建设部. 流域水质目标管理及监控预警技术标志性成果报告[R]. 2021.6.